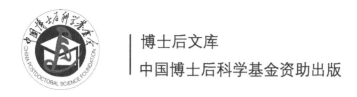

博士后文库

中国博士后科学基金资助出版

快速半解析边界配点法

大规模复杂波场动力环境高精度模拟

李珺璞 著

U0220720

科 学 出 版 社

北 京

内 容 简 介

　　围绕声波、水波、电磁波与工程结构物的复杂相互作用，本书旨在介绍半解析边界配点法在大规模复杂波场动力环境高精度模拟中的最新研究进展。本书以声场作为阐述复杂波场动力环境高精度模拟基本计算理论的研究载体。在计算理论部分，主要包括概论和四个声场研究专题。其后，本书工程应用实例部分基于前述半解析边界配点法理论，将其拓展至水波与电磁波仿真。本书以大规模复杂波场动力环境高精度模拟中半解析边界配点法渐次涉及的关键力学瓶颈为技术路线，对目前在高性能计算领域尚未完全解决的力学瓶颈进行研究探讨。如何存储和求解由半解析边界配点法导致的高病态稠密矩阵是本书的核心研究命题。基于新研发技术，发展可快速仿真大规模复杂波场的高性能计算软件，是本书的核心研究目标。

　　本书可作为计算力学、计算声学、计算数学、计算物理、水力学等专业方向的研究生教学用书，也可作为了解快速半解析边界配点法在大规模复杂波场动力环境高精度模拟中最新研究进展的参考用书。

图书在版编目（CIP）数据

快速半解析边界配点法：大规模复杂波场动力环境高精度模拟/李珺璞著. —北京：科学出版社，2024.6
　（博士后文库）
　ISBN 978-7-03-077665-5

I.①快… II.①李… III.①声场-数值计算 IV.①O422.2

中国国家版本馆 CIP 数据核字 (2024) 第 017826 号

责任编辑：刘信力　杨　探／责任校对：彭珍珍
责任印制：张　伟／封面设计：陈　敬

斜 学 出 版 社 出版
北京东黄城根北街 16 号
邮政编码：100717
http://www.sciencep.com
北京凌奇印刷有限责任公司印刷
科学出版社发行　各地新华书店经销

*

2024 年 6 月第　一　版　　开本：720×1000　1/16
2024 年 11 月第二次印刷　　印张：15 3/4
字数：310 000
定价：98.00 元
(如有印装质量问题，我社负责调换)

"博士后文库" 编委会

作 者 简 介

李珺璞，工学博士，郑州大学副教授，美国工业与应用数学学会会员，担任 *Mathematical and Computational Applications* 客座编辑。2010—2019 年本、硕、博就读于河海大学，并于 2019 年获得工学博士学位。2017—2019 年在国家留学基金委资助下，赴澳大利亚国立大学研究深造。2020 年就职于郑州大学，并于 2021 年晋升副教授，2022 年被聘为研究生导师。主要研究方向为大规模工程计算、计算波动力学，在大规模高频声场计算、海洋动力环境模拟、涂覆纳米涂层材料的散射体电磁散射计算等方面有系统研究，近年来致力于发展大规模复杂波场动力环境高精度模拟的快速半解析边界配点法技术。曾先后多次赴美国、白俄罗斯、黑山、澳大利亚等国的科研院校做学术访问。截至 2024 年 1 月，已出版英文专著 1 部，发表学术论文 28 篇，其中第一作者 24 篇，中国科学院 1 区 9 篇，8 篇论文入选为 ESI (Essential Science Indicators) 高被引论文 (前 1%)，1 篇论文入选为 ESI 热点论文 (前 0.1%)，SCI (Science Citation Index) 引用 700 余次，H 指数 16，单篇最高引用 81；授权发明专利 1 项，软件著作权 2 件；主持国家自然科学基金青年项目、中国博士后科学基金特别资助及面上项目、海岸灾害及防护教育部重点实验室开放基金项目(揭榜挂帅)、河南省自然科学基金青年项目、河南省重点研发与推广专项(科技攻关)等国家级及省部级科研项目 10 余项；曾获河南省教育厅科技成果奖一等奖、宝钢教育奖、徐芝纶力学奖、博士生国家奖学金等多项荣誉奖励。

邮箱: junpu.li@foxmail.com

主页: www.researchgate.net/profile/Junpu_Li

"博士后文库"序言

　　1985 年，在李政道先生的倡议和邓小平同志的亲自关怀下，我国建立了博士后制度，同时设立了博士后科学基金。30 多年来，在党和国家的高度重视下，在社会各方面的关心和支持下，博士后制度为我国培养了一大批青年高层次创新人才。在这一过程中，博士后科学基金发挥了不可替代的独特作用。

　　博士后科学基金是中国特色博士后制度的重要组成部分，专门用于资助博士后研究人员开展创新探索。博士后科学基金的资助，对正处于独立科研生涯起步阶段的博士后研究人员来说，适逢其时，有利于培养他们独立的科研人格、在选题方面的竞争意识以及负责的精神，是他们独立从事科研工作的"第一桶金"。尽管博士后科学基金资助金额不大，但对博士后青年创新人才的培养和激励作用不可估量。四两拨千斤，博士后科学基金有效地推动了博士后研究人员迅速成长为高水平的研究人才，"小基金发挥了大作用"。

　　在博士后科学基金的资助下，博士后研究人员的优秀学术成果不断涌现。2013 年，为提高博士后科学基金的资助效益，中国博士后科学基金会联合科学出版社开展了博士后优秀学术专著出版资助工作，通过专家评审遴选出优秀的博士后学术著作，收入"博士后文库"，由博士后科学基金资助、科学出版社出版。我们希望，借此打造专属于博士后学术创新的旗舰图书品牌，激励博士后研究人员潜心科研，扎实治学，提升博士后优秀学术成果的社会影响力。

　　2015 年，国务院办公厅印发了《关于改革完善博士后制度的意见》（国办发〔2015〕87 号），将"实施自然科学、人文社会科学优秀博士后论著出版支持计划"作为"十三五"期间博士后工作的重要内容和提升博士后研究人员培养质量的重要手段，这更加凸显了出版资助工作的意义。我相信，我们提供的这个出版资助平台将对博士后研究人员激发创新智慧、凝聚创新力量发挥独特的作用，促使博士后研究人员的创新成果更好地服务于创新驱动发展战略和创新型国家的建设。

　　祝愿广大博士后研究人员在博士后科学基金的资助下早日成长为栋梁之才，为实现中华民族伟大复兴的中国梦做出更大的贡献。

中国博士后科学基金会理事长

前　言

随着对舰艇、航空器、潜艇、列车等工程结构物"安静化"设计指标的提高及对主要噪声源的有效控制,进一步对设备进行主、被动噪声控制面临着噪声源数量激增,分布趋于零散的困难。传统数值仿真技术面对具有大规模和多物理场特征的复杂声场,已难以为"安静化"声学设计提供有效的数值仿真支撑。随着噪声指标接近海洋背景噪声的"安静型"潜艇的大量涌现,快速仿真及预报大尺度复杂目标的宽频声散射特性成为目标回声特性研究的关键技术难点。围绕直升机强烈的旋翼气动噪声,研发大规模宽频时域仿真技术,基于直升机机身对旋翼及尾桨噪声的声散射影响进行机身构型设计,已成为制约直升机发展的关键技术瓶颈。

本书计算理论部分以声场动力环境模拟作为研究载体,详细阐述大规模波传播动力环境仿真中的各种数值方法,着重介绍半解析边界配点法在声场动力环境仿真中的最新研究进展和工程应用。研究内容完整涵盖频域计算和时域计算两个声场仿真方向,涉及奇异边界法、基本解法、边界元法和矩量法四种数值算法。围绕舰船、航空器、列车、潜艇等工程结构物"安静化"设计需求,本书通过解决大规模复杂声场动力环境模拟背后的关键技术瓶颈,辅助声学优化设计,降低工程结构物自身辐射噪声量级及目标声散射强度,为基于大规模复杂声场分析的噪声控制和降噪技术提供数值仿真支撑。针对半解析边界配点法无法快速仿真大规模复杂声场的不足,本书围绕具有高频属性、大规模属性、宽频时域属性的复杂声场动力环境,采取问题导向的技术路线,将半解析边界配点法仿真大规模复杂声场时面临的技术瓶颈归纳为下述三个研究命题:

(1) 如何在极低采样频率下稳定地仿真高频声场;

(2) 如何大幅降低求解大规模稠密矩阵时的高额存储量和计算量;

(3) 如何高效求解大规模高秩、高病态线性方程组。

通过建立相应的计算模型,研发可对带声学覆盖层的水下潜航器进行声学特性分析及辅助飞机客舱降噪设计的高效声场仿真技术。其后基于半解析边界配点法,开发可高精度模拟大规模复杂声场动力环境的高性能计算软件,辅助研究不同直升机机身构型对旋翼及尾桨噪声的声散射影响,为螺旋桨及开式转子的噪声抑制技术研究提供数值仿真支撑。

本书工程应用部分基于声场计算理论,进一步将半解析边界配点法延展至复杂目标声散射特性预报、复杂目标电磁散射特性预报和近岸海洋动力环境模拟等具有现实意义的研究方向，展示了半解析边界配点法在声波、水波、电磁波等工程领域的实际应用价值。一方面，本书旨在构建完整的半解析边界配点法理论体系；另一方面，本书通过研发高性能波场动力环境模拟软件，旨在促进基础研究成果向工业生产转化，服务国家现实经济需求。

本书计算理论部分主要创新点和内容要点包括：

(1) 基于加减项原理，推导了三维 Helmholtz 方程源点强度因子和近奇异因子，编写了涵盖大部分源点强度因子函数程序的 "奇异工具箱"。

(2) 基于 Helmholtz 方程修正基本解概念，提出了可用于求解三维超高频 Helmholtz 方程的修正奇异边界法和双层基本解法。阐述了基本解法虚拟边界对数值结果产生影响的物理原因，揭示了虚边界对数值结果的影响规律。

(3) 基于忽略远场贡献残差假设，通过引入双层结构，利用粗细网格间的校正及递归计算，提出了可用于大规模工程计算的修正双层算法。其后，进一步将双层结构拓展至多层结构，构造出修正多层算法。

(4) 通过在粗网格上耦合快速多极子算法，开发了高精度计算大规模声场的双层快速多极边界元法。基于该算法，目前已可高精度仿真 A-320 客机空中声散射特性、"基洛" 级潜艇水下声散射特性等复杂工程实例。

(5) 基于时间依赖基本解，构造了在时域条件下高精度计算标量波方程的时间依赖奇异边界法。其后，基于波屏蔽概念，构造了一种主动噪声控制模型。

本书工程应用部分主要创新点和内容要点包括：

(1) 基于修正基本解，构造了正则化矩量法，并提出了快速近场近似预调节器。

(2) 耦合快速多极子技术和正则化矩量法，提出了正则化快速多极矩量法。

(3) 构造了一种双层快速直接求解器，快速预报大尺度复杂目标宽频声散射特性。

(4) 基于奇异边界法，高精度模拟了水下障碍物受力、风电机组多桩柱绕流、椭圆柱绕流等近岸海洋动力学问题。

本书可作为固体力学、应用数学等专业研究生的教学用书，也可作计算力学、计算声学、计算数学、计算物理、水力学等领域研究学者了解半解析边界配点法在波场动力环境模拟中最新研究进展的参考用书。在撰写过程中，本书使用更贴近编程的工程语言描述半解析边界配点法，规避了繁杂的张量符号和数学描述，详尽列出了所涉及的数学公式及推导过程，并给予了相应的物理解释。读者仅需具备基础的数学、物理知识便可了解半解析边界配点法在波场动力环境模拟中的最新研究进展。本书部分源代码可在基于 MATLAB 平台的 "奇异工具箱" 中下载使用 (https://doi.org/10.13140/RG.2.2.13247.00162)，未包含部分，读者可根据本书给出的伪代码自行编写。

本书由李珺璞独立撰写完成，J. Li 和卜玉青帮助完成了全书校对和排版编辑工作。在本书作者的研究工作刚刚起步阶段，李武营教授给予了重要帮助。在课题研究和成书过程中，张兰教授、马会中教授、秦庆华教授、傅卓佳教授、谷岩教授、林继教授、蔡守宇教授、孙林林教授、屈文镇教授、李伟伟教授、魏星教授、林继教授、王发杰教授、孙洪广教授、蔡伟教授、梁英杰教授、刘肖廷、马骥、危嵩、洪永兴、习强等均给予了无私的帮助并提供了重要建议。本书计算理论部分的研究方向由陈文教授亲自选定，陈教授虽未参与本书的具体撰写，但陈教授生前亲自选定了大规模复杂波场动力环境高精度模拟的研究方向，并将其作为半解析边界配点法的优先发展方向。在课题研究和成书过程中，陈教授的思想渗透在本书所记述研究成果的方方面面。作为半解析边界配点法仿真波传播研究的重要开拓者，傅卓佳教授对推动半解析边界配点法在波场动力环境模拟中的广泛应用起到了重要奠基作用。作为本书作者的博士生导师和重要的合作研究伙伴，在此，作者对陈文教授表达深切的缅怀，对傅卓佳教授表示由衷的感谢。

　　本书的部分研究工作得到国家自然科学基金青年项目 (12202403)、中国博士后科学基金特别资助项目 (2023T160597)、中国博士后科学基金面上项目 (2020M682335)、海岸灾害及防护教育部重点实验室开放基金项目 (揭榜挂帅)(J202301)、河南省自然科学基金青年项目 (222300420323) 的资助支持，特此致谢。

　　由于作者水平和撰写时间有限，书中偏颇和不当之处难免，敬请广大读者批评指正，并在第一时间联系本书作者 (junpu.li@foxmail.com)，作者在此表达由衷感谢。

李珺璞

2024 年 1 月

郑州

目　　录

第二部分　工程应用实例

第一部分 计 算 理 论

第1章 概 论

1.1 引 言

大规模复杂声场的快速仿真及预报作为声学技术中的应用基础研究，在诸如带声学覆盖层的水下潜航器的声学特性分析[1]、设备振动噪声控制[2]，以及多孔吸声材料设计和生物组织声学特性模拟[3]等领域中具有重要价值。为有效规避敌方舰艇声呐探测，提高我方潜艇战场生存和突防能力，"安静性"已成为潜艇性能设计中不懈追求的指标。伴随着全球化而来的海洋贸易的快速发展，贸易货船普遍存在的水下噪声超标危害也日益凸显，严重影响了海洋生物的生存安全。针对这一问题，国际海事组织专门制定了航船水下噪声限值标准，推动将水下辐射噪声控制纳入船只设计规范与国际监管范畴。围绕舰艇、航空器、车辆、列车等工程结构物"安静化"设计需求，基于结构物声散射效应与自身辐射噪声的耦合影响，对结构物外形进行声学优化设计，减少自身声辐射量级及目标声散射强度，在国民经济发展、国防安全建设等诸多领域具有其独特的作用，已成为声学研究中应用前景广阔的重要课题[4]。

大规模复杂声场仿真的挑战性主要体现在工程结构物产生的噪声往往伴随着湍流、射流、分离、激波、燃烧甚至结构振动耦合等诸多复杂物理现象。声场只是工程结构物产生的众多波场中的一种。与其他衍生波场相比，声波所携带的能量通常要低好几个量级。因此，工程中的复杂声场仿真需要非常精确的测量数据支持和高效的数值仿真技术，属于典型的非定常、多尺度问题。而基于大规模复杂声场分析的噪声控制和降噪技术则更是受到业界普遍关注的前沿科学课题。目前，分析大规模复杂声场的主要手段包括时域分析和频域计算两种。

时域分析直接离散标量波方程，随着时间演进，瞬态模拟声波传播，直观地反映所研究问题的物理现象，适合宽频带特征瞬态声场模拟，如时域有限差分法[5]、时域谱元法[6]等。直升机因其独特的垂直起降、低空高速性能，在国防和民用航空领域发挥重要作用。但螺旋桨及开式转子在具有低油耗优势的同时，强烈的旋翼气动噪声使其在战场环境下极易暴露，严重影响了直升机的战场生存和突防能力，成为制约直升机及螺旋桨飞机发展的关键技术瓶颈。为降低直升机旋翼噪声，学界进行了大量的噪声抑制技术研究。但过去相关研究的重点主要集中在旋翼噪声和尾桨噪声的产生机理及抑制技术层面。程建春等[4]指出，机身声散射对直升机旋翼噪声和尾桨噪声的频谱及指向性具有重要影响。因此，基于宽频时域仿真技术深入研究不同机身构型对旋翼及尾桨噪声的声散射影响，对螺旋桨及开式转子的噪声抑制技术研究具有重要价值。但目前面向直升机声学设计中机身声散射效应的研究仍然偏少。大量成熟数值仿真技术也主要集中在针对静态声源的频域分析上，并不能直接分析直升机的机身声散射特性。在此研究方向，美国奥多明尼昂大学的 Hu [7] 围绕时域边界元做了大量研究，克服了时域边界元的数值不稳定性。北京航空航天大学程建春和李晓东等 [4] 也将时域边界元用于开式转子噪声机体声散射研究。但快速计算直升机机身大规模散射声场的宽频带时域仿真技术，目前仍是一个尚未解决的技术难点。

频域计算以约化时间因子后的 Helmholtz 方程为基础，着重研究系统的相位和频率响应。随着噪声指标接近海洋背景噪声的“安静型”潜艇的大量涌现，对复杂水下目标的远程探测变得越来越困难。大尺度复杂目标宽频声散射特性的快速仿真及预报成为了目标回声特性研究的关键技术难点。针对这一问题，目前常用的频域分析方法包括高频近似方法和数值模拟技术。高频近似方法基于声波与目标间的局部相互作用，具有易于实现的优点，如几何光学法 [8]、物理光学法 [9] 等。但对于不同的散射结构，高频近似方法需要采用不同的散射机理，且仅适用于分析高频目标声散射。数值模拟技术具有计算精度高、应用范围广的特点，但同样较高的计算量和存储需求，使其局限于计算小尺度目标低频声散射。因此，研发快速仿真及预报大尺度复杂目标宽频声散射特性的高效数值仿真技术，目前仍是一个尚未解决的技术难点。

本书基于半解析边界配点法 [10,11] 展开，旨在为声场仿真及其工程应用研发新颖数值技术，解决大规模复杂声场仿真中的力学共性问题。半解析边界配点法是一种新颖的强格式、半解析、边界离散型无网格方法，不同节点间通过基函数相互影响，共同在观察点叠加产生物理场。基于不同的插值基函数，半解析边界配点法可在精度、效率、稳定性之间做出灵活调整，适应不同的声场计算需求。与需要引入完美匹配层处理外域声场的有限元 [12] 相比，半解析边界配点法以 Helmholtz 方程基本解为基函数，可直接仿真外域声场。与同属边界型半解析方法的边界元 [13] 相比，半解析边界配点法无须网格划分，精度和效率更加均衡，更易与快速算法耦合计算复杂工程问题。但与边界元类似，半解析边界配点法全局支撑的离散结构在避免色散误差，带来高精度的同时，也会导致一个难以存储和求解的大规模稠密矩阵。而随着民用航空的不断普及，以及列车、货船等交通工具运行速度的显著提升，在追求快捷性的同时，人们对交通工具“安静性”的要求也日益提升，声学分析也逐渐向大规模和多物理场方向发展。以奇异边界法 (SBM) [14,15] 为例，当计算规模达到 2 万时，需要占用近 6GB 内存。而当计算规模升至 3 万时，其内存占用量将达到惊人的 13GB。基于普通计算机，传统半解析边界配点法的计算规模很难超过 2 万。而无论是飞机、潜艇还是列车、货船，随着"安静化"设计指标的提高及对主要噪声源的有效控制，进一步对设备进行主、被动噪声控制均面临着噪声源数量激增，分布趋于零散的困难。传统依赖于经验性的声学设计已难以满足军事、工业对"安静化"的设计要求，现代声学设计也必然进入以数值仿真为主要技术手段的声学定量设计模式。因此围绕半解析边界配点法无法快速计算大规模复杂声场的不足，迫切需要对其进一步研究，研发一种快速仿真及预报大规模复杂声场的快速半解析边界配点法，并在此基础上进一步研发高性能计算软件。

数值模拟、理论分析与实验研究被认为是科学研究的三大方法。数值模拟本质上是偏微分方程的计算机求解技术。一般而言，无论以何种方法计算何种物理问题，首先都必须将自然现象抽象成偏微分方程或偏微分方程组，如描述波动现象的波动方程，描述电磁场规律的麦克斯韦方程组等。由于在建模过程中，不可避免地需要引入简化条件以方便建模，故不可避免会产生模型误差。其后，应用恰当的数值方法，如有限元法、边界元法、奇异边界法等，将连续的偏微分方程离散为计算机可求解的线性方程组。由于此步骤将具有无限自由度的数学模型离散为有限自由度的离散模型，因此将不可避免地生成离散误差。最后，运用恰当的数值求解器对所得线性方程组进行求解，得到原问题的近似数值解。由于计算机有效存储位数的限制，因此此步骤会产生截断误差。模型误差、离散误差、截断误差，构成了数值模拟的三大误差来源，如图 1.1 所示。

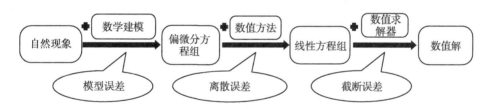

图 1.1　数值模拟中的三种主要误差

如何在数值计算过程中，有效减少上述三种误差，并平衡三种误差最终对数值解所造成的影响，是决定数值算法优劣的重要影响因素。本书计算理论部分的主要研究对象是大规模复杂声场的高精度数值仿真技术，重点研究高频声场的高精度仿真和大规模声场的高精度仿真两部分内容。主要围绕上述数值模拟过程中的计算方法和数值求解展开。主要聚焦下述两个问题：

(1) 如何将偏微分方程离散为更恰当的线性方程组；

(2) 如何利用计算机更高效地求解所得线性方程组。

本书在《科学与工程计算中的径向基函数方法》对近年来快速发展的径向基函数方法系统全面的梳理基础上，主要针对声场计算，阐述了作者近年来所取得的最新研究成果和体会心得。有关半解析边界配点法的发展脉络、基本理论、研究现状、问题展望等，本书不再做过多阐述，有兴趣的读者可查阅《科学与工程计算中的径向基函数方法》相关章节。本书的写作目的在于针对声场仿真这一研究方向，细致深入地延展半解析边界配点法理论。向读者阐述半解析边界配点法在解决实际工程问题时，可能遇到的困难，并提供启发性的新颖策略，针对性地解决问题。之所以选择大规模复杂声场作为研究载体，是因为随着计算频率和计算规模的增大，大规模复杂声场仿真会集中体现计算力学领域所普遍面临的三大技术瓶颈：

(1) 如何解决大规模稠密矩阵带来的高存储量和高计算量；

(2) 如何高效求解高秩、高病态矩阵；

(3) 如何在较低采样频率下稳定地模拟高频波传播。

因此，如果一种计算方法可以高效稳定地仿真大规模复杂声场，则该方法就具有进一步开发并处理其他复杂科学工程问题的潜力。

本书基于半解析边界配点法展开，以大规模复杂声场仿真中渐次遇到的力学瓶颈为技术路线，涵盖频域计算和时域计算两部分内容。

本书主要围绕下述三个研究难点展开：

(1) 高频声场仿真如何在极低采样频率下稳定仿真高频声场。

依据香农采样定理，"为了完整恢复波信号，采样频率应不低于每个单位波长方向 2 个采样点的采样水平"。而半解析边界配点法至少需要在每个单位波长方向布置 6 个采样点，这样才能生成符合精度要求的数值解。因此，如何在保证算法稳定性的前提下，构造合适的基函数，将半解析边界配点法的采样频率降至每个单位波长方向 2 个采样点左右的极低水平，是本书的第一个研究难点。

(2) 大规模稳态声场仿真如何大幅降低求解大规模稠密线性方程组时的高额存储量和计算量。

半解析边界配点法由于全局支撑的离散结构，会导致一个难于存储和求解的大规模且高病态的稠密矩阵。求解此类矩阵，广义极小残余算法 (GMRES) [16]、共轭梯度算法 (CG) [17] 一般需要 $O\left(N^{2}\right)$ 的计算和存储复杂度，且随着计算频率升高，迭代次数会急剧增加。如何解决大规模稠密矩阵导致的存储和计算困难，并构造可与半解析边界配点法耦合的预处理技术，是本书的第二个研究难点。

(3) 大规模瞬态声场仿真如何有效处理三维瞬态声场在时间方向上的离散困难。

考虑到三维波动方程基本解使用 $\delta\left(ct-r\right)$ 作为乘积因子，故只有当声波通过观察点时，才会对观察点产生影响。因此，瞬态声场仿真不仅需要处理半解析边界配点法全局支撑的离散结构导致的存储和计算困难，还需要处理三维瞬态声场在时间方向的离散困难。如何有效处理三维瞬态声场在时间方向上的离散困难，是本书的第三个研究难点。

本书计算理论部分主要具有下述研究特色：

(1) 问题导向性。本书将半解析边界配点法仿真大规模复杂声场时面临的技术瓶颈归纳为下述三个研究命题：如何在极低采样频率下稳定仿真高频声场；如何大幅降低求解大规模稠密矩阵时的高额存储量和计算量；如何有效处理三维瞬态声场在时间方向上的离散困难。并针对性地设置了三个研究子课题：高频声场仿真；大规模稳态声场仿真；大规模瞬态宽频声场仿真。为实现研究目标，提出了三个具体研究方案：高效仿真外域高频声场的修正奇异边界法 (MSBM) 模型；快速仿真及预报大尺度复杂目标宽频声散射特性的修正多层算法模型；快速仿真大规模瞬态宽频声场的时间依赖奇异边界法模型。研究命题与研究方案间衔接紧密，环环相扣，既保证了研究的整体性与延续性，又保证了研究的可行性。

(2) 算法广泛适用性。边界元法、基本解法、Trefftz 型方法等边界型半解析方法，在计算大规模复杂声场时，亦需要克服大规模高病态稠密矩阵的存储和求解困难。本书虽基于半解析边界配点法展开研究，但所研发的新技术并不局限于半解析边界配点法。经适当调试，新技术同样适用于边界元等其他边界型半解析方法。本书第 6 章对此做了初步尝试，并已成功将耦合快速多极子算法的修正双层网格技术用于改进边界元计算大规模声场。

(3) 应用广泛适用性。由于大规模复杂声场的快速仿真体现了波传播仿真的主要技术难点，故新技术经适当调整后，同样适用于水波、电磁波、弹性波等复杂波传播仿真。本书工程应用部分已成功将源点强度因子技术、修正基本解技术用于计算复杂目标电磁散射及近岸海洋动力环境模拟。

综上所述，开发可高精度计算大规模复杂声场的半解析边界配点法具有重要的科学意义和迫切的现实需求。

其积极科学意义主要体现在：通过开发可高精度计算大规模复杂声场的半解析边界配点法，探索突破目前制约高性能计算的三大瓶颈问题。得到可延伸至水波、弹性波、电磁波等其他波传播仿真领域，解决目前科学计算中所面临的计算瓶颈的新策略与新方法。

其迫切现实需求主要体现在：基于开发的新方法，通过耦合前处理与后处理系统，获得可高精度计算大规模复杂声场的高性能计算软件。填补目前常用计算软件如 ABAQUS、ANSYS、COMSOL 等无法高效计算大规模复杂声场的空白。

本书实质上是一本关于偏微分方程数值求解技术的专业参考书，以声场计算作为研究载体和物理背景，既增加了本书的现实研究意义，又为基于半解析边界配点法解决实际工程问题提供了一个可以参照的蓝本。由于上述计算瓶颈问题也广泛存在于各种科学与工程仿真中，因此本书也可为仿真计算其他复杂科学工程问题提供参考。

1.2 声场计算中的数值方法

本节介绍在声场计算中常见的数值方法。一方面简述不同数值方法在声场计算中的发展历程；另一方面评述其优点和不足，阐述目前在声场计算领域仍待解决的技术瓶颈。

1.2.1 边界元方法

边界元方法 (BEM) 是继有限元方法后发展起来的一种边界离散型网格类方法，也被称作边界积分方程法 [18]。在不同学科领域，类似的方法存在不同的名称。例如，在计算电磁学领域，类似的边界剖分型方法被称作矩量法 [19]；在无网格领域，类似的边界离散型方法被称作边界降维方法。边界元方法将待求解的微分方程用边界积分方程表示，通过在边界上划分网格，利用满足控制方程的基本解逼近边界条件，从而得到微分方程的数值解。本书主要涉及常单元边界元方法，通过配点方法的引入，常单元边界元方法可蜕化为一种不依赖网格，兼具半解析边界配点法和边界元特点的无网格方法。为了表示对于边界元的继承属性，本书中，相关的新开发方法仍称为边界元方法。

具体到声学计算，边界元方法最早由 Chen 和 Schweikert [20] 应用于对任意形状的声辐射问题的模拟。由于边界元方法仅需边界离散，且所用基本解自动满足无限远处辐射边界条件，故边界元方法在处理声场问题时相较有限元方法仍具有天然优势。其后，为解决无限域声场在特征频率附近解的不唯一性，Burton 和 Miller [21] 于 1971 年提出混合奇异积分方程和超奇异积分方程的 Burton-Miller 方法。一般认为，边界元方法需要在单位波长每个方向上划分至少 10 个网格才能生成满足精度要求的数值解。近些年，Liu [22] 为解决大规模稠密矩阵所带来的高计算量和高存储量问题，将边界元方法和快速多极子技术耦合，发展出快速多极边界元方法，为边界元方法计算大规模声场做出了重要贡献。

然而，边界元方法同样也具有下述不足有待于进一步探究：

(1) 如何高效处理奇异积分和复杂边界网格划分问题；

(2) 如何高效处理大规模稠密阵所带来的高计算量和高存储量问题；

(3) 如何在较低采样频率条件下稳定模拟高频声波传播。

1.2.2 基本解方法

基本解方法 (MFS) 是一种简单高效的径向基函数方法，最早由 Kupradze 和 Aleksidze 在 1964 年提出 [23]。基本解方法的特点在于引入虚拟边界来处理基本解的源点奇异性。基本解方法易于编程、易于使用，数值精度高，具有所谓的谱收敛精度。对于高频 Helmholtz 问题，基本解方法可在极低的采样频率下进行高精度计算，且可灵活计算内域和外域问题。然而，虽然经过 Fairweather 和 Karageorghis [24]，以及 Yue 等[25] 和 Chen 等[26] 学者数十年的研究发展，基本解方法目前在计算具有多连通域和复杂边界的问题时，仍然难以克服计算不稳定的问题。此外，虚边界的选取规则和其物理本质，也仍未被完全解决。针对这些问题，Li 等[27] 给出了一些解释和解决途径，但基本解方法仍存在以下问题尚待完善：

(1) 基本解方法中虚拟边界的选取具有很大的随机性，不同虚拟边界对数值结果影响极大；

(2) 对于具有复杂几何形状的无限域声场分析，往往很难找到合适的虚拟边界；

(3) 基本解方法的插值矩阵是高秩、高病态矩阵，迭代求解器很难高效求解这类矩阵。

1.2.3 奇异边界法

奇异边界法是一种强格式半解析边界配点方法，该方法最早由陈文[15] 提出，谷岩和陈文将其应用于位势问题[28] 和弹性力学[29] 的模拟，其后 Fu 等[30] 将该方法进一步拓展至声学领域，开发了基于 Burton-Miller 公式的 BM 型奇异边界法，取得了良好效果。奇异边界法的基本特点在于引入源点强度因子的概念取代插值矩阵中的对角线项奇异元素。技术核心在于前期所开发的一系列用于求解不同偏微分方程的源点强度因子公式[31–33]。不同于边界元方法，奇异边界法无数值积分，无网格依赖，借助于源点强度因子，仅需在每个波长每个方向布置 6 个自由度即可高效模拟声波传播。

相较于基本解方法，奇异边界法具有更高的计算稳定性和更广的适用性；相较于边界元方法，奇异边界法无须奇异积分，编程简单，易于使用。奇异边界法在稳定性、精确度、复杂性等方面达到了良好的平衡。因此，该方法非常适合作为基础算法和快速算法耦合处理大规模问题。

然而，与边界元方法类似，奇异边界法在计算大规模高频声场时，也面临如下困难：

(1) 如何推导适用于高频声学问题的源点强度因子公式；

(2) 如何有效处理大规模稠密矩阵所带来的高计算量和高存储量问题；

(3) 如何在低采样频率条件下稳定模拟高频声波传播。

1.2.4 边界节点法

边界节点法 (BKM)[34] 是一种与奇异边界法类似的强格式半解析边界配点方法，最早由 Chen 提出并用于三维内域 Helmholtz 方程的求解。其后，该方法被 Lin 等进一步应用于流扩散[35] 和薄膜振动[36] 等数学物理问题。边界节点法的核心思想是使用所研究问题的具有无源点奇异性的一般解替代基本解作为插值基函数，从而避免对插值矩阵对角线奇异项的处理。该方法的主要技术特点在于计算三维内域 Helmholtz 问题时，采样频率极低 (单位波长、单位方向布置 2.5 个自由度), 计算精度极高, 可达到所谓的谱收敛速率。由于仅需边界离散, 因此边界节点法避免了基本解方法中虚拟边界的干扰。在处理中小规模三维内域 Helmholtz 问题时, 具有其他方法无法比拟的优势。

然而, 边界节点法也遇到了下述难以克服的瓶颈:

(1) 边界节点法所使用的三维 Helmholtz 方程的一般解舍弃了虚部, 导致该方法目前无法用于外域声场计算;

(2) 由于使用了无源点奇异性的一般解作为插值基函数, 且采样频率极低, 边界节点法的插值矩阵具有高秩、高病态属性, 故很难被迭代求解器快速求解。

1.2.5 快速多极子算法

快速多极子算法最初是为了有效计算大量粒子间的相互作用, 1987 年首次由 Greengard 和 Rokhlin [37] 提出的一种核依赖型快速算法。该算法最初被用于快速计算大规模带电粒子间的相互静电作用。1990 年, Rokhlin [38] 基于三维 Helmholtz 方程基本解的平面波展开式, 提出了用于计算高频声场的对角型快速多极子算法。紧随其后, Greengard 等 [39] 基于三维 Helmholtz 方程基本解的分波展开形式, 提出了用于计算低频声场的快速多极子算法。进一步地, Yasuda 和 Sakuma [42] 将快速多极子算法与边界元方法耦合模拟声学阻抗管; Zhang 等 [43] 将快速多极子算法和杂交边界点法耦合模拟大规模位势问题; Liu 等 [44] 将快速多极子算法和基本解方法耦合求解大规模 Laplace 方程; 曲文镇等 [14,45,46] 将快速多极子算法和奇异边界法耦合分析大规模声场。Gumerov 等对快速多极子算法在声学领域的具体应用, 在文献 [40,41] 中做了系统综述。

快速多极子算法的主要作用是大幅减少大规模线性方程组求解过程中矩阵向量矢量乘法的运算次数。主要思想是将点对点的相互作用模式转化为集合对集合的相互作用模式。主要数学基础是基于所求解问题基本解的多极和局部扩展及相应传递公式, 将传统的点对点计算模式转化为聚合、转移、发散三个逻辑步骤。一个典型的快速多极子程序主要包含下述几个步骤:

(1) 为计算域生成分层数结构;

(2) 上行遍历过程。通过向上遍历树结构, 计算远场贡献的多级扩展系数;

(3) 下行遍历过程。通过向下遍历树结构, 将多极扩展系数转化为局部扩展系数, 构造远场贡献的局部扩展形式;

(4) 计算全场贡献。通过局部扩展计算远场贡献, 累加直接计算的近场贡献, 获得全场贡献。

在快速多极子算法中, 不同的多极和局部展开形式, 直接决定了快速多极子算法的计算效率和精度。然而, 快速多极子算法依赖特定基本解的多极和局部展开, 导致该算法是一种核依赖算法。换句话说, 一种基于特定核函数的多极与局部展开编写的快速多极子程序，只能求解一个特定问题。加之该算法编程困难，理论复杂，这也构成了快速多极子算法在实际工程中大规模推广的最大障碍。

1.2.6 核独立快速多极子算法

核独立快速多极子算法可以看作传统快速多极子算法的一种衍生算法。该算法最早由 Ying 等 [47] 在 2004 年提出。其后，Li 等进一步将该方法用于计算大规模热传导问题 [48] 和三维 Laplace 问题 [49]。核独立快速多极子算法和传统快速多极子算法的主要区别在于，核独立快速多极子算法使用基本解方法插值计算基函数的多级扩展、局部扩展以及相互传递关系。由于避免了快速多极子算法中与内核函数相关的解析计算，故该算法与特定内核函数无关，是一种核独立快速算法。

具体到声学计算，文献 [47] 指出，当使用 GMRES 求解器时，核独立快速多极子算法在计算三维 Helmholtz 问题时，具有 $O(N)$ 的时间复杂度。然而，由于该算法使用插值计算代替了解析的扩展和传递公式，故随着计算频率增加，插值计算的不稳定性逐渐显现。因此，该算法目前仅能用来加速中低频声场计算。

1.2.7 有限差分法

有限差分法是最早被用于计算机模拟的数值方法 [50-52]。有限差分法的核心思想是将计算域剖分成有限个规则网格，利用离散的差商代替连续的微商，最终通过求解离散出的差分方程，来逼近原方程的解。早在 20 世纪 70 年代，Alford 等 [53] 就对有限差分法模拟声波方程做了有益探索；其后，Dablian [54] 进一步利用高阶有限差分法模拟了标量波方程；国内如周家纪和贺振华 [55]、王秀明和张海澜 [56] 也均对有限差分法模拟声学问题做出了积极的贡献。有限差分法理论简单，易于编程。但不幸的是，有限差分法难以计算具有复杂计算边界的无限域声学问题。

1.2.8 有限元方法

有限元方法 [57,58] 自 20 世纪 60 年代发展至今，已基本发展完善，形成了一套严谨完备的理论体系。在工程计算，尤其是固体力学领域，占据主导地位。具体到声学领域，众多学者为有限元方法计算声场问题做出了卓有成效的贡献。例如，Malek 等 [59] 将伽辽金有限元法用于求解无限域声场分析；Astley、Coyette 和 Macaulay [60,61] 开发了模拟声场的波包有限元和分形有限元；Kallivokas 和 Bielak [62] 利用有限元方法检测了在时域条件下声固结构辐射的瞬态响应问题。

然而，作为一款全域剖分的数值方法，有限元方法在计算声场问题时，同样存在诸多不足。首先，在中低频条件下，有限元在一个波长每个方向上至少要布置 10 个自由度，且随着频率的增加，进入高频范畴后，由于所谓的污染效应 [63]，这一采样频率往往还会大幅增加。考虑到有限元方法需要全局剖分，其自由度随频率的增加呈立方规模增长。因此，在现有采样频率下，有限元方法很难在单台计算机上计算高频声场问题。

近年来，为了克服传统有限元方法采样频率过高的弊端，一个思路是利用满足控制方程的平面波函数作为形函数参与算法构建。这类衍生扩展方法包括广义有限元方法[64,65]、比例边界有限元方法[66,67]、Trefftz 有限元方法[68,69] 等。此类衍生算法在处理波的振荡特性和传播方向已知的声场问题时，表现出了较高的效率，而当无法预先获知波的振荡特性和传播方向时，此类方法将面临较大局限。其次，声场计算通常定义在无限域上。有限元方法在处理无限域声场问题时，不可避免地需要面临如何选择恰当的人工边界、将无限域转化为有限域的问题。不同的人工边界，往往对数值结果会产生巨大的影响。廖振鹏对构造人工边界的最新进展在文献 [70] 中做了详细评述。

1.2.9　无网格方法

传统的网格类方法，如有限元方法、边界元方法等由于需要对计算域或计算边界进行网格划分，以表征不同单元间的相互作用关系，因此在处理某些移动边界、高速碰撞、裂纹扩展等问题时，往往面临网格需要多次划分或难以精确划分的问题。为了克服在数值计算过程中面临的网格划分困难，一类不依赖网格划分的无网格方法[71-75] 近年来得到了快速发展。不同于网格类算法依靠网格传递单元间的相互作用关系，无网格类算法一般通过形函数表征源点影响域内的物理量，通过不同源点间直接发生基于形函数的相互作用关系，从而使得每一个源点均可影响计算域内任一点的物理性质，并最终通过求解导出的线性方程组，解算出所需物理量。

无网格方法最早可追溯至 Gingold 和 Monaghan[76] 开发的光滑粒子流体动力学法。其后，一系列无网格方法如雨后春笋般涌现出来，如 Nayroles 等[77] 提出的扩散元法，Belytschko 等[78] 提出的无单元 Galerkin 法，Perrey-Debain 等[79]提出的波边界元法，Peirce 等[80] 提出的谱边界元法等。前述介绍的奇异边界法、边界节点法均属于强格式边界型无网格方法。国内外学者提出的类似边界型无网格方法还有正则化无网格法[81-85]、边界分布源法[86]、边界配点法[87]、修正基本解法[88] 等。值得注意的是，Qu 等[89] 最近提出了一种基于局部支撑、全局离散的局部基本解方法，目前，该方法已被成功用于计算二维和三维内域声场问题。该方法利用基本解方法插值计算形函数，表征节点间的相互作用关系，具有较低的采样频率和较高的计算精度。但类似于广义有限元法和 Trefftz 有限元法，局部基本解方法如何高效处理外域声场计算，目前仍有待进一步探索。Li 等提出了一种半解析局部时空配点法[90]。一方面，半解析局部时空配点法基于局部化思想，使计算域内每个节点仅受其邻近时空子域内的节点影响，故最终仅需存储和求解一个大规模稀疏矩阵。另一方面,基于构造的时间依赖通解,半解析局部时空配点法可避免处理基本解在源点处的奇异性,直接近似物理方程。但该方法目前仅局限于模拟瞬态扩散问题,如何构造适合波方程的时间依赖通解,将半解析局部时空配点法拓展至宽频段大规模瞬态声场分析,仍有待进一步探索。

1.3 内 容 提 要

1.3.1 技术路线

本书以奇异边界法作为基础算法。具体到声场计算,奇异边界法主要具有以下技术优势:

(1) 奇异边界法在处理无限域声场问题时,无须对边界做额外处理;

(2) 奇异边界法仅需边界离散,所研究问题的计算维度可下降一维;

(3) 奇异边界法无积分、无网格、编程容易、数学简单,非常适合与快速算法耦合计算大规模声场。

与之对应,奇异边界法也有以下难点尚待进一步完善:

(1) 如何高效处理基本解的源点奇异性问题,即奇异性问题;

(2) 如何解决稠密矩阵导致的高秩、高病态,以及高计算量和高存储量问题,即大规模问题;

(3) 如何有效降低奇异边界法的采样频率,即高频问题。

为了降低计算大规模复杂声场的研究难度,本书将其拆分为高频声场计算和大规模声场计算两个子课题分别加以研究。提出了两条平行的技术路线,分别从不同侧面谋求解决高频声场计算和大规模声场仿真。

策略 1:大幅降低算法采样频率。根据香农采样定理,为了完整恢复波信号,采样频率不应低于每个波长每个方向两个采样点的采样水平。对于三维问题,当采用奇异边界法进行声场计算时,采样频率每减少一半,所需自由度即可减少 75%。因此,有效降低算法采样频率可极大提高模拟高频声波传播的效率。这一策略需要解决的主要困难是采样频率和稳定性之间的矛盾。举例来讲,基本解方法的采样频率极低,计算声场问题效率极高。然而,由于虚拟边界的布置随意性,基本解方法的待求解矩阵极度病态,计算稳定性极低。因此,如何在保证高计算效率的同时,大幅提高计算稳定性,是该策略需要克服的主要技术难点。

策略 2:大幅增大计算规模。在维持采样频率不变的条件下,波数和自由度呈正相关关系。因此,解决高频问题的另一个策略是增大计算规模。该策略需要解决的主要问题是计算规模扩大后导致的高计算量和高存储量与有限的计算资源之间的矛盾。举例来讲,当使用 GMRES 求解器时,奇异边界法具有 $O(N^2)$ 的计算复杂度和 $O(N^3)$ 的存储复杂度。这一复杂度水平,使奇异边界法的自由度数量在普通计算机上很难超过 10 万的规模。因此，如何保证在维持算法精确度和计算效率大致不变的前提下，大幅减少存储复杂度和计算复杂度，是本策略需要解决的主要技术瓶颈。

奇异性问题、大规模问题、高频问题，这三个待解决问题构成了本书的主要技术路线。在其后的章节中，针对这三个问题，本书将提出针对性解决方案，并给予相应的物理解释。

1.3.2 章节安排

本书计算理论部分主要涵盖 4 个声学计算专题，主要章节安排及章节间的逻辑关系如下：

第 1 章概论部分主要介绍大规模复杂声场仿真的研究背景、研究意义及技术难点，并对声场计算中常见的数值方法做了一个简要概述，归纳了现有方法的技术特点，指出了它们计算声场问题时的优点与不足。最后，列出了计算理论部分的主要研究内容和技术路线。

声学计算专题 1 建立奇异边界法模拟声波传播的基本算法框架，主要解决奇异性问题。本部分包括第 2 章 "中低频声场高精度计算的奇异边界法"。

在第 2 章 "中低频声场高精度计算的奇异边界法" 中，推导了计算三维声场的源点强度因子公式和近奇异因子公式。给出了源点强度因子的物理意义，并解释了奇异边界法可以在较低采样频率下取得较高计算精度的物理原因 [91,92]，编写了涵盖大部分源点强度因子函数程序的 "奇异工具箱"。

声学计算专题 2 建立高频声场高精度计算的修正奇异边界法和双层基本解方法，主要解决高频声场计算。本部分包括第 3 章 "高频声场高精度计算的修正奇异边界法" 和第 4 章 "高频声场高精度计算的双层基本解方法"。

在第 3 章 "高频声场高精度计算的修正奇异边界法" 中，介绍了三维 Helmholtz 方程修正基本解的概念，提出了修正奇异边界法 [93]。

在第 4 章 "高频声场高精度计算的双层基本解方法" 中，阐述了基本解虚拟边界对数值结果产生巨大影响的物理原因，揭示了虚拟边界对数值结果的影响规律，构造了计算三维高频声场的双层基本解方法 [27]。

声学计算专题 3 建立计算大规模声场的修正双层算法和修正多层算法，主要研究大规模稳态声场仿真。本部分包括第 5 章 "大规模科学与工程高精度计算的修正双层算法"，第 6 章 "大规模声场高精度计算的双层快速多极边界元方法" 和第 7 章 "大规模科学与工程高精度计算的修正多层算法"。

在第 5 章 "大规模科学与工程高精度计算的修正双层算法" 中，通过忽略远场贡献残差，基于双层结构构造了修正双层算法。修正双层算法具有显著的预调节功能，困扰径向基函数方法的高计算量、高存储量和高病态瓶颈遂得以舒缓 [49,94]。

在第 6 章 "大规模声场高精度计算的双层快速多极边界元方法" 中,通过将修正双层算法和快速多极子方法耦合,开发了用于大规模声场高精度计算的双层快速多极边界元方法。由于第 6 章的边界元方法使用了常单元和配点方法进行离散,因此所推导方法兼具边界元方法和径向基函数方法两者的特点。为了表示对边界元方法的继承属性,本书将所开发的方法称为双层快速多极边界元方法 [95,96]。应用该算法,目前已成功分析了 A-320 客机的空中声散射特性和 "基洛级" 潜艇的水下声散射特性。

在第 7 章 "大规模科学与工程高精度计算的修正多层算法" 中,通过将修正双层算法的双层结构扩展到多层结构,构造了计算大规模问题的修正多层算法 [97]。通过在不同层级逐步减小近场影响域特征半径尺寸,修正多层算法实现了在不同层级网格上的逐层计算和逐层校正,其存储需求相较修正双层算法进一步大幅降低。

声学计算专题 4 建立模拟瞬态声波传播的时间依赖奇异边界法,由第 8 章 "时间依赖奇异边界法计算标量波方程" 构成。第 8 章主要探讨在时域条件下,声场的高精度计算问题。本章利用时间依赖基本解,基于叠加原理,构造了一种时间依赖奇异边界法,用于标量波方程计算。作为对频域计算的补充,第 8 章使本书的声场计算理论更加完备,完整涵盖了声场计算的频域计算与时域计算两个方面。此外,基于时间依赖奇异边界法,本章提出了波屏蔽概念,构造了一种主动噪声控制模型。

最后,在第 9 章 "半解析边界配点法计算大规模复杂声场发展概述与展望" 中,对半解析边界配点法计算声场问题、高频声场问题、大规模声场问题,分别作了概述总结。其后对半解析边界配点法的发展历程做了大致划分,并对未来半解析边界配点法的发展趋势做了展望评价。

本书工程应用部分基于半解析边界配点法,将之进一步拓展至近岸海洋动力环境模拟、声场动力环境模拟和电磁场动力环境模拟,解决了四个具体工程案例。具体包括:第 10 章 "复杂目标电磁散射高精度计算的正则化矩量法";第 11 章 "复杂目标电磁散射高精度计算的正则化快速多极矩量法";第 12 章 "快速预报大尺度复杂目标宽频声散射特性的双层快速直接求解器";第 13 章 "近岸海洋动力环境高精度模拟的奇异边界法"。

在第 10 章 "复杂目标电磁散射高精度计算的正则化矩量法" 中,基于源点强度因子技术和近奇异因子技术,高精度计算正则化矩量法阻抗矩阵中的奇异项和近奇异项,解决奇异性问题;基于修正基本解,构造正则化矩量法,解决非唯一性问题。

在第 11 章 "复杂目标电磁散射高精度计算的正则化快速多极矩量法" 中,将正则化矩量法与快速多极子算法耦合,构造正则化快速多极矩量法,解决大规模电磁计算问题。

在第 12 章 "快速预报大尺度复杂目标宽频声散射特性的双层快速直接求解器" 中，耦合修正双层算法和系数近似逆矩阵技术构造了一款双层快速直接求解器。应用该求解器，一方面大幅减少了存储和计算复杂度，另一方面避免了对大规模线性方程组的直接求解，解决了传统数值技术在分析大规模复杂目标声散射强度时，不能稳定收敛的不足。

在第 13 章 "近岸海洋动力环境高精度模拟的奇异边界法" 中，基于奇异边界法分别模拟了水下旅馆在近岸海洋动力环境下的受力、椭圆桩柱水波绕流、海上风力发电机组与海浪的相互耦合作用，三个近岸海洋动力环境仿真案例。借助第 2 章介绍的 "奇异工具箱" 中的水波仿真模块，详细展示了半解析边界配点法在近岸海洋动力环境高精度模拟中的广泛应用潜力。

第 2 章　中低频声场高精度计算的奇异边界法

2.1　引　言

奇异边界法是 2009 年由陈文 [15] 提出的一种强格式半解析边界配点法。该方法的核心思想在于引入源点强度因子的概念，通过使用源点强度因子替代插值矩阵中的对角线奇异项，克服基本解的源点奇异性问题。奇异边界法的技术难点在于推导适用于不同偏微分方程的源点强度因子公式。奇异边界法经过陈文等 [102]、谷岩和陈文 [28]、Lin 等 [103]、Vittoria [104] 等十余年的研究开发 [97-101]，目前理论体系已相对完善，已被成功用于位势 [28]、弹性波 [29]、水波 [105]、声波 [93] 等问题的工程仿真中。

具体到声场计算，奇异边界法最早由 Fu 等 [106] 推导出了用于求解 Helmholtz 方程的源点强度因子，基于 Burton-Miller 公式，文献 [30] 构造了 BM 型奇异边界法。BM 型奇异边界法通过混合 Helmholtz 方程单层势基本解和双层势基本解，成功避免了在特征频率附近解的不唯一性。其后，Qu 等 [14] 将奇异边界法和快速多极子方法耦合，开发了用于计算大规模声场的快速多极奇异边界法；Li 等 [107] 将奇异边界法和快速傅里叶变换技术耦合，开发了预校正快速傅里叶变换奇异边界法。

相较于边界元方法 [108] 和基本解方法 [109]，平衡的数值特性构成了奇异边界法的核心竞争力。奇异边界法数学简单，编程容易。虽然数值精度和收敛速率不及基本解方法，但仅需边界剖分且无虚边界干扰，故奇异边界法具有较强的稳定性和适用性，保证了该算法对复杂工程问题的计算分析能力。相较于边界元法，奇异边界法虽然适用性、理论完备性还有一定欠缺，但却避免了耗时的奇异积分。仅就计算量而言，奇异边界法要小于常单元边界元方法。但由于源点强度因子具有校正边界离散误差作用 [32]，因此奇异边界法可以耗费比常单元边界元更小的计算量以达到线性边界元的计算精度和收敛速率。这种平衡的数值特性，使奇异边界法非常适合与快速算法耦合来计算大规模工程问题。此外，奇异边界法的另一个优势在于编程容易。编写计算相同问题的算法程序，奇异边界法所耗费的时间往往仅相当于有限元方法的几十分之一，边界元方法的十几分之一。在实验室开发阶段，所研究问题往往无法通过 COMSOL 等商业软件完成计算机仿真。科学研究也是一个不断试错的过程，因此，使用奇异边界法作为基础算法辅助研究新问题、探索新现象，可以为科研工作者节约大量宝贵时间。故本书大部分章节选用奇异边界法作为基础算法，参与构建仿真大规模复杂声场的快速半解析边界配点法。

奇异边界法的核心技术关键在于推导适用于所研究问题的源点强度因子公式。Fu 等在文献 [30] 中，基于 Laplace 方程和 Helmholtz 方程基本解的源点奇异性同阶相似性原理，通过在 Laplace 方程源点强度因子上添加常数的方法，提出了一种适用于 Helmholtz 方程的源点强度因子。大量实验表明，基于该公式，奇异边界法可有效计算中低频声场问题。然而，Fu 给出的源点强度因子公式缺乏数学推导，且在计算高频声场时会出现精度下降，收敛减慢的现象。此外，类似于边界元方法，奇异边界法在求解边界附近的物理量时，也会出现数值解精度急剧下降的现象。为解决这一问题，Gu 等 [110] 提出了用近奇异因子替代插值矩阵中相应项避免基本解近奇异性的策略，并给出了适用于 Laplace 问题的近奇异因子。然而，适用于声场问题的近奇异因子目前仍然是一个悬而未决的问题。

为了解决上述问题，2.2 节基于加减消去原理，通过构造满足一定边界条件的 Helmholtz 方程一般解，将其代入边界积分方程和超奇异边界积分方程中，推导出了可用于三维声场分析的源点强度因子。2.3 节基于同样原理，推导出了用于计算声场近边界解和边界解的近奇异因子。2.4 节给出了几个基本算例，测试本章所推导的源点强度因子和近奇异因子。2.5 节简要介绍了"奇异工具箱"。最后，2.6 节对本章进行了小结。

2.2　计算三维声场的源点强度因子

声学问题在频域条件下，可简化为三维 Helmholtz 方程 [91]，

$$\nabla^2 \phi(x) + k^2 \phi(x) = 0, \quad \forall x \in \Omega, \tag{2.1}$$

$$\phi(x) = \bar{\phi}(x), \quad \forall x \in S_1, \tag{2.2}$$

$$q(x) = \bar{q}(x), \quad \forall x \in S_2, \tag{2.3}$$

其中，∇^2 是 Laplace 算符，$\phi(x)$ 表示计算物理量，$q(x)$ 是 $\phi(x)$ 的法向梯度分量。k 表示计算波数，S 是计算域 Ω 的边界。

在奇异边界法中，用一组基本解的线性组合来插值近似所求物理量，

$$\phi(x_m) = \sum_{j=1}^{N} \beta_j G(x_m, y_j), \quad x_m \in \Omega, \tag{2.4}$$

$$q(x_m) = \sum_{j=1}^{N} \beta_j \frac{\partial G(x_m, y_j)}{\partial n^e(x_m)}, \quad x_m \in \Omega. \tag{2.5}$$

其中，β_j 是待求未知系数。

$$\begin{cases} G(x,y) = \dfrac{\mathrm{e}^{\mathrm{i}kr}}{4\pi r}, \\[3mm] K(x,y) = \dfrac{\partial G(x,y)}{\partial n^e(x)} = \dfrac{\mathrm{e}^{\mathrm{i}kr}}{4\pi r^3}\,(\mathrm{i}kr-1)\,\langle (x,y) \cdot n^e(x) \rangle, \end{cases} \quad (2.6)$$

$G(x,y)$ 和 $K(x,y)$ 分别表示三维 Helmholtz 方程基本解和基本解的法向梯度，x 和 y 分别表示配点和源点。

BM 型奇异边界法利用 Burton-Miller 公式[21] 来避免在特征频率附近出现的解的非唯一性。BM 型奇异边界法的插值公式可以表示为

$$\phi(x_m) = \sum_{j=1}^{N} \beta_j \left[G(x_m, y_j) + \alpha \frac{\partial G(x_m, y_j)}{\partial n^e(y_j)} \right], \quad x_m \in \Omega, \quad (2.7)$$

$$q(x_m) = \sum_{j=1}^{N} \beta_j \left[\frac{\partial G(x_m, y_j)}{\partial n^e(x_m)} + \alpha \frac{\partial^2 G(x_m, y_j)}{\partial n^e(y_j)\,\partial n^e(x_m)} \right], \quad x_m \in \Omega, \quad (2.8)$$

其中，$\alpha = \mathrm{i}/(k+1)$[111]，当 $\alpha = 0$ 时，BM 型奇异边界法退化为传统奇异边界法，

$$\begin{cases} F(x,y) = \dfrac{\partial G(x,y)}{\partial n^e(y)} = -\dfrac{\mathrm{e}^{\mathrm{i}kr}}{4\pi r^3}\,(\mathrm{i}kr-1)\,\langle (x,y) \cdot n^e(y) \rangle, \\[3mm] H(x,y) = \dfrac{\partial^2 G(x,y)}{\partial n^e(y)\partial n^e(x)} = \dfrac{\mathrm{e}^{\mathrm{i}kr}}{4\pi r^3} \left[\begin{array}{l} (1-\mathrm{i}kr)\,\langle n^e(y) \cdot n^e(x) \rangle \\ + \left(k^2 - 3/r^2 + 3k\mathrm{i}/r\right)\langle (x,y) \cdot n^e(y) \rangle \\ \cdot \langle (x,y) \cdot n^e(x) \rangle \end{array} \right]. \end{cases} \quad (2.9)$$

注意到当 $x_i = y_j$，即源点和配点重合时，基本解会出现奇异性和超奇异性。在奇异边界法中，通过引入源点强度因子的概念来解决这一问题。奇异边界法的边界插值公式可表示为

$$\begin{aligned} \phi(x_i) &= \sum_{j=1 \neq i}^{N} \beta_j \left[G(x_i, y_j) + \alpha \frac{\partial G(x_i, y_j)}{\partial n^e(y_j)} \right] \\ &\quad + \beta_i \left[G(x_i, y_i) + \alpha \frac{\partial G(x_i, y_i)}{\partial n^e(y_i)} \right], \quad x_i \in S, \end{aligned} \quad (2.10)$$

$$\begin{aligned} q(x_i) &= \sum_{j=1 \neq i}^{N} \beta_j \left[\frac{\partial G(x_i, y_j)}{\partial n^e(x_i)} + \alpha \frac{\partial^2 G(x_i, y_j)}{\partial n^e(y_j)\,\partial n^e(x_i)} \right] \\ &\quad + \beta_i \left[\frac{\partial G(x_i, y_i)}{\partial n^e(x_i)} + \alpha \frac{\partial^2 G(x_i, y_i)}{\partial n^e(y_i)\,\partial n^e(x_i)} \right], \quad x_i \in S. \end{aligned} \quad (2.11)$$

　　将源点强度因子和边界条件代入式 (2.10) 和 (2.11)，可求得未知系数。将求得的未知系数代入式 (2.7) 和 (2.8)，则计算域内的任一点物理量可求。

　　下面，推导可用于高频三维 Helmholtz 方程的源点强度因子。加减消去原理的核心思想是将满足一定边界条件的三维 Helmholtz 方程一般解代入边界积分方程或超奇异边界积分方程，消去多余奇异项，导出基本解在源点处的无奇异表达式。核心困难在于构造可满足特定边界条件的一般解，以消除当源点和配点重合时，边界积分方程或超奇异边界积分方程中的多余奇异项。

　　三维 Helmholtz 方程的边界积分方程为

$$C(x)\phi(x) = \int_S \left[G(x,y)q(y) - \frac{\partial G(x,y)}{\partial n^e(y)}\phi(y) \right] \mathrm{d}S(y), \quad \forall x \in S. \tag{2.12}$$

三维 Helmholtz 方程的超奇异边界积分方程为

$$C(x)q(x) = \int_S \left[\frac{\partial G(x,y)}{\partial n^e(x)}q(y) - \frac{\partial^2 G(x,y)}{\partial n^e(y)\partial n^e(x)}\phi(y) \right] \mathrm{d}S(y), \quad \forall x \in S, \tag{2.13}$$

其中，当边界 S 被视为光滑边界时，$C(x) = \frac{1}{2}$，角标 e 表示外域。

　　构造如下的一般解来推导源点强度因子表达式

$$\phi(y_j) = \frac{\sin(kr_{ij})}{r_{ij}}, \quad r_{ij} = |y_j - x_i|, \tag{2.14}$$

$$q(y_j) = \left(\frac{k\cos(kr_{ij})}{r_{ij}^2} - \frac{\sin(kr_{ij})}{r_{ij}^3} \right) \langle (y_j - x_i) \cdot n^e(y_j) \rangle, \quad r_{ij} = |y_j - x_i|. \tag{2.15}$$

其中，$x_i = (x_1^i, x_2^i, x_3^i)$ 是配点 x_i 的坐标，$y_j = (y_1^j, y_2^j, y_3^j)$ 是源点 s_j 的坐标，$r_{ij} = |y_j - x_i|$ 表示 x_i 和 y_j 之间的欧几里得距离。注意到当 $r_{ij} \to 0$ 时，$\phi(y_j) = k$ 且 $q(y_j) = 0$。因此，将式 (2.14) 和 (2.15) 代入式 (2.12) 得到

$$\sum_{j=1}^N \left[\begin{matrix} G(x_i,y_j)\left(\dfrac{k\cos(kr_{ij})}{r_{ij}^2} - \dfrac{\sin(kr_{ij})}{r_{ij}^3} \right) \\ \cdot \langle (y_j - x_i) \cdot n^e(y_j) \rangle - \dfrac{\partial G(x_i,y_j)}{\partial n^e(y_j)} \dfrac{\sin(kr_{ij})}{r_{ij}} \end{matrix} \right] A_j = \frac{k}{2}, \quad r = |y_j - x_i|, \quad \forall x_i \in S. \tag{2.16}$$

　　注意到在式 (2.16) 中的另一奇异项 $G(x_i, y_i)$，当 $i = j$ 时，$q(y_j) = 0$ 而被消除了，因此当 $i = j$ 时，$\dfrac{\partial G(x_i, y_i)}{\partial n^e(y_i)}$ 是唯一的奇异项。将式中奇异项移到等号左边，得到

$$\frac{\partial G\left(x_i, y_i\right)}{\partial n^e\left(y_i\right)}$$

$$= \frac{1}{kA_i} \left\{ \sum_{j=1 \neq i}^{N} \left[\begin{array}{c} G\left(x_i, y_j\right) \left(\dfrac{k\cos\left(kr_{ij}\right)}{r_{ij}^2} - \dfrac{\sin\left(kr_{ij}\right)}{r_{ij}^3} \right) \\ \cdot \left\langle \left(y_j - x_i\right) \cdot n^e\left(y_j\right) \right\rangle - \dfrac{\partial G\left(x_i, y_j\right)}{\partial n^e\left(y_j\right)} \dfrac{\sin\left(kr_{ij}\right)}{r_{ij}} \end{array} \right] A_j - \frac{k}{2} \right\} r \quad (2.17)$$

$$= \left| y_j - x_i \right|, \quad \forall x_i \in S.$$

类似地，将式 (2.14) 和 (2.15) 代入式 (2.13)，得到

$$\sum_{j=1}^{N} \left[\begin{array}{c} \dfrac{\partial G\left(x_i, y_j\right)}{\partial n^e\left(x_i\right)} \left(\dfrac{k\cos\left(kr_{ij}\right)}{r_{ij}^2} - \dfrac{\sin\left(kr_{ij}\right)}{r_{ij}^3} \right) \\ \cdot \left\langle \left(y_j - x_i\right) \cdot n^e\left(y_j\right) \right\rangle - \dfrac{\partial^2 G\left(x_i, y_j\right)}{\partial n^e\left(y_j\right) \partial n^e\left(x_i\right)} \dfrac{\sin\left(kr_{ij}\right)}{r_{ij}} \end{array} \right] A_j = 0, \quad (2.18)$$

$$r = \left| y_j - x_i \right|, \quad \forall x_i \in S.$$

同理，将式 (2.18) 修改为如下形式：

$$\frac{\partial^2 G\left(x_i, y_i\right)}{\partial n^e\left(y_i\right) \partial n^e\left(x_i\right)}$$

$$= \frac{1}{kA_i} \sum_{j=1 \neq i}^{N} \left[\begin{array}{c} \dfrac{\partial G\left(x_i, y_j\right)}{\partial n^e\left(x_i\right)} \left(\dfrac{k\cos\left(kr_{ij}\right)}{r_{ij}^2} - \dfrac{\sin\left(kr_{ij}\right)}{r_{ij}^3} \right) \\ \cdot \left\langle \left(y_j - x_i\right) \cdot n^e\left(y_j\right) \right\rangle - \dfrac{\partial^2 G\left(x_i, y_j\right)}{\partial n^e\left(y_j\right) \partial n^e\left(x_i\right)} \dfrac{\sin\left(kr_{ij}\right)}{r_{ij}} \end{array} \right] A_j r \quad (2.19)$$

$$= \left| y_j - x_i \right|, \quad \forall x_i \in S.$$

注意到，对于平滑边界，当配点 x_i 沿切线方向逐渐无限靠近 y_j 时，有如下关系成立：

$$\lim_{x_i \to y_j} \frac{\partial G\left(x_i, y_j\right)}{\partial n^e\left(x_i\right)} + \frac{\partial G\left(x_i, y_j\right)}{\partial n^e\left(y_j\right)} = 0. \quad (2.20)$$

因此，有

$$\frac{\partial G\left(x_i, y_i\right)}{\partial n^e\left(x_i\right)}$$

$$= -\frac{1}{kA_i} \left\{ \sum_{j=1 \neq i}^{N} \left[\begin{array}{c} G\left(x_i, y_j\right) \left(\dfrac{k\cos\left(kr_{ij}\right)}{r_{ij}^2} - \dfrac{\sin\left(kr_{ij}\right)}{r_{ij}^3} \right) \\ \cdot \left\langle \left(y_j - x_i\right) \cdot n^e\left(y_j\right) \right\rangle - \dfrac{\partial G\left(x_i, y_j\right)}{\partial n^e\left(y_j\right)} \dfrac{\sin\left(kr_{ij}\right)}{r_{ij}} \end{array} \right] A_j - \frac{k}{2} \right\} r \quad (2.21)$$

$$= \left| y_j - x_i \right|, \quad \forall x_i \in S.$$

为了推导 $G\left(x_i, y_i\right)$ 的源点无奇异表达式，构造另一个三维 Helmholtz 方程的一般解，即

$$\phi\left(y_j\right) = \sum_{m=1}^{3} \sin\left(k\left(y_m^j - x_m^i\right)\right) \cdot n^e\left(x_m^i\right), \tag{2.22}$$

$$q\left(y_j\right) = k \sum_{m=1}^{3} \cos\left(k\left(y_m^j - x_m^i\right)\right) \cdot n^e\left(x_m^i\right) \cdot n^e\left(y_m^j\right). \tag{2.23}$$

其中，$n^e\left(x_i\right) = \left(n^e\left(x_1^i\right), n^e\left(x_2^i\right), n^e\left(x_3^i\right)\right)$ 是配点 x_i 的单位外法向量，$n^e\left(y_j\right) = \left(n^e\left(y_1^j\right), n^e\left(y_2^j\right), n^e\left(y_3^j\right)\right)$ 是源点 y_j 的单位外法向量。注意到，当 $x_i = y_j$ 时，$\phi\left(y_j\right) = 0$ 且 $q\left(y_j\right) = k$。将式 (2.22) 和 (2.23) 代入式 (2.12)，得到

$$\sum_{j=1}^{N} \left[\begin{matrix} kG\left(x_i, y_j\right) \displaystyle\sum_{m=1}^{3} \cos\left(k\left(y_m^j - x_m^i\right)\right) \cdot n^e\left(x_m^i\right) \cdot n^e\left(y_m^j\right) \\ -\dfrac{\partial G\left(x_i, y_j\right)}{\partial n^e\left(y_j\right)} \displaystyle\sum_{m=1}^{3} \sin\left(k\left(y_m^j - x_m^i\right)\right) \cdot n^e\left(x_m^i\right) \end{matrix} \right] A_j = 0, \quad \forall x_i \in S. \tag{2.24}$$

将式 (2.24) 的奇异项移至等号左边，得到

$$G\left(x_i, y_i\right)$$
$$= -\frac{1}{kA_i} \sum_{j=1 \neq i}^{N} \left[\begin{matrix} kG\left(x_i, y_j\right) \displaystyle\sum_{m=1}^{3} \cos\left(k\left(y_m^j - x_m^i\right)\right) \cdot n^e\left(x_m^i\right) \cdot n^e\left(y_m^j\right) \\ -\dfrac{\partial G\left(x_i, y_j\right)}{\partial n^e\left(y_j\right)} \displaystyle\sum_{m=1}^{3} \sin\left(k\left(y_m^j - x_m^i\right)\right) \cdot n^e\left(x_m^i\right) \end{matrix} \right] A_j, \quad \forall x_i \in S. \tag{2.25}$$

式 (2.17)、式 (2.19)、式 (2.21) 和式 (2.25) 即为适用于高频三维 Helmholtz 方程的源点强度因子。文献 [32] 推导了奇异边界法求解 Laplace 方程的数学误差限，对于 Helmholtz 方程，奇异边界法的数学误差限可类似推得。

此处提及两个有趣的现象。一是当式 (2.17) 和 (2.21) 中的 $C(x)$ 取 0 时，奇异边界法可以获得更高的计算稳定性和数值精度，针对这一现象，一个可能的解释是文献 [28] 中给出的零场积分理论。另一个有趣的现象是，在中低频条件下，本节所推导得出的源点强度因子和 Fu 等在文献 [30] 中，通过在 Laplace 方程源点强度因子上添加常数所得到的结果，在数值上基本保持一致。这也从侧面证明，Fu 提出的基本解源点奇异性同阶相似性原理在数值上是正确的 [30,112]。

2.3 计算声场边界解和近边界解的近奇异因子

由于基本解在源点附近会出现所谓的近奇异性[110]，故当场点 $\hat{x}$ 极度靠近源点 y_m 时，仍利用式 (2.7) 和 (2.8) 计算声场会出现巨大的误差。为解决这一问题，Gu 等在文献 [110] 中，首次提出了用近奇异因子替代相应的近奇异项来求解 Laplace 方程近边界解的思路。

基于加减消去原理，本节将推导用于三维声场计算的近奇异因子。首先引入近奇异因子的概念，同时将式 (2.7) 和 (2.8) 改写为如下形式：

$$
\begin{aligned}
\phi(\hat{x}) = {} & \sum_{j=1\neq m}^{N} \beta_j \left[G(\hat{x}, y_j) + \alpha \frac{\partial G(\hat{x}, y_j)}{\partial n(y_j)} \right] \\
& + \beta_m \left[G(\hat{x}, y_m) + \alpha \frac{\partial G(\hat{x}, y_m)}{\partial n(y_m)} \right], \quad \hat{x} \in \Omega,
\end{aligned}
\tag{2.26}
$$

$$
\begin{aligned}
q(\hat{x}) = {} & \sum_{j=1\neq m}^{N} \beta_j \left[\frac{\partial G(\hat{x}, y_j)}{\partial n(\hat{x})} + \alpha \frac{\partial^2 G(\hat{x}, y_j)}{\partial n(y_j)\,\partial n(\hat{x})} \right] \\
& + \beta_m \left[\frac{\partial G(\hat{x}, y_m)}{\partial n(\hat{x})} + \alpha \frac{\partial^2 G(\hat{x}, y_m)}{\partial n(y_m)\,\partial n(\hat{x})} \right], \quad \hat{x} \in \Omega.
\end{aligned}
\tag{2.27}
$$

为推导近奇异因子 $G(\hat{x}, y_m)$ 和 $\dfrac{\partial G(\hat{x}, y_m)}{\partial n(\hat{x})}$，构造下述三维 Helmholtz 方程的一般解，

$$
\phi(y_j) = \sum_{d=1}^{3} \sin\left(k\left(y_d^j - y_d^m\right)\right) \cdot n(y_d^m),
\tag{2.28}
$$

$$
q(y_j) = k \sum_{d=1}^{3} \cos\left(k\left(y_d^j - y_d^m\right)\right) \cdot n(y_d^m) \cdot n(y_d^j).
\tag{2.29}
$$

其中，$n(y_j) = \left(n\left(y_1^j\right), n\left(y_2^j\right), n\left(y_3^j\right)\right)$ 是源点 y_j 的单位外法向量。注意到，当 $y_j = y_m$ 时，$\phi(y_j) = 0$ 且 $q(y_j) = k$。将 $\hat{x}$、式 (2.28) 和 (2.29) 代入式 (2.12) 和 (2.13)，得到

$$
G(\hat{x}, y_m)
$$

$$
= -\frac{1}{kA_m} \left\{ \sum_{j=1\neq m}^{N} \left[\begin{array}{l} kG(\hat{x}, y_j) \displaystyle\sum_{d=1}^{3} \cos\left(k\left(y_d^j - y_d^m\right)\right) \cdot n(y_d^m) \cdot n(y_d^j) \\[2mm] - \dfrac{\partial G(\hat{x}, y_j)}{\partial n(y_j)} \displaystyle\sum_{d=1}^{3} \sin\left(k\left(y_d^j - y_d^m\right)\right) \cdot n(y_d^m) \end{array} \right] A_j - C(\hat{x})\phi(\hat{x}) \right\},
\tag{2.30}
$$

$$\frac{\partial G\left(\hat{x}, y_m\right)}{\partial n\left(\hat{x}\right)}$$

$$=-\frac{1}{kA_m}\left\{\sum_{j=1\neq m}^{N}\left[\begin{array}{l}k\dfrac{\partial G\left(\hat{x}, y_j\right)}{\partial n\left(\hat{x}\right)}\displaystyle\sum_{d=1}^{3}\cos\left(k\left(y_d^j-y_d^m\right)\right)\cdot n\left(y_d^m\right)\cdot n\left(y_d^j\right)\\[4mm]-\dfrac{\partial G^2\left(\hat{x}, y_j\right)}{\partial n\left(y_j\right)\partial n\left(\hat{x}\right)}\displaystyle\sum_{d=1}^{3}\sin\left(k\left(y_d^j-y_d^m\right)\right)\cdot n\left(y_d^m\right)\end{array}\right]A_j-C\left(\hat{x}\right)q\left(\hat{x}\right)\right\},$$

$$(2.31)$$

其中，A_m 是源点 s_m 的影响域面积。

类似地，为推导近奇异因子 $\dfrac{\partial G\left(\hat{x}, y_m\right)}{\partial n\left(y_m\right)}$ 和 $\dfrac{\partial^2 G\left(\hat{x}, y_m\right)}{\partial n\left(y_m\right)\partial n\left(\hat{x}\right)}$，构造另一组三维 Helmholtz 方程的一般解，

$$\phi\left(y_j\right)=\frac{1}{3}\sum_{d=1}^{3}\cos\left(k\left(y_d^j-y_d^m\right)\right),\qquad (2.32)$$

$$q\left(y_j\right)=-\frac{k}{3}\sum_{d=1}^{3}\sin\left(k\left(y_d^j-y_d^m\right)\right)\cdot n\left(y_d^j\right).\qquad (2.33)$$

注意到，当 $y_j=y_m$ 时，$\phi\left(y_j\right)=1$ 且 $q\left(y_j\right)=0$。将 $\hat{x}$、式 (2.32) 和 (2.33) 代入式 (2.12) 和 (2.13)，得到

$$\frac{\partial G\left(\hat{x}, y_m\right)}{\partial n\left(y_m\right)}$$

$$=\frac{1}{A_m}\left\{\sum_{j=1\neq m}^{N}\left[\begin{array}{l}-\dfrac{k}{3}G\left(\hat{x}, y_j\right)\displaystyle\sum_{d=1}^{3}\sin\left(k\left(y_d^j-y_d^m\right)\right)\cdot n\left(y_d^j\right)\\[4mm]-\dfrac{1}{3}\dfrac{\partial G\left(\hat{x}, y_j\right)}{\partial n\left(y_j\right)}\displaystyle\sum_{d=1}^{3}\cos\left(k\left(y_d^j-y_d^m\right)\right)\end{array}\right]A_j-C\left(\hat{x}\right)\phi\left(\hat{x}\right)\right\},$$

$$(2.34)$$

$$\frac{\partial^2 G\left(\hat{x}, y_m\right)}{\partial n\left(y_m\right)\partial n\left(\hat{x}\right)}$$

$$=\frac{1}{A_m}\left\{\sum_{j=1\neq m}^{N}\left[\begin{array}{l}-\dfrac{k}{3}\dfrac{\partial G\left(\hat{x}, y_j\right)}{\partial n\left(\hat{x}\right)}\displaystyle\sum_{d=1}^{3}\sin\left(k\left(y_d^j-y_d^m\right)\right)\cdot n\left(y_d^j\right)\\[4mm]-\dfrac{1}{3}\dfrac{\partial^2 G\left(\hat{x}, y_j\right)}{\partial n\left(y_j\right)\partial n\left(\hat{x}\right)}\displaystyle\sum_{d=1}^{3}\cos\left(k\left(y_d^j-y_d^m\right)\right)\end{array}\right]A_j-C\left(\hat{x}\right)q\left(\hat{x}\right)\right\}.$$

$$(2.35)$$

式 (2.30)、(2.31)、(2.34) 和 (2.35) 即为所求三维 Helmholtz 方程近奇异因子。将相应近奇异因子代入式 (2.26) 和 (2.27)，即可求得三维声学问题的近边界解和边界解。为区别传统奇异边界法，这种专门用于计算声场近边界解和边界解的奇异边界法称作正则化奇异边界法。

2.4　数 值 算 例

本章计算数据在一台 16GB 内存，配置 Intel Core i7-4710MQ 2.50 GHz Processor 的笔记本计算机上获得。数值精度由平均相对误差 (Error) 定义

$$\text{Error} = \sqrt{\sum_{i=1}^{NT}\left|\phi(i) - \bar{\phi}(i)\right|^2 \bigg/ \sum_{i=1}^{NT}\left|\bar{\phi}(i)\right|^2}. \tag{2.36}$$

收敛速率由式 (2.37) 定义

$$C = -2\frac{\ln\left(\text{Error}\left(N_1\right)\right) - \ln\left(\text{Error}\left(N_2\right)\right)}{\ln\left(N_1\right) - \ln\left(N_2\right)}. \tag{2.37}$$

算例 2.1　首先，测试 2.2 节推导的源点强度因子。考虑如图 2.1 所示的经典脉动球模型，其解析解为

$$\phi\left(r\right) = v_0\frac{ikc\rho a^2}{1 - ika}\frac{\mathrm{e}^{ik(r-a)}}{r},$$

其中 $a = 1\mathrm{m}$，$c = 340\mathrm{m/s}$，$\rho = 1.2\mathrm{kg/m}^3$，$v_0 = 3\mathrm{m/s}$，测试点布置在半径 2m 的球面上。图 2.2 和图 2.3 给出了 Dirichlet 边界条件下，奇异边界法和边界元方法 (常单元) 在波数分别为 5 和 15 时的收敛曲线。

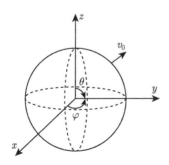

图 2.1　经典脉动球模型

由图 2.2 和图 2.3 可以发现一个有趣的现象, 应用同样的源点强度因子公式, 奇异边界法可以达到 2.5 阶的收敛速度, 而边界元方法 (常单元) 只能达到 1 阶收敛。此外, 还注意到, 随着波数的增加, 奇异边界法的数值精度有所下降, 而边界元方法的数值精度却几乎未受波数变化影响。

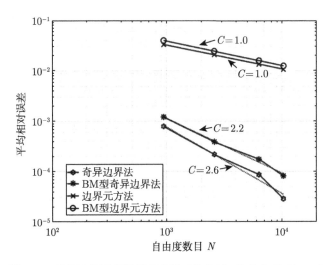

图 2.2   奇异边界法和边界元方法 (常单元) 收敛曲线 $(k = 5)$

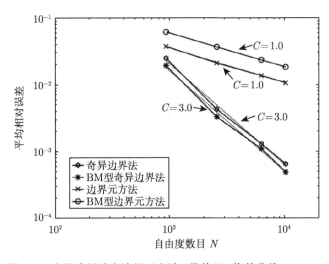

图 2.3   奇异边界法和边界元方法 (常单元) 收敛曲线 $(k = 15)$

其后, 在图 2.4 和图 2.5 中, 绘制 Neumann 边界条件下的频率扫描图, 其中波数由 0.1 渐次增长到 10, 自由度数目为 1646, 计算点 $(2a, 0, 0)$ 的声压。由图 2.4 和图 2.5 发现, 在未耦合 Burton-Miller 公式时, 两种方法数值解在 $k = \pi, 2\pi, 3\pi$[113]

的特征频率附近均出现了明显的跳动, 偏离了解析解。而应用 Burton-Miller 技术后, 奇异边界法和边界元方法在特征频率附近克服了解的非唯一现象, 随着波数变化, 始终和解析解拟合良好。

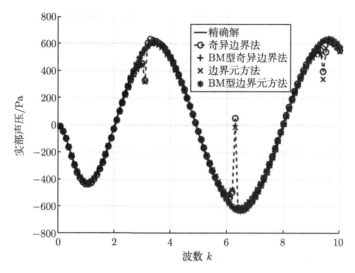

图 2.4　频率扫描图 (实部)

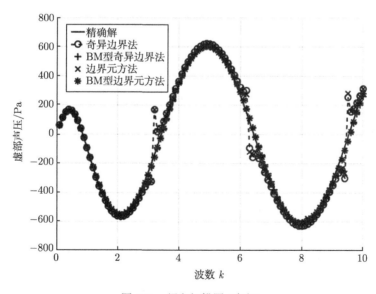

图 2.5　频率扫描图 (虚部)

算例 2.2　本算例测试 2.2 节推导的源点强度因子在复杂边界条件下的适用性。如图 2.6 所示考虑一个尺寸为 0.152m×0.213m×0.168m 的真实人头模型的声

散射问题。本算例中，源点数目设置为 5788，测试点被布置在半径为 0.3m 的球面上，声压级定义为

$$\text{SPL} = 20\lg\left[p(e)/p(\text{ref})\right]\ (\text{dB}),$$

其中，$p(\text{ref}) = 2 \times 10^{-5}\text{Pa}$；波数满足 $k = 2\pi f/c$，f 表示频率；$c = 343\text{m/s}$。

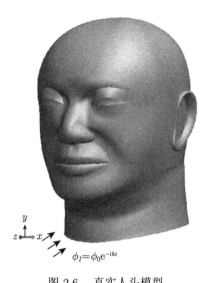

$$\phi_I = \phi_0 \mathrm{e}^{-ikz}$$

图 2.6　真实人头模型

考虑入射平面波 $\phi_I = \phi_0 \mathrm{e}^{-ikz}$，其中 $\phi_0 = 1$。在刚性边界条件下，边界条件满足

$$\frac{\partial \phi_s}{\partial n} + \frac{\partial \phi_I}{\partial n} = 0, \quad x_i \in S.$$

在本算例中，使用 COMSOL Multiphysics 5.3a 来生成参考解。COMSOL 的计算域取半径为 0.3m 的球体。图 2.7 绘制了人头模型声压级散射特性曲线图，其中 $f = 5000\text{Hz}$，$+x$ 轴方向被设置为 $0°$ 方向，相关的计算数据列于表 2.1 中。注意到，相较于有限元方法，奇异边界法和边界元方法仅需 0.12% 左右的自由度数目，花费大约 1% 的 CPU (中央处理器) 时间，就可以产生相似精度的数值解。

其后，应用奇异边界法绘制总声压级分布图 (图 2.8)，其中 $f = 5000\text{Hz}$。由图 2.8 发现，2.2 节所推导的源点强度因子可有效用于奇异边界法模拟具有复杂几何形状的声散射问题。

算例 2.3　本算例测试 2.4 节所推导的近奇异因子。考虑定义在单位立方体内的三维 Helmholtz 方程。解析解为

$$\phi(x, y, z) = \sin(kx) + \sin(ky) + \sin(kz), \quad x \in \Omega.$$

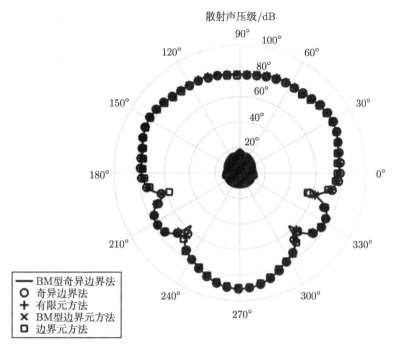

图 2.7 人头模型声压级散射特性曲线

表 2.1 人头声散射算例计算数据

项目	方法				
	有限元法	奇异边界法	BM 型奇异边界法	边界元方法	BM 型边界元方法
自由度	4734593	5788	5788	5788	5788
频率/Hz	5000	5000	5000	5000	5000
采样频率 N/λ	6	18	18	18	18
总存储量 /Mb	9758	490	979	981	1962
平均相对误差	——	1.31%	0.41%	1.73%	0.37%
CPU 时间/s	1391	17.60	20.35	17.91	29.52

工况 2.3.1 本工况测试近边界解的求解。自由度数目被设置为 486，测试点放置在靠近源点 $(0,0,0.5)$ 的点 $(0,0,0.5-\delta)$ 上。不同波数条件下的计算结果列于表 2.2 和表 2.3 中。

由表 2.2 和表 2.3 观察到，传统的奇异边界法由于所谓的基本解近奇异性，无法生成符合精度要求的数值解，而正则化奇异边界法在同样计算条件下，其计算精度始终保持在 1×10^{-3} 数量级。这表明，2.4 节所推导的近奇异因子可有效帮助奇异边界法处理三维 Helmholtz 方程近边界解问题。

其后，绘制正则化奇异边界法的收敛曲线如图 2.9 所示，其中波数 $k = 5$，$\delta = 1 \times 10^{-5}$。注意到，即使测试点和边界的距离已达到 1×10^{-5} 数量级，正则化奇异边界法仍能以 2 阶速率快速收敛。

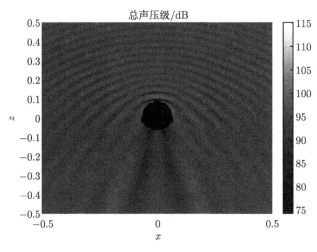

图 2.8　人头周围总声压级分布图

表 2.2　$k = 5$ 时 $(0, 0, 0.5 - \delta)$ 处声压 $\phi(\hat{x})$ 计算结果

δ	精确解	传统奇异边界法	相对误差	正则化奇异边界法	相对误差
1×10^{-1}	0.9093	0.8903	2.09×10^{-2}	0.9034	6.44×10^{-3}
1×10^{-2}	0.6378	-1.87×10^{1}	3.03×10^{1}	0.6400	3.55×10^{-3}
1×10^{-3}	0.6025	-1.97×10^{3}	3.27×10^{3}	0.6037	2.10×10^{-3}
1×10^{-4}	0.5989	-1.97×10^{5}	3.28×10^{5}	0.6000	1.85×10^{-3}
1×10^{-5}	0.5985	-1.97×10^{7}	3.28×10^{7}	0.5996	1.83×10^{-3}

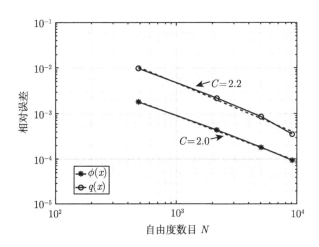

图 2.9　正则化奇异边界法的收敛曲线

表 2.3　$k = 1$ 时 $(0, 0, 0.5 - \delta)$ 处声压梯度 $q(\hat{x})$ 计算结果

δ	精确解	传统奇异边界法	相对误差	正则化奇异边界法	相对误差
1×10^{-1}	0.9211	1.1261	2.23×10^{-1}	0.9175	3.82×10^{-3}
1×10^{-2}	0.8823	8.84×10^{2}	1.00×10^{3}	0.8765	6.63×10^{-3}
1×10^{-3}	0.8781	9.99×10^{5}	9.99×10^{5}	0.8755	2.97×10^{-3}
1×10^{-4}	0.8776	9.99×10^{8}	9.99×10^{8}	0.8754	2.53×10^{-3}
1×10^{-5}	0.8776	8.76×10^{11}	9.98×10^{11}	0.8754	2.48×10^{-3}

工况 2.3.2　本工况测试边界解求解情况。自由度数目设置为 2166。测试点放置在靠近源点 $(0, 0, 0.5)$ 的边界点 $(-\delta, 0, 0.5)$ 上。不同波数条件下的计算结果列于表 2.4 和表 2.5 中。

表 2.4　$k = 10$ 时 $(-\delta, 0, 0.5)$ 处声压级 $\phi(\hat{x})$ 计算结果

δ	精确解	传统奇异边界法	相对误差	正则化奇异边界法	相对误差
1×10^{-3}	-0.9689	-1.6925	7.47×10^{-1}	-0.9678	1.14×10^{-3}
1×10^{-4}	-0.9599	2.57×10^{1}	2.77×10^{1}	-0.9579	2.14×10^{-3}
1×10^{-5}	-0.9590	2.99×10^{2}	3.13×10^{2}	-0.9569	2.24×10^{-3}
1×10^{-6}	-0.9589	3.03×10^{3}	3.17×10^{3}	-0.9568	2.25×10^{-3}
1×10^{-7}	-0.9589	3.04×10^{4}	3.17×10^{4}	-0.9568	2.25×10^{-3}

表 2.5　$k = 5$ 时 $(-\delta, 0, 0.5)$ 处声压级梯度 $q(\hat{x})$ 计算结果

δ	精确解	传统奇异边界法	相对误差	正则化奇异边界法	相对误差
1×10^{-3}	-4.0057	4.41×10^{5}	1.10×10^{5}	-4.0312	6.37×10^{-3}
1×10^{-4}	-4.0057	4.41×10^{8}	1.10×10^{8}	-3.9999	1.45×10^{-3}
1×10^{-5}	-4.0057	4.41×10^{11}	1.10×10^{11}	-3.9968	2.23×10^{-3}
1×10^{-6}	-4.0057	4.41×10^{14}	1.10×10^{14}	-3.9965	2.31×10^{-3}
1×10^{-7}	-4.0057	4.41×10^{17}	1.10×10^{17}	-3.9964	2.32×10^{-3}

可以发现，正则化奇异边界法可以有效计算三维 Helmholtz 方程近边界解和边界解。相较于传统奇异边界法，正则化奇异边界法即使在 $\delta = 1 \times 10^{-7}$ 时，仍可以产生精度量级在 1×10^{-3} 左右的数值解。

2.5　奇异工具箱

2.5.1　介绍

奇异边界法是一种强格式边界配点型径向基函数方法，其核心技术要点是利用源点强度因子技术处理基本解的源点奇异性。通过引入源点强度因子代替插值矩阵中的对角线奇异项，奇异边界法可以在保持极低计算负荷的条件下得到高精度的数值解。源点强度因子技术是一套完备的基本解去奇异技术，可以应用于边界

元法、奇异边界法等需要处理源点奇异性的数值方法[114−116]。奇异工具箱共包括 21 个函数或子程序，分别求解二维、三维条件下，Dirichlet 与 Neumann 边界条件的源点强度因子。本软件可在下述网址下载使用：https://doi.org/10.13140/RG.2. 2.13247.00162。

2.5.2 源点强度因子发展概述

Laplace 方程的源点强度因子是源点强度因子的基本公式。其他方程的源点强度因子均可由 Laplace 方程的源点强度因子衍生导出。针对 Laplace 方程的源点强度因子，按照来源划分，主要分为以下三种，本节粗体字公式，是推荐公式。

1. 实验公式

实验公式缺乏理论依据，来源于大量的数值实验，建立在一个基本假设之上，即存在一种最优化的源点强度因子，它与源点的分布密度有关，且可以从实验中得出。经验公式对布点有要求，均需均匀布点。包括：

(1) 二维 Dirichlet 边界经验公式[114]，程序：OIF＿2D＿Laplace；

(2) 二维 Neumann 边界经验公式[31]，程序：OIF＿2N＿Laplace＿Emp；

(3) 三维 Dirichlet 边界经验公式[31]，程序：OIF＿3D＿Laplace＿Emp；

(4) 三维 Neumann 边界经验公式[2]，程序：OIF＿3N＿Laplace＿Emp。

2. 物理公式

物理公式由物理推导获得，具有明确的物理意义、数学误差限和严格的数学证明，是对源点强度因子理论的一种有力补充。物理公式对布点有要求，均需均匀布点。包括：

(1) 三维 Dirichlet 边界积分公式[115]，程序：暂无；

(2) 三维 Dirichlet 边界无积分公式[32]，程序：OIF＿3D＿Laplace；

(3) 奇异边界法的物理推导和数学误差限推导[32]。

3. 数学公式

数学公式来源于边界积分方程退化而来的零场积分方程，具有严格的数学推导过程，是单纯数学意义上的源点强度因子公式，该类公式推导严谨、方便好用，对布点无要求，是最重要的一组源点强度因子公式。

(1) 三维 Neumann 边界加减项公式[28]，程序：OIF＿3N＿Laplace；

(2) 三维 Dirichlet 边界加减项公式[49]，程序：OIF＿3D＿Laplace＿SAB。

需要指出的一个有趣现象是，尽管三类源点强度因子公式推导过程不同，物理背景不同，但在数值上，由实验归纳、物理推演、数学推导所得出的源点强度因子公式基本上是等价的。这也证明了对于源点强度因子的假设是正确的，即存在一组最优化的源点强度因子，它实验可得、数学可求、具有明确的物理意义。

2.5.3 独立算例程序

奇异工具箱还包含三个独立程序包，分别是：

(1) 时间依赖奇异边界法模拟标量波方程[117,118]；

(2) 修正奇异边界法模拟内域高频波传播[93]；

(3) 奇异边界法模拟近岸海洋动力环境 MATLAB 工具箱[105,119]。

2.6 本章小结

本章概述了奇异边界法计算声场问题的主要发展轨迹，介绍了计算三维声场的奇异边界法的基本算法框架。基于加减消去原理，推导了适用于高频声场计算的源点强度因子和近奇异因子。相较于现有公式，所提出的新公式无积分，无网格依赖，对边界布点无特定要求，适用性强，易于编程，且具有完整的数学推导过程，在处理具有复杂几何域和复杂边界条件的声学问题时，表现出了极强的稳定性和适用性。此外，本章还简要介绍了基于 MATLAB 的 "奇异工具箱"。

奇异边界法的核心价值在于构造了一种简单高效，可与快速算法耦合的半解析边界配点法。考虑到奇异边界法结构简单，计算量小，计算速度快，计算精度高，收敛快，因此在后续章节中，如无特殊说明，均选取奇异边界法作为基础算法，参与构建高精度仿真大规模复杂声场的快速半解析边界配点法。

第 3 章　高频声场高精度计算的修正奇异边界法

3.1　引　　言

高频声场的高精度计算在车辆噪声分析[120]、水下声呐成像[3]、高速铁路振动[121]与噪声控制[2]等工程领域具有广泛的应用和重要的意义。在频域条件下，声场计算可归纳为对三维 Helmholtz 方程的高效求解。

不同于 Laplace 问题，计算高频 Helmholtz 问题极具挑战性。这种挑战性体现在，首先，Helmholtz 问题通常定义在无限域上。因此，传统的有限元方法需要对声场边界进行人工截断或引入完美匹配层，将无限域问题转化为有限域问题；而传统的边界元方法在处理此类问题时，虽可将计算维度降低一维，且避免了对计算边界的复杂处理，但由于边界元方法属于全局支撑技术，故又会面临一个在计算上极难处理的大规模稠密矩阵。其次，由于所谓的污染效应[122]，计算高频问题时，往往需要非常高的采样频率才能生成满足精度要求的数值解。一般情况下，有限元方法和边界元方法在单位波长每个方向上均需布置至少 10 个自由度，且随着频率增加，自由度规模将呈几何量级快速膨胀。最后，高频声场计算通常会导致一个大规模、高秩、高病态矩阵。求解这类矩阵，一般的迭代型求解器如 GMRES 求解器、CG 求解器等很难快速收敛。

理论上，计算三维声场，有限元方法[123]所需的自由度随着无量纲波数 kd 的增加会呈立方式快速增长，其中 k 表示波数，d 表示计算域特征直径。边界元方法[124]由于仅需边界剖分，计算维度下降一维，自由度随 kd 增加下降为呈平方式增长。这种自由度随 kd 的增加呈几何量级膨胀的增长模式，将传统的数值方法限制在仅能对中低频声场进行计算分析。近年来，为了解决计算高频声场时所面临的高计算量、高存储量的瓶颈，相关学者提出了很多具有启发性质的新思路和新方法[125-127]，这些方法的共同特征是预置了所研究问题的波动振荡特征，从而可以在较低的采样频率下生成高精度的数值解。

Giladi 利用基函数振幅和相位因子的乘积，提出了一种渐进型边界元方法[125]。该方法具有高精度、低采频率的特点。然而，由于无法绕过边界元方法中的奇异积分和稠密矩阵，该方法在计算高频声场时，仍面临高计算量、高存储量的困扰。

Kim 提出了一种渐进分解算法[126]。数值实验表明，该方法仅需在单位波长每个方向上布置 4~5 个自由度，即可生成高精度的数值解。但是与渐进型边界元方法类似，该算法同样只能计算波动振荡特征已知的声场问题。

Chen 提出了边界节点法[127]，该方法使用 Helmholtz 方程的一般解代替基本解作为插值基函数，避免了基本解的源点奇异性。数值实验表明，该算法在每个波长、每个方向上仅需布置 2 个自由度，即可生成高精度的数值解。然而，一般解不具有源点奇异性，导致边界节点法生成的插值矩阵具有严重的病态性。因此，该算法很难计算具有边界噪声和复杂边界的声场问题。此外，由于一般解舍去了虚部，无法满足 Helmholtz 方程在无限远处的辐射边界条件，故边界节点法目前仍无法计算外域声场。

奇异边界法是一种强格式边界型无网格方法，与边界节点法同属于半解析边界配点法。这两种方法具有一定的相似性，但又各具特点。边界节点法的优势在于低采样频率、高数值精度和谱收敛速率；缺点在于所生成插值矩阵具有高秩、高病态属性，很难被 GMRES 求解器[128]高效求解。奇异边界法的优势在于高计算稳定性和广泛的适用性；缺点在于较高的采样频率。一般情况下，每个方向、每个波长上至少布置 6 ~ 8 个自由度，奇异边界法才能生成满足精度需求的数值解[112]。

经比较发现，奇异边界法和边界节点法具有极强的互补性。根据香农采样定理，"为了不失真地恢复模拟信号，采样频率应不小于模拟信号频谱中最高频率的 2 倍"。因此，计算高频声场的一个思路是尽可能地降低算法的采样频率。本章基于降低采样频率的思路，提出一种兼具边界节点法和奇异边界法优势的修正奇异边界法[93]计算高频内域声场。修正奇异边界法引入了 Helmholtz 方程修正基本解的概念。Helmholtz 方程修正基本解可以看作 Helmholtz 方程基本解和一般解的折中。因此，修正奇异边界法兼具奇异边界法高计算稳定性、高适用性优点和边界节点法低采样频率、高数值精度的特点。应用修正奇异边界法，在每个方向、每个波长上仅需放置 2.5 个自由度，即可生成高精度的数值解。且修正奇异边界法的矩阵条件数和边界元方法类似，因此可被 GMRES 求解器高效求解。

本章其他部分安排如下：3.2 节介绍修正奇异边界法的数值技术；3.3 节通过一个基础算例测试修正奇异边界法计算高频内域声场的精度、效率和稳定性；最后，3.4 节对本章内容做一个总结展望。

3.2 修正奇异边界法

本节介绍求解三维 Helmholtz 方程的修正奇异边界法。考虑如下三维 Helmholtz 方程：

$$\nabla^2 \phi(x) + k^2 \phi(x) = 0, \quad \forall x \in \Omega, \tag{3.1}$$

$$\phi(x) = \bar{\phi}(x), \quad \forall x \in S_1. \tag{3.2}$$

在奇异边界法和边界节点法中，用一组对应不同源点的基函数的线性组合来近似待求物理量，

$$\phi(x_m) = \sum_{j=1}^{N} \beta_j K(x_m, y_j), \quad x_m \in \Omega, \tag{3.3}$$

其中 β_j 是待求未知系数，K 表示基函数。

在奇异边界法中，$K_{\mathrm{SBM}} = \dfrac{\cos(kr)}{r}$，取三维 Helmholtz 方程基本解的实部。由于当源点和配点重合时，K_{SBM} 会出现众所周知的奇异性，因此使用源点强度因子取代插值矩阵中的对角线奇异项。源点强度因子的具体公式推导，参见第 2 章。奇异边界法的插值公式为

$$\phi(x_i) = \sum_{j=1 \neq i}^{N} \beta_j K_{\mathrm{SBM}}(x_i, y_j) + \beta_i K_{\mathrm{SBM}}(x_i, y_i), \quad x_i \in S. \tag{3.4}$$

在边界节点法中，$K_{\mathrm{BKM}} = \dfrac{\sin(kr)}{r}$，取三维 Helmholtz 方程的一般解。由于 K_{BKM} 在源点无奇异性，故边界节点法的插值公式可直接写为

$$\phi(x_i) = \sum_{j=1}^{N} \beta_j K_{\mathrm{BKM}}(x_i, y_j), \quad x_i \in S. \tag{3.5}$$

通过式 (3.4) 或 (3.5)，求得未知系数 β_j 后，代入式 (3.3)，则计算域内任一点物理量 $\phi(x_m)$ 可求。

由于在边界节点法中，使用 Helmholtz 方程无源点奇异性的一般解作为插值基函数，因此在每个方向、每个波长上，边界节点法仅需布置 2 个自由度即可生成高精度的数值解。但也正因为所使用的一般解无源点奇异性，故边界节点法虽然采样频率极低，但生成插值矩阵也具有高秩、高病态的属性。该类矩阵很难被 GMRES 求解器高效求解。另一方面，奇异边界法引入了源点强度因子的概念，避免了耗时的奇异积分。由于奇异边界法和边界元方法具有相似的插值结构，故两者生成插值矩阵具有相似的条件数。因此，奇异边界法具有极高的计算稳定性和广泛的适用性。然而，奇异边界法仍需在每个方向、每个波长内布置 6~8 个自由度才能生成精度可接受的数值解。

注意到，奇异边界法和边界节点法具有截然相反的数值特性。因此，很容易联想到，是否可以设计一种新算法，使它兼具两种算法优点的同时又能规避两种算法的不足？考虑到奇异边界法和边界节点法同属于半解析边界配点法，在半解析边界配点法中，基函数作为算法的数学基础，对算法的数值特性有决定性的影响。因此，构造下述基函数：

$$K_{\text{MSBM}} = \frac{\sin(kr + \varphi)}{r}. \tag{3.6}$$

结合三角函数相关知识，

$$\begin{cases} a\sin(kr) + b\cos(kr) = \sqrt{a^2 + b^2}\sin(kr + \varphi), \\ \tan\varphi = \dfrac{b}{a}. \end{cases} \tag{3.7}$$

为方便数值求解，将式 (3.6) 改写为如下形式：

$$K_{\text{MSBM}} = (1 - \alpha)\frac{\sin(kr)}{r} + \alpha\frac{\cos(kr)}{r}, \quad \alpha \in [0, 1], \tag{3.8}$$

其中，K_{MSBM} 表示三维 Helmholtz 方程修正基本解，α 是调整参数。

注意到，当 $\alpha = 1$ 时，$K_{\text{MSBM}} = K_{\text{SBM}}$；当 $\alpha = 0$ 时，$K_{\text{MSBM}} = K_{\text{SBM}}$。实质上，通过引入调整参数，在 K_{SBM} 和 K_{BKM} 之间取了一个折中值作为新的插值基函数 K_{MSBM}。而 K_{MSBM} 在 K_{SBM} 和 K_{BKM} 之间的摇摆程度，则由调整参数 α 决定。因此理论上，应用三维 Helmholtz 方程修正基本解 K_{MSBM} 作为插值基函数的修正奇异边界法在数值特性上，应同时兼具奇异边界法和边界节点法的特点。

修正奇异边界法的插值公式可表示为

$$\phi(x_i) = \sum_{j=1 \neq i}^{N} \beta_j K_{\text{MSBM}}(x_i, y_j) + \beta_i K_{\text{MSBM}}(x_i, y_i), \quad x_i \in S, \tag{3.9}$$

当 $r \to 0$ 时，

$$K_{\text{MSBM}}(x_i, y_i) = (1 - \alpha)k + \alpha K_{\text{SBM}}(x_i, y_i), \tag{3.10}$$

其中，$K_{\text{SBM}}(x_i, y_i)$ 是三维 Helmholtz 方程 Dirichlet 边界条件的源点强度因子的实部。待求得未知系数后，代入式 (3.3)，可求得计算域内任一点物理量。

3.3　数　值　算　例

本节使用具有正则化效果的限制值域型 GMRES 求解器 (RRGMRES)[129−132] 来求解所得线性方程组。RRGMRES 是一种正则化方法，其迭代步数就是静态正则化方法中的正则化因子，对于一般矩阵，RRGMRES 具有所谓的半收敛效应，即迭代 m 次后，收敛到原系统的最小二乘解，其后迅速发散；但对于对称矩阵，却可以证明，RRGMRES 可以收敛到原系统的最小二乘解。由于修正奇异边界法插值矩阵是对称矩阵，所以应用 RRGMRES 求解器，理论上可以收敛到精确解的最小二乘解。

本章的计算数据在一台 16GB 内存，配置 Intel Core i7-4710MQ 2.50GHz Processor 的笔记本计算机上获得。数值精度由平均相对误差 (Error) 定义

$$\text{Error} = \sqrt{\sum_{i=1}^{NT} \left| \phi(i) - \bar{\phi}(i) \right|^2 \Big/ \sum_{i=1}^{NT} \left| \bar{\phi}(i) \right|^2}. \tag{3.11}$$

收敛速率由式 (3.12) 定义

$$C = -2 \frac{\ln(\text{Error}(N_1)) - \ln(\text{Error}(N_2))}{\ln(N_1) - \ln(N_2)}. \tag{3.12}$$

算例 3.1　考虑定义在三维立方体内的三维 Helmholtz 方程，

$$\begin{cases} \nabla^2 \phi(x,y,z) + k^2 \phi(x,y,z) = 0, & (x,y,z) \in \Omega, \\ \bar{\phi}(x,y,z) = \cos(kx) + \cos(ky) + \cos(kz), & (x,y,z) \in S. \end{cases}$$

测试点被布置在半径为 0.4m 的球面上，定义频率 $f = \dfrac{ck}{2\pi}$，$c = 340\text{m/s}$。

工况 3.1.1　本工况测试修正奇异边界法基本数值特性。在表 3.1 中，给出了修正奇异边界法求解高频 Helmholtz 方程的数值结果，其中，$\alpha = 1 \times 10^{-3}$，$d = \sqrt{3}\text{m}$。

表 3.1　修正奇异边界法求解高频 Helmholtz 方程的数值结果

自由度 N	9600	48600	88640	101400	135000	194400
波数 k	100	220	290	320	370	440
无量纲波数 kd	173	381	502	554	641	762
频率 f/Hz	5411	11905	15693	17316	20022	23810
采样频率 N/λ	2.51	2.57	2.59	2.55	2.55	2.57
迭代次数	200	200	250	350	350	350
Error	4.3×10^{-3}	3.1×10^{-3}	1.08×10^{-2}	1.04×10^{-2}	9.68×10^{-3}	1.44×10^{-2}

由表 3.1 可以发现，修正奇异边界法在每个方向、每个波长上仅需布置 2.5 个自由度，即可生成满足精度要求的数值解。由于修正基本解的正则化作用，修正奇异边界法的待求解矩阵总体上保持良态，且可以被 RRGMRES 求解器高效地求解。当自由度设置为约 20 万时，可以看到，修正奇异边界法可计算的无量纲波数已达到了 440。

工况 3.1.2　本工况测试修正奇异边界法待求解矩阵条件数 (2 范数) 和调整参数的性质。为了消除迭代求解器可能造成的影响，本工况使用高斯求解器。

表 3.2 列出了当波数 $k = 20$，调整参数分别取 $\alpha = 1 \times 10^{-3}$，$\alpha = 1$ 和 $\alpha = 0$ 时，修正奇异边界法待求解矩阵的条件数随调整参数和自由度数目变化情况。

表 3.3 列出了当波数 $k = 20$，自由度 $N = 2400$，采样频率为 $N/\lambda = 3.14$ 时，矩阵条件数和平均相对误差随调整参数变化的情况。

表 3.2　条件数随调整参数和自由度数目变化情况表

α	自由度 N			
	600	2400	5400	9600
	条件数 (2 范数)			
$\alpha = 1 \times 10^{-3}$	3.9×10^3	1.0×10^4	1.6×10^4	2.1×10^4
$\alpha = 1$	4.3×10^1	5.4×10^1	1.0×10^2	1.4×10^2
$\alpha = 0$	3.3×10^{15}	1.5×10^{19}	5.0×10^{19}	5.2×10^{20}

表 3.3　矩阵条件数和平均相对误差随调整参数变化的情况

α	1×10^0	1×10^{-1}	1×10^{-2}	1×10^{-3}	1×10^{-8}	0
条件数 (2 范数)	4.8×10^2	4.0×10^2	2.2×10^3	1.8×10^4	4.6×10^8	3.9×10^{18}
Error	3.5×10^{-1}	7.0×10^{-2}	1.2×10^{-2}	6.6×10^{-3}	1.9×10^{-4}	1.3×10^{-5}

由表 3.2 和表 3.3 可以发现，修正奇异边界法的矩阵条件数和计算精度均随着调整参数的减小而增加。经对比可以发现，修正奇异边界法中的调整参数 α 的作用就相当于正则化方法中的正则化因子，标定修正奇异边界法在奇异边界法和边界节点法之间的摇摆程度，当 $\alpha = 1$ 时，修正奇异边界法退化为奇异边界法，当 $\alpha = 0$ 时，修正奇异边界法进阶为边界节点法。

然而，需要注意的是，修正奇异边界法优于一般正则化方法的地方在于，正则化方法是使用一个适定的临近系统在某种逼近规则下，去逼近原问题的解。因此，当正则化因子不恰当时，由于临近系统偏离原系统，就可能发生数值解的离散现象。但在修正奇异边界法中，无论是边界节点法还是奇异边界法，其所得到的解均为原问题的解。因此，修正奇异边界法不是用一种临近系统去逼近原问题的解，而是用一种性质更好的、适定的、同样满足控制方程的新系统去替代原来的非适定系统。α 只起到标定修正奇异边界法在奇异边界法和边界节点法之间摇摆程度的作用。无论 α 取何值，修正奇异边界法均不会出现正则化方法中解的离散现象。

其后，表 3.4 和表 3.5 分别列出了修正奇异边界法和奇异边界法生成相同精度量级的数值解，所需的不同存储空间和自由度数目。

由表 3.4 可以发现，在处理高频 Helmholtz 方程方面，修正奇异边界法相较奇异边界法具有明显优势。当 $k = 50$ 时，修正奇异边界法所需要的自由度数目、CPU 时间以及存储空间仅分别相当于奇异边界法的 16%、0.29% 和 1.3%。且这一优势将随着波数的增加而更加明显。理论上来讲，当使用迭代型求解器时，奇异边界法和修正奇异边界法的计算量和存储量均随着自由度增加呈 $O(N^2)$ 增长，当使用高斯求解器时，计算量会增加至 $O(N^3)$。显然，算法所需计算资源随着自由度的增长会呈几何量级膨胀。因此，在处理高频问题时，采样频率是一项极为关键的衡量算法计算效率的指标。设计一种稳定的低采样频率算法，在计算高频声场方面具有重要意义。

表 3.4　修正奇异边界法计算结果 $(\alpha = 1 \times 10^{-3})$

自由度 N	384	864	1536	2400
波数 k	20	30	40	50
采样频率 N/λ	2.51	2.51	2.51	2.51
Error $(\alpha = 1 \times 10^{-3})$	3.60×10^{-2}	1.33×10^{-2}	1.11×10^{-2}	3.54×10^{-2}
CPU 时间 /s	0.038	0.092	0.269	0.583
存储需求 /Mb	0.29	2.65	9.09	25.3

表 3.5　奇异边界法计算结果

自由度 N	2400	5400	9600	15000
波数 k	20	30	40	50
采样频率 N/λ	6.28	6.28	6.28	6.28
Error	6.42×10^{-3}	3.91×10^{-2}	2.04×10^{-2}	1.06×10^{-2}
CPU 时间/s	1.01	8.06	33.82	198.98
存储需求 /Mb	50.4	283	950	1935

表 3.6~ 表 3.8 列出了修正奇异边界法 (MSBM)、边界节点法 (BKM)、奇异边界法 (SBM)、边界元方法 (BEM)、基本解方法 (MFS)，随着波数 k 的变化，以及其数值精度、条件数、CPU 时间的变化情况，其中，算法自由度均取为 5400，基本解方法的虚拟边界布置在边长为 2 的同心立方体上。

表 3.6　数值精度情况表

波数 k	15	30	45	60	75
采样频率 N/λ	12.57	6.28	4.19	3.14	2.51
MSBM $(\alpha = 1 \times 10^{-5})$	5.27×10^{-6}	2.08×10^{-4}	1.39×10^{-4}	3.30×10^{-4}	5.42×10^{-3}
MSBM $(\alpha = 1 \times 10^{-3})$	8.72×10^{-6}	6.72×10^{-3}	4.31×10^{-4}	1.05×10^{-2}	7.71×10^{-3}
MSBM $(\alpha = 1 \times 10^{-2})$	1.56×10^{-4}	2.75×10^{-2}	3.47×10^{-3}	8.58×10^{-2}	2.51×10^{-2}
MSBM $(\alpha = 1)$	1.74×10^{-2}	7.97×10^{-2}	2.21×10^{-1}	6.31×10^{-1}	4.40×10^{-1}
BKM	3.16×10^{-7}	1.76×10^{-6}	6.14×10^{-6}	5.56×10^{-5}	7.96×10^{-4}
BEM	5.38×10^{-3}	5.93×10^{-2}	4.01×10^{-1}	1.49×10^{-1}	4.33×10^{-1}
MFS	3.23×10^{-13}	1.07×10^{-11}	1.34×10^{-10}	6.97×10^{-9}	8.12×10^{-6}
SBM	2.26×10^{-3}	3.91×10^{-2}	2.51×10^{-2}	4.92×10^{-1}	1.23×10^{-1}

由表 3.6~ 表 3.8 可以发现，修正奇异边界法的数值精度、条件数随着 α 的变化而变化，而耗费 CPU 时间基本上不受调整参数变化的影响。理论上，调整参数的选取受采样频率的影响，当采样频率 $N/\lambda \in [2,3]$ 时，大量实验表明，$\alpha = 1 \times 10^{-3}$ 可以满足大部分工况的精度要求。

表 3.7   条件数情况表

波数 k	15	30	45	60	75
采样频率 N/λ	12.57	6.28	4.19	3.14	2.51
MSBM ($\alpha = 1 \times 10^{-5}$)	2.02×10^6	1.10×10^6	7.34×10^5	5.30×10^5	6.62×10^5
MSBM ($\alpha = 1 \times 10^{-3}$)	2.02×10^4	1.41×10^4	2.42×10^4	1.96×10^4	1.59×10^4
MSBM ($\alpha = 1 \times 10^{-2}$)	2.01×10^3	5.03×10^3	4.05×10^3	3.00×10^3	1.61×10^3
MSBM ($\alpha = 1$)	5.79×10^2	6.98×10^3	1.99×10^3	7.64×10^2	9.44×10^2
BKM	9.72×10^{19}	3.46×10^{19}	5.53×10^{19}	1.34×10^{19}	2.06×10^{18}
BEM	2.60×10^1	7.02×10^1	1.74×10^2	5.61×10^1	2.26×10^1
MFS	1.85×10^{19}	7.34×10^{18}	2.27×10^{18}	1.91×10^{18}	3.24×10^{17}
SBM	2.18×10^1	8.90×10^1	1.76×10^3	1.09×10^2	1.13×10^2

表 3.8   CPU 时间情况表

波数 k	15	30	45	60	75
采样频率 N/λ	12.57	6.28	4.19	3.14	2.51
MSBM ($\alpha = 1 \times 10^{-5}$)	3.58	3.40	3.42	3.31	3.35
MSBM ($\alpha = 1 \times 10^{-3}$)	2.94	2.95	3.14	3.03	3.05
MSBM ($\alpha = 1 \times 10^{-2}$)	3.27	3.17	3.21	3.20	3.30
MSBM ($\alpha = 1$)	3.86	3.85	3.89	4.03	4.06
BKM	4.31	4.31	4.20	4.27	4.13
BEM	57.75	57.36	56.80	58.07	57.42
MFS	7.02	7.45	7.42	7.30	7.27
SBM	8.26	7.35	7.35	7.46	7.53

另一方面, 可以看到基本解法和边界节点法虽然采样频率极低, 却难以避免稳定性极差的弊端。边界元方法和奇异边界法虽然具有极高的稳定性, 却无法在较低的采样频率条件下, 生成符合精度要求的数值解。只有修正奇异边界法较好地解决了算稳定性和采样频率之间的矛盾。当 $\alpha = 1 \times 10^{-3}$ 时, 修正奇异边界法的采样频率、计算精度、计算稳定性均落在可接受的合理区间内。

最后, 设置波数 $k=25$, 作图 3.1, 测试在不同调整参数 α 下的修正奇异边界法、边界节点法、边界元方法、奇异边界法随自由度增加的收敛情况。

一方面, 由图 3.1 观察到, 当 $\alpha = 1 \times 10^{-10}$, $\alpha = 1 \times 10^{-3}$ 和 $\alpha = 1$ 时, 修正奇异边界法均可保持稳定收敛。注意到当 $\alpha = 0$ 时, 修正奇异边界法等同于边界节点法。可以观察到在边界节点法中, 高度病态的插值矩阵已经严重影响了求解器的求解效率, 导致边界节点法的数值解无法随着自由度增加而保持持续收敛。另一方面, 相较于奇异边界法, 当 $\alpha = 1 \times 10^{-10}$ 和 $\alpha = 1 \times 10^{-3}$ 时, 修正奇异边界法的计算精度和收敛速率均要明显优于奇异边界法。调整参数起着调节修正奇异边界法数值特性的作用, 即使调整参数取到如 $\alpha = 1 \times 10^{-12}$ 的极小值, 修正基本解对一般解的正则化作用仍是相当明显的。

工况 3.1.3   本工况测试当使用 RRGMRES 求解器时, 修正奇异边界法的解随迭代次数增加的收敛情况。本工况配置 9600 个自由度，波数 $k = 100$，采样频率 $N/\lambda = 2.51$。修正奇异边界法随迭代次数增加的收敛情况绘制在图 3.2 中。

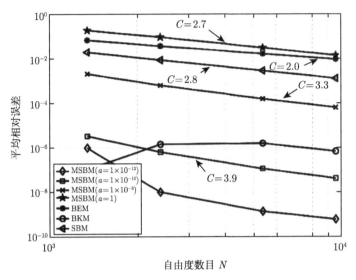

图 3.1　不同方法数值收敛曲线

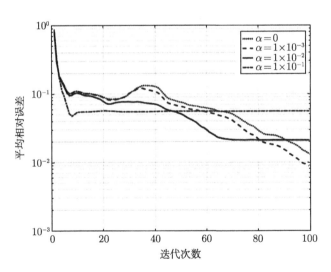

图 3.2　修正奇异边界法随迭代次数增加的收敛情况

图 3.2 表明，不同调整参数下的修正奇异边界法的数值解在前 10 次迭代中均收敛迅速，且都在 100 次迭代之内收敛到了合理的误差量级。可以发现，调整参数 α 越小，数值解的收敛速度越慢。产生这一现象的原因是，调整参数直接决

定了修正奇异边界法的待求解矩阵的条件数大小,而矩阵条件数的大小,直接影响了迭代求解器的收敛速率和最终的计算精度。

小结 调整参数可以看作修正奇异边界法的正则化参数。当 α 减小时,修正奇异边界法更趋向于边界节点法,同时远离奇异边界法。算法数值精度和条件数(2 范数)均会增加。反之,算法数值精度和条件数则会同步减小。因此,修正基本解提供了一种主动调节算法数值特性的途径。即对于不同问题的不同计算需求,可以通过设定恰当的调整参数,使修正奇异边界法在数值精度、收敛速率、采样频率等方面达到一个理想的平衡,以满足不同问题的计算要求。

3.4 本章小结

本章提出了一种计算内域高频声场的修正奇异边界法。基于三维 Helmholtz 方程修正基本解的概念,修正奇异边界法在继承了奇异边界法和边界节点法优点的同时,规避了两种方法的主要缺点。相较于边界节点法,修正奇异边界法的矩阵条件数(2 范数)大幅下降,待求矩阵具有和边界元方法相似的条件数量级。因此,修正奇异边界法所得线性方程组可以被迭代型求解器高效求解。相较于奇异边界法,修正奇异边界法所需的采样频率降至 $N/\lambda \approx 2.5$ 的极低水平,已接近香农采样定理所规定的完整还原波信号所需的 $N/\lambda \approx 2$ 的最低值。计算同样频率的波传播问题,修正奇异边界法所需的自由度数目仅为奇异边界法所需自由度的 $1/9$ 水平。

数值实验表明,目前的修正奇异边界法可高效模拟超高频内域声波传播问题。在标准立方体测试算例中,当取 20 万左右自由度时,修正奇异边界法的可计算波数已达到了 440。

总的来说,修正奇异边界法最重要的意义在于引入了调整参数的概念。通过调整参数,获得了根据所研究问题的特点,主动调节算法数值特性的途径。这使得通过设置合适的调整参数,修正奇异边界法可以针对特定问题在采样频率、数值精度、矩阵性质等方面达到最佳平衡,从而极大地提高了算法对高频声场的计算效率。

然而,作为一种新颖的半解析边界配点法,目前的修正奇异边界法也存在下述瓶颈有待进一步探究:

(1) 调整参数和采样频率之间的显式关系仍有待探究;

(2) 如何耦合快速算法进一步加速修正奇异边界法的求解过程;

(3) 如何将修正奇异边界法进一步拓展,用于模拟外域波传播问题。

第 4 章　高频声场高精度计算的双层基本解方法

4.1　引　　言

分析高频声场的技术手段主要包括两种，分别是高频方法和数值模拟。其中，高频方法，如几何光学法[4]、几何绕射理论[5]和物理光学法[6]等，其由于较低的硬件需求，被广泛应用于对高频声波传播的模拟分析中。但高频方法较低的精度和稳定性，使其在处理具有复杂边界和较高精度要求的声场问题时仍存在一定局限。与之相对应，数值模拟技术，如有限元方法[10]、边界元方法[12]、奇异边界法[14]、基本解方法等[23]，具有较高的精度和稳定性。然而，同样较高的计算机硬件要求，使数值模拟技术目前仅能计算中低频声场。因此，开发一种可高精度计算具有复杂边界声场的半解析边界配点法，便具有重要的意义。

对于高频声场计算，在频域条件下，主要指对具有高波数 Helmholtz 方程的高效计算。针对这一问题，本书提出的一个算法思路是"在保证计算稳定性的同时，尽可能地降低算法的采样频率"。然而，随着算法采样频率的降低，待求解矩阵将不可避免地出现高秩、高病态特征，从而严重影响算法的稳定性和 GMRES 求解器的求解效率。因此，本策略处理高频问题所面临的主要矛盾，即是如何处理采样频率和计算稳定性之间的矛盾。为了调和这一矛盾，本书在第 3 章中引入了 Helmholtz 方程修正基本解的概念，提出了修正奇异边界法[93]。目前，该方法已成功用于内域高频声场计算[93]。但需要指出的是，在修正奇异边界法中所使用的修正基本解舍去了虚部，无法满足 Helmholtz 方程在无限远处的辐射边界条件。因此，修正奇异边界法目前还无法模拟外域声波传播。

本章延续第 3 章构造 Helmholtz 方程修正基本解的思路，聚焦基本解方法的探究与改造。基本解方法[24-26]是一种特色鲜明的径向基函数方法。不同于奇异边界法通过引入源点强度因子替代插值矩阵对角线奇异项，基本解方法通过将源点布置在虚拟边界上规避源点奇异性。之所以说基本解方法是一种特色鲜明的径向基函数方法，是因其优点和缺点同样突出。一方面，由于引入了虚拟边界，基本解方法避免了对插值矩阵奇异项的复杂处理，具有极高的计算精度和谱收敛效率，可以在极低的采样频率下生成高精度的数值解。但另一方面，基本解方法的插值矩阵不仅具有高秩、高病态属性，又因为虚拟边界布置具有随意性且无确定的规则可循，造成了基本解方法极高的不稳定性。不同的虚拟边界对基本解方法的计算结果会产生巨大的影响。更为重要的是，这种影响的成因和影响规律，至今还没有一个确切的解释。因此，基本解方法是一种有很多缺点但同时又极具潜力的高效半解析边界配点方法。

在基本解方法中，计算效率和稳定性之间的矛盾得到了淋漓尽致的体现。学界目前对基本解方法的主要研究着眼点便是，如何在不影响基本解方法计算效率的前提下，尽可能提高其计算稳定性。近年来，为了提高基本解方法的稳定性，相关学者提出了多种具有启发性和建设性的新思路[133-135]，如布置多层虚拟边界[26]、引入正则化方法[133]等。这些新思路均在不同程度上提高了基本解方法的稳定性，但其共同局限是会增加算法的计算复杂度，降低其计算效率。且更为重要的是，基本解方法虚拟边界的物理本质和影响规律目前仍未被明确解释。

本章针对基本解方法存在的这些问题，首次尝试解释了虚拟边界的物理本质，通过引入等效斜率的概念，揭示了虚拟边界对数值结果的影响规律，提出一种双层基本解方法。类似于修正奇异边界法通过混合基本解和一般解，在保持边界节点法低采样频率的同时，继承了奇异边界法的高稳定性优点。双层基本解方法通过在虚拟边界和物理边界上分别布置源点和镜像源点，然后通过混合这两类源点所产生的基本解，构造出一种可满足 Helmholtz 方程在无限远处辐射边界条件的修正基本解。其后，通过进一步引入等效斜率的概念，基于大量的数值实验，提出了一种调整参数的显式经验公式，消除了不同虚拟边界对数值结果的影响。双层基本解方法继承了基本解方法的高计算精度、低采样频率的优点，同时消除了虚拟边界影响，极大地提高了算法的稳定性。目前该方法已成功用于模拟大规模热传导问题[48]和高频外域声波传播[27]。

本章其他部分安排如下：4.2 节解释了虚拟边界的物理本质，揭示了虚拟边界对计算结果的影响规律；4.3 节介绍了双层基本解方法的数值技术；4.4 节介绍了调整参数的显式经验公式；4.5 节推导了基本解方法的离散误差；4.6 节给出了与第 2 章所推导的源点强度因子相对应的另一组源点强度因子的平行公式；4.7 节通过几个基本算例测试了双层基本解方法在高频声场计算中的应用；最后，4.8 节对本章内容做了一个总结和展望。

4.2 基本解方法虚拟边界的物理本质和影响规律

本节分析基本解方法虚拟边界对计算结果的影响规律。为了便于物理推演，本节以位势模型为例阐述虚拟边界的物理本质。

理论上，数值模拟过程可分为三个步骤，分别是数学建模、数值分析和矩阵求解。在数学建模阶段，一个待研究的物理问题被抽象为一个偏微分方程或偏微分方程组，模型误差即产生于数学建模过程。其后，进入数值分析阶段，在这一阶段，选用恰当的数值算法来分析所得偏微分方程，并最终将无限自由度的数学模型离散为有限自由度的大规模线性方程组，这一阶段会产生离散误差。最后，借助于合适的求解器求解所获得的线性方程组，即为矩阵求解阶段，截断误差产生于这一阶段。

在基本解方法中，影响数值结果的主要误差源是离散误差和截断误差。因此，这里做一个先验性的假设，"在基本解方法中，离散误差和截断误差各自所占的权重比例，决定了最终数值解的质量，而这一权重比例随虚拟边界位置的改变而变化"。在其后的讨论中，本节主要针对这一假设展开讨论分析。

首先，分析离散误差和虚拟边界的关系。众所周知，径向基函数方法的数值性质取决于所使用的基函数性质。在本研究中，使用基本解的斜率来描述基本解随距离变化的函数性质。假设 p_0 是虚拟边界和物理边界之间的平均距离，绘制三维 Laplace 方程的基本解随 p_0 变化的函数曲线，如图 4.1 所示。

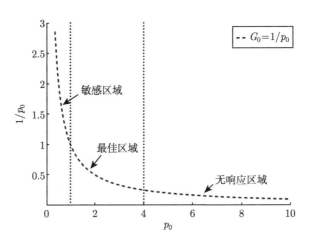

图 4.1　三维 Laplace 方程的基本解随 p_0 变化的函数图

从定性分析的角度来讲，图 4.1 可根据函数曲线的斜率分为三个区域，分别是敏感区域、最佳区域和无响应区域。当虚拟边界和物理边界的平均距离 p_0 落在敏感区域时，基本解对距离变化极其敏感，任何微小的变化都会造成基本解在数值上的巨大波动。在这种情况下，将无限自由度的自然系统离散为有限自由度的离散系统时，便会产生大量的离散误差。基于这一理解，基本解方法中的离散误差所占权重和基本解的斜率具有正相关关系。注意到，基本解的斜率随着 p_0 的增加快速减小，因此，当虚拟边界靠近物理边界时，离散误差是基本解方法的主要误差来源。

从定量分析的角度考虑，基本解方法的数学误差限可表示为

$$E \leqslant \sum_{j=1}^{N} \frac{A_j}{p_j - R_j} \cdot \frac{R_j}{p_j}, \tag{4.1}$$

其中，p_j 是源点 s_j 和配点 x_i 之间的欧几里得距离，$p_j > R_j, R_j = \sqrt{A_j/\pi}$；$A_j$ 是第 j 个节点的影响域面积。式 (4.1) 的具体推导过程将在 4.5 节中给出。

由式 (4.1) 可知，基本解方法的离散误差随着源点和配点之间距离的增加而快速减小。换句话说，离散误差的权重随着虚拟边界远离物理边界而迅速减小，这与之前定性分析所得结论非常吻合。

其后，分析截断误差和虚拟边界的关系。当 p_0 落在基本解的无响应部分时，基本解对距离变化极其迟钝。在这种情况下，即使显著的距离变化也不会使基本解在数值上产生明显的改变。这种微小的变化，很可能因溢出计算机的有效存储位数而被计算机截断，从而严重破坏计算矩阵的适定性。因此，当虚拟边界远离物理边界时，截断误差构成了基本解方法的主要误差源。假设当虚拟边界位于无限远处时，一个极端现象便是，由于这种微小的变化溢出了计算机的有效存储位数，基本解方法所得矩阵的相邻元素可能在计算机中被存储的一模一样。从宏观上来看，这会使矩阵产生严重的不适定性。对于大规模问题，这种不适定性往往会严重影响求解器的求解效率。因此，处理这一问题的一个常见策略是扩展计算机的有效存储位数，如将计算机的单精度存储修改为双精度存储。由类似原因引起的不适定性也常见于边界节点法 [136] 和 Kansa 方法 [137] 等径向基函数方法 [138−140] 中。

小结 随着虚拟边界从无限远处不断靠近物理边界，一个常见现象是，基本解方法的计算矩阵的条件数 (2 范数) 持续减小，而计算精度先增加后减小。由前述讨论，这一现象的产生原因可以解释为，随着虚拟边界靠近物理边界，基本解方法中的离散误差所占权重快速增加，而截断误差所占权重逐渐减小。换句话说，离散误差使基本解方法具有较低的条件数 (2 范数) 和计算精度，而截断误差则会带来严重的病态性。基本解方法中的离散误差和截断误差的权重比例决定了数值解的最终质量。只有当这两类误差所占权重达到某种恰当的比例时，基本解方法才能达到最佳的数值精度和收敛速率。

4.3 双层基本解方法

基于 4.2 节的分析，本节提出一种双层基本解方法来计算高频外域声场。三维 Helmholtz 方程写为

$$\nabla^2 \phi(x,y,z) + k^2 \phi(x,y,z) = 0, \quad (x,y,z) \in \Omega^e, \tag{4.2}$$

$$\phi(x,y,z) = \bar{\phi}(x,y,z), \quad (x,y,z) \in S, \tag{4.3}$$

$$q(x,y,z) = \bar{q}(x,y,z) = \frac{\partial \bar{\phi}(x,y,z)}{\partial n}, \quad (x,y,z) \in S, \tag{4.4}$$

其中，∇^2 表示 Laplace 算符，k 表示波数，$\bar{\phi}$ 和 $\bar{q}$ 表示边界上的已知物理量，ϕ 和 q 分别代表声压和声压梯度，n 表示单位外法向量。

在双层基本解方法中，将源点和镜像源点一一对应分别布置在虚拟边界和物理边界上，如图 4.2 所示。

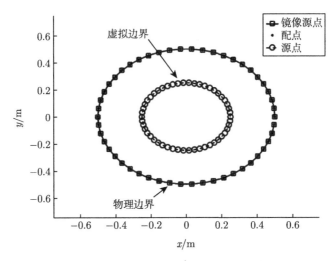

图 4.2　源点、镜像源点、配点布置示意图

需要注意的是，配点和镜像源点均布置在物理边界上，使用一组源点和镜像源点生成的基本解的线性组合来近似待求物理量 $\phi(x_m)$ 或 $q(x_m)$，

$$\phi(x_m) = \sum_{j=1}^{N} \beta_j \left(G(x_m, s_j) + \alpha_j \cdot G(x_m, s_j^*) \right), \tag{4.5}$$

$$q(x_m) = \sum_{j=1}^{N} \beta_j \left(Q(x_m, s_j) + \alpha_j \cdot Q(x_m, s_j^*) \right), \tag{4.6}$$

其中，N 是自由度数目，β_j 表示未知系数，α_j 是调整参数。调整参数的选取规则，将在 4.4 节详细介绍。

$$G(x_i, s_j) = \frac{e^{ikr}}{r}, \quad r = |x_i - s_j|, \tag{4.7}$$

$$Q(x_i, s_j) = \frac{\partial G(x_i, s_j)}{\partial n(x_i)} = \frac{e^{ikr}}{r^3} (ikr - 1) \langle (x_i, s_j) \cdot n(x_i) \rangle, \tag{4.8}$$

表示三维 Helmholtz 方程的基本解。

由源点和镜像源点生成的基本解的组合，在本研究中称为 Helmholtz 方程的修正基本解，

$$M_G = G\left(x_i, s_j\right) + \alpha_j \cdot G\left(x_i, s_j^*\right), \tag{4.9}$$

$$M_Q = Q\left(x_i, s_j\right) + \alpha_j \cdot Q\left(x_i, s_j^*\right). \tag{4.10}$$

由于镜像源点和配点是物理边界上的同一组边界点，因此当 $x_i = s_j^*$ 时，修正基本解 M_G 和 M_Q 会产生源点奇异性。本节使用第 2 章所介绍的三维 Helmholtz 方程源点强度因子来代替矩阵中的奇异项。双层基本解方法的边界插值公式可表示为

$$\bar{\phi}\left(x_i\right) = \sum_{j=1, j \neq i}^{N} \beta_j \left(G\left(x_i, s_j\right) + \alpha_j \cdot G\left(x_i, s_j^*\right)\right) + \beta_i \left(G\left(x_i, s_i\right) + \alpha_i \cdot G\left(x_i, s_i^*\right)\right),$$

$$\tag{4.11}$$

$$\bar{q}\left(x_i\right) = \sum_{j=1, j \neq i}^{N} \beta_j \left(Q\left(x_i, s_j\right) + \alpha_j \cdot Q\left(x_i, s_j^*\right)\right) + \beta_i \left(Q\left(x_i, s_i\right) + \alpha_i \cdot Q\left(x_i, s_i^*\right)\right),$$

$$\tag{4.12}$$

其中，$G\left(x_i, s_i^*\right)$ 和 $Q\left(x_i, s_i^*\right)$ 分别表示 Dirichlet 边界和 Neumann 边界条件下的源点强度因子。在 4.5 节中，给出一组和第 2 章所介绍源点强度因子在数值上等价的源点强度因子的并行公式供读者参考比较。

利用式 (4.11) 或 (4.12)，求得未知系数 β_j，将 β_j 代入式 (4.5) 或 (4.6)，计算域内任一点物理量 $\phi(x_m)$ 或 $q(x_m)$ 均可求得。

事实上，本节所引入的修正基本解和第 3 章所介绍修正奇异边界法中的修正基本解所起作用类似。在双层基本解方法中，修正基本解的主要作用是平衡离散误差和截断误差各自所占比例。通过混合奇异基本解和无奇异基本解，双层基本解方法所使用的修正基本解使两种误差到达了一个良好折中。无论调整参数如何取值，双层基本解方法仅在基本解方法和奇异边界法之间摇摆。因此，所得到的双层基本解方法的解在数值上总是稳定的。这也是双层基本解方法和一般的正则化技术之间的本质区别 [141,142]。

4.4　调整参数的显式经验公式

基于 4.3 节分析，很容易联想到，是否可以构造一个调整参数的函数，用它来消除虚拟边界对数值结果的影响。为实现这一想法，首先需要一个表征离散误差和截断误差在双层基本解方法中各自所占权重的指标。因此，引入等效斜率的概念来描述源点、镜像源点和配点之间的关系。等效斜率的表达式记为

$$K_1^j = (1/r_{ij} - 1/r_{i'j})/R_j, \tag{4.13}$$

$$K_2^j = (G_0\,(x_i, s_i) - 1/R_j)/R_j, \tag{4.14}$$

$$K_j = K_1^j + \alpha_j K_2^j, \tag{4.15}$$

$R_j = \sqrt{A_j/\pi}$，A_j 是 s_j^* 的影响域面积。$G_0\,(x_i, s_i)$ 是 Dirichlet 边界三维 Laplace 方程的源点强度因子。在本研究中，K_j 记为 s_j 的等效斜率。图 4.3 绘制了等效斜率的示意图。图中，s_j 表示源点，s_j^* 表示 s_j 对应的镜像源点，x_i 是位于 s_j^* 位置上的相应配点，$x_{i'}$ 是 x_i 在边界上的临近点。

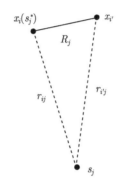

图 4.3　等效斜率的示意图

需要注意的是，式 (4.13)~(4.15) 对三维 Helmholtz 方程仍然适用。基于大量数值实验发现，为了使双层基本解方法中离散误差和截断误差达到良好平衡，$\ln(K_j)$ 和 $\ln\left(K_1^j\right)$ 应满足正比关系。

基于大量数值实验，给出下述经验公式：

$$K_j = \left(K_1^j\right)^{-0.36}\big/\mathrm{e}^\zeta, \tag{4.16}$$

其中，$\mathrm{e} = 2.71828\cdots$，$\zeta$ 表示精度参数。将式 (4.16) 代入式 (4.15)，容易得到相应的 α_j。

需要注意的是，双层基本解方法中的调整参数受到虚拟边界位置和镜像源点分布形式的影响。相比较之下，精度参数不受这些因素影响，它仅决定双层基本解方法的精度量级。

4.5　基本解方法离散误差推导

三维 Laplace 方程记为

$$\nabla^2 \phi(x, y, z) = 0, \quad (x, y, z) \in \Omega, \tag{4.17}$$

$$\phi(x,y,z) = \bar{\phi}(x,y,z), \quad (x,y,z) \in S, \tag{4.18}$$

其中，∇^2 表示 Laplace 算符，ϕ 表示计算域 Ω 内的电势值，$\bar{\phi}$ 表示已知边界值。

多极扩展技术 [37] 是快速多极子方法的一部分，其主要作用是快速计算大量粒子间的成对相互作用。在本研究中，多极扩展被用作无精度损失地连接偏微分方程积分式和离散式之间的桥梁。

假设空间中存在 m 个带有电量 $Q_i(i = 1, 2, \cdots, m)$ 的带电粒子，它们分布在 $T_i = (\rho_i, \alpha_i, \beta_i)$ 的位置上，且 $|\rho_i| < R_0$。则对任意满足 $|\rho| > R_0$ 的空间位置点 P，这些带电粒子在点 P 处产生的电势 $\phi(P)$ 满足 [37]

$$\phi(P) = \sum_{i=1}^{m} Q_i \frac{1}{r_i'} = \sum_{n=0}^{\infty} \sum_{m=-n}^{n} \frac{M_n^m}{r^{n+1}} \cdot Y_n^m(\theta, \varphi), \tag{4.19}$$

其中，

$$M_n^m = \sum_{i=1}^{k} q_i \cdot \rho_i^n \cdot Y_n^{-m}(\alpha_i, \beta_i), \tag{4.20}$$

$Y_n^m(\theta, \varphi)$ 表示 n 阶第二类贝塞尔 (Bessel) 方程。点 P 和 T 的位置示意图绘制在图 4.4 中。

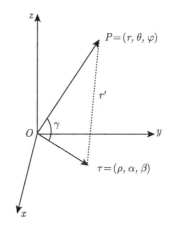

图 4.4　空间点 P 和 T 的位置示意图

在基本解方法中，空间点 P 的电势由式 (4.21) 计算，

$$\phi^* = \sum_{j=1}^{N} \beta_j G_0(P, s_j) = \sum_{j=1}^{N} A_j G_0(P, s_j) = \sum_{j=1}^{N} \frac{A_j}{p_j}, \tag{4.21}$$

其中，A_j 是 s_j 的影响域面积，β_j 表示未知系数。在本节，取 $\beta_j = A_j$。

注意到，式 (4.21) 是式 (4.22) 的离散形式，

$$\phi = \sum_{j=1}^{N} \frac{\beta_j}{A_j} \int_{A_j} G_0\left(P, s\right) \mathrm{d}s = \sum_{j=1}^{N} \int_{A_j} G_0\left(P, s\right) \mathrm{d}s. \tag{4.22}$$

在将式 (4.22) 离散为式 (4.21) 的过程中，会不可避免地产生离散误差。

对每一个源点，建立一个原点位于 s_j 的空间局部球坐标系，如图 4.5 所示。

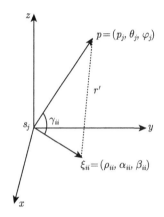

图 4.5   原点在 s_j 的空间局部球坐标系

将式 (4.19) 代入式 (4.22)，

$$\phi = \sum_{j=1}^{N} \sum_{n=0}^{\infty} \sum_{m=-n}^{n} \frac{(M_j)_n^m}{p_j^{n+1}} \cdot (Y_j)_n^m\left(\theta_j, \varphi_j\right)$$

$$= \sum_{j=1}^{N} \frac{A_j}{p_j} + \sum_{j=1}^{N} \sum_{n=1}^{\infty} \sum_{m=-n}^{n} \frac{(M_j)_n^m}{p_j^{n+1}} \cdot (Y_j)_n^m\left(\theta_j, \varphi_j\right), \tag{4.23}$$

其中，$(M_j)_n^m = \sum_{ii=1}^{\infty} q_{ii} \cdot \rho_{ii}^n \cdot (Y_j)_n^{-m}\left(\alpha_{ii}, \beta_{ii}\right)$，$A_j = \sum_{ii=1}^{\infty} q_{ii}$，$\xi_{ii}$ 是 s_j 的子节点，q_{ii} 是 ξ_{ii} 的权重值。

因此，基本解方法的离散误差满足

$$E = \left|\phi\left(p\right) - \phi^*\left(p\right)\right| = \sum_{j=1}^{N} \sum_{n=1}^{\infty} \sum_{m=-n}^{n} \frac{(M_j)_n^m}{p_j^{n+1}} \cdot (Y_j)_n^m\left(\theta_j, \varphi_j\right) \leqslant \sum_{j=1}^{N} \frac{A_j}{p_j - R_j} \cdot \frac{R_j}{p_j},$$

$$\tag{4.24}$$

其中，

$$\sum_{n=1}^{\infty} \sum_{m=-n}^{n} \frac{(M_j)_n^m}{p_j^{n+1}} \cdot (Y_j)_n^m(\theta_j, \varphi_j) \leqslant \frac{A_j}{p_j - R_j} \cdot \frac{R_j}{p_j}, \qquad (4.25)$$

p_j 是 s_j 和 p 之间的距离，且 $p_j > R_j$。

4.6　三维 Helmholtz 方程源点强度因子

本节给出一组基于零场积分方程推导出的三维 Helmholtz 方程源点强度因子。该组公式最早由谷岩和陈文在文献 [28] 中用于 Laplace 方程的求解。其后 Fu 等在文献 [30,99] 中，基于 Laplace 方程和 Helmholtz 方程基本解在源点的奇异性同阶相似原理，通过在 Laplace 方程源点强度因子上添加常数的方法，获得 Helmholtz 方程源点强度因子。在中低频范畴，该组公式在数值上基本和第 2 章推导的源点强度因子等价，本节给出文献 [30] 中所提出源点强度因子的详细推导过程，供参考比较。

Laplace 方程边界积分方程的零场积分方程为 [143]

$$0 = \int_S \left[G_0(x,y)q(y) - \frac{\partial G_0(x,y)}{\partial n^e(y)} \phi(y) \right] \mathrm{d}S(y), \quad \forall x \in \Omega^e, \qquad (4.26)$$

其中，上角标 e 表示外域，G_0 为三维 Laplace 方程的基本解，

$$\begin{cases} G_0(x,y) = \dfrac{1}{4\pi r}, \\ \dfrac{\partial G_0(x,y)}{\partial n^e(y)} = -\dfrac{1}{4\pi r^2} \langle (x,y) \cdot n^e(y) \rangle. \end{cases} \qquad (4.27)$$

Laplace 方程的超奇异边界积分方程的零场方程表示为

$$0 = \int_S \left[\frac{\partial G_0(x,y)}{\partial n^e(x)} q(y) - \frac{\partial^2 G_0(x,y)}{\partial n^e(y)\partial n^e(x)} \phi(y) \right] \mathrm{d}S(y), \quad \forall x \in \Omega^e, \qquad (4.28)$$

其中，

$$\begin{cases} \dfrac{\partial G_0(x,y)}{\partial n^e(x)} = \dfrac{1}{4\pi r^2} \langle (x,y) \cdot n^e(x) \rangle, \\ \dfrac{\partial^2 G_0(x,y)}{\partial n^e(y)\partial n^e(x)} = \dfrac{1}{4\pi r^3} \left[\langle n^e(x) \cdot n^e(y) \rangle - 3 \langle (x,y) \cdot n^e(x) \rangle \langle (x,y) \cdot n^e(y) \rangle \right]. \end{cases}$$

$$(4.29)$$

将 $\phi(y) = 1$ 代入式 (4.26) 和 (4.28)，得到

$$0 = \int\limits_S \frac{\partial G_0(x, y)}{\partial n^e(y)} \mathrm{d}S(y), \quad \forall x \in \Omega^e, \tag{4.30}$$

$$0 = \int\limits_S \frac{\partial^2 G_0(x, y)}{\partial n^e(y) \partial n^e(x)} \mathrm{d}S(y), \quad \forall x \in \Omega^e. \tag{4.31}$$

随着点 x 从外域无限接近边界，式 (4.30) 和 (4.31) 可以离散为

$$\sum_{j=1}^N \frac{\partial G_0(x_i, y_j)}{\partial n^e(y_j)} A_j = 0, \quad \forall x_i \in S, \tag{4.32}$$

$$\sum_{i=1}^N \frac{\partial^2 G_0(x_i, y_j)}{\partial n^e(y_j)\, \partial n^e(x_i)} A_j = 0, \quad \forall x_i \in S, \tag{4.33}$$

其中，A_j 是第 j 个单元面积，当 $x_i = y_j$ 时，

$$\frac{\partial G_0(x_i, y_i)}{\partial n^e(y_i)} = -\frac{1}{A_i} \sum_{j=1 \neq i}^N \frac{\partial G_0(x_i, y_j)}{\partial n^e(y_j)} A_j, \quad \forall x_i \in S, \tag{4.34}$$

$$\frac{\partial^2 G_0(x_i, y_i)}{\partial n^e(y_i)\, \partial n^e(x_i)} = -\frac{1}{A_i} \sum_{i=1 \neq j}^N \frac{\partial^2 G_0(x_i, y_j)}{\partial n^e(y_j)\, \partial n^e(x_i)} A_j, \quad \forall x_i \in S. \tag{4.35}$$

对于平滑边界，当配点 x_i 沿切线逐渐逼近源点时，存在关系式 (4.36)

$$\lim_{y_j \to x_i} \frac{\partial G_0(x_i, y_j)}{\partial n^e(x_i)} + \frac{\partial G_0(x_i, y_j)}{\partial n^e(y_j)} = 0. \tag{4.36}$$

因此，

$$\frac{\partial G_0(x_i, y_i)}{\partial n^e(x_i)} = \frac{1}{A_i} \sum_{j=1 \neq i}^N \frac{\partial G_0(x_i, y_j)}{\partial n^e(y_j)} A_j, \quad \forall x_i \in S. \tag{4.37}$$

为推导源点强度因子 $G_0(x_i, y_j)$，引入下述 Laplace 方程的一般解 [43,144,145]，

$$f(r) = \frac{1}{2} r^2, \tag{4.38}$$

$$\phi(y_j) = \frac{\partial f(y_j - x_i)}{\partial n^e(x_i)} = \langle (y_j - x_i) \cdot n^e(x_i) \rangle, \tag{4.39}$$

$$q\left(y_j\right) = \frac{\partial \phi\left(y_j\right)}{\partial n^e\left(y_j\right)} = \left\langle n^e\left(x_i\right) \cdot n^e\left(y_j\right)\right\rangle. \tag{4.40}$$

注意到当 $x_i = y_j$ 时，引入的一般解满足 $\phi(y_i) = 0$ 且 $q(y_i) = 1$。将 $\phi(y)$ 和 $q(y)$ 代入式 (4.26)，得到

$$\sum_{j=1}^{N}\left[G_0\left(x_i, y_j\right)\left\langle n^e\left(x_i\right) \cdot n^e\left(y_j\right)\right\rangle - \frac{\partial G_0\left(x_i, y_j\right)}{\partial n^e\left(y_j\right)}\left\langle\left(y_j - x_i\right) \cdot n^e\left(x_i\right)\right\rangle\right] A_j = 0, \quad \forall x_i \in S. \tag{4.41}$$

将式 (4.41) 改写为如下形式：

$$G_0\left(x_i, y_i\right) = -\frac{1}{A_i}\sum_{j=1\neq i}^{N}\left[\begin{array}{c}G_0\left(x_i, y_j\right)\left\langle n^e\left(x_i\right) \cdot n^e\left(y_j\right)\right\rangle \\ -\dfrac{\partial G_0\left(x_i, y_j\right)}{\partial n^e\left(y_j\right)}\left\langle\left(y_j - x_i\right) \cdot n^e\left(x_i\right)\right\rangle\end{array}\right] A_j, \quad \forall x_i \in S. \tag{4.42}$$

注意到三维 Laplace 方程和三维 Helmholtz 方程基本解在源点具有同阶奇异性，

$$\lim_{r\to 0}\frac{\mathrm{e}^{\mathrm{i}kr}}{4\pi r} = \lim_{r\to 0}\frac{\cos(kr)}{4\pi r} + \frac{\sin(kr)}{4\pi r}i = \lim_{r\to 0}\frac{1}{4\pi r} + \frac{k}{4\pi}i. \tag{4.43}$$

得到

$$G\left(x_i, y_i\right) = G_0\left(x_i, y_i\right) + \frac{k}{4\pi}i, \quad r \to 0, \tag{4.44}$$

其中，$G = \mathrm{e}^{\mathrm{i}kr}/(4\pi r)$ 表示三维 Helmholtz 方程基本解。

类似地 [30,146]，

$$\frac{\partial G\left(x_i, y_i\right)}{\partial n^e\left(x_i\right)} = \frac{\partial G_0\left(x_i, y_i\right)}{\partial n^e\left(x_i\right)}, \quad r \to 0, \tag{4.45}$$

$$\frac{\partial G\left(x_i, y_i\right)}{\partial n^e\left(y_i\right)} = \frac{\partial G_0\left(x_i, y_i\right)}{\partial n^e\left(y_i\right)}, \quad r \to 0, \tag{4.46}$$

$$\frac{\partial^2 G\left(x_i, y_i\right)}{\partial n^e\left(y_i\right)\partial n^e\left(x_i\right)} = \frac{\partial^2 G_0\left(x_i, y_i\right)}{\partial n^e\left(y_i\right)\partial n^e\left(x_i\right)} + \frac{k^2}{2}\left[G_0\left(x_i, y_i\right) + \frac{k}{4\pi}i\right], \quad r \to 0. \tag{4.47}$$

式 (4.44)~(4.47) 即为三维 Helmholtz 方程源点强度因子表达。本节所推导源点强度因子和第 2 章所推导结果一一对应。相关函数程序可在 "奇异工具箱" 中下载使用。

4.7　数 值 实 验

本节数值方法的精度指标由平均相对误差衡量 (Error),

$$\text{Error} = \sqrt{\sum_{i=1}^{NT} \left|\phi(i) - \bar{\phi}(i)\right|^2 \Bigg/ \sum_{i=1}^{NT} \left|\bar{\phi}(i)\right|^2}. \tag{4.48}$$

算法收敛速率由式 (4.49) 给出

$$C = -2 \frac{\ln\left(\text{Error}(N_1)\right) - \ln\left(\text{Error}(N_2)\right)}{\ln(N_1) - \ln(N_2)}. \tag{4.49}$$

所有计算结果,均在一台 16GB 内存,配置 Intel Core i7-4710MQ 2.50GHz Processor 的笔记本计算机上测试获得。

算例 4.1(a)　(Dirichlet 边界条件) 图 4.6 给出了一个经典的脉动球模型示意图。该模型的控制方程为三维 Helmholtz 方程,精确解可表示为

$$\phi\left(r\right) = v_0 \frac{\mathrm{i}kc\rho a^2}{1 - \mathrm{i}ka} \frac{\mathrm{e}^{\mathrm{i}k(r-a)}}{r},$$

其中, $a = 1\text{m}$ 表示脉动球半径, $c = 340\text{m/s}$ 表示声速, $\rho = 1.2\text{kg/m}^3$ 表示空气密度, $v_0 = 3\text{m/s}$ 表示脉动球表面振动速度, k 表示波数。

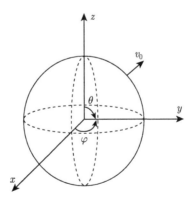

图 4.6　脉动球模型示意图

工况 4.1(a.1)　首先测试虚拟边界对双层基本解方法数值解的影响。设置自由度 $N = 1600$,波数 $k = 35$,精度参数 $\zeta = -2$。测试点布置在半径为 2m 的球面上。双层基本解方法和基本解方法的数值结果分别列于表 4.1 和表 4.2 中。

表 4.1　双层基本解方法计算结果

虚拟边界/m	0.1	0.3	0.5	0.7	0.8
平均相对误差	4.77×10^{-3}	4.47×10^{-3}	4.51×10^{-3}	5.05×10^{-3}	3.70×10^{-3}
条件数 (2 范数)	1.03×10^{3}	5.76×10^{2}	5.87×10^{2}	3.46×10^{2}	7.35×10^{2}

从表 4.1 可以看到, 在双层基本解方法中, 不同虚拟边界对数值结果的影响已基本被消除了。随着虚拟边界位置的变化, 双层基本解方法的解精度始终保持在 1×10^{-3} 量级, 矩阵条件数也几乎没有出现大的波动。而从表 4.2 可以发现, 在相同计算条件下, 基本解方法的数值结果随着虚拟边界位置的变化出现了预料之中的巨大波动。需要注意的是, 目前 4.4 节所推导调整参数经验公式的严格数学证明仍是一个悬而未决的问题。但是大量的数值实验表明, 目前的经验公式可以适用于各种具有复杂边界的高频声场计算中。

表 4.2　基本解方法计算结果

虚拟边界/m	0.1	0.3	0.5	0.7	0.8
平均相对误差	1.29×10^{-13}	2.06×10^{-13}	1.92×10^{-10}	1.57×10^{-5}	1.18×10^{-3}
条件数 (2 范数)	1.22×10^{19}	2.79×10^{18}	3.15×10^{13}	3.75×10^{7}	1.41×10^{5}

工况 4.1(a.2)　本工况测试双层基本解方法的收敛情况。虚拟边界布置在 $R = 0.5\text{m}$ 的球面上, 波数 $k = 20$。双层基本解方法、基本解方法、奇异边界法的收敛曲线和条件数曲线分别被绘制在图 4.7 和图 4.8 中。

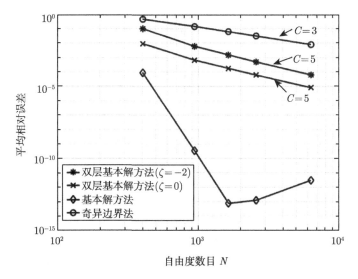

图 4.7　三种算法收敛曲线图

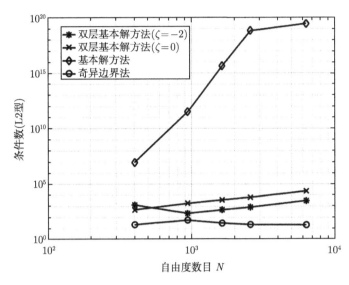

图 4.8　三种算法条件数情况

由图 4.7 发现，尽管基本解方法可获得比双层基本解方法高得多的数值精度，但在自由度超过 2000 后，基本解方法的收敛曲线便发生了离散。随着自由度增加，基本解方法的解精度反而出现了下降的情况。另一方面，奇异边界法无论是在精度还是在收敛速率上，均不及双层基本解方法。此外，由图 4.7 还可以发现，当在双层基本解方法中取不同的精度参数时，双层基本解方法的数值解虽具有不同的精度量级，但均以 5 阶速率随自由度增加持续收敛。

图 4.8 表明，双层基本解方法矩阵条件数相比基本解方法大幅降低，已具有和奇异边界法相似的条件数。

小结　双层基本解方法的精度和条件数均随着精度参数的增加而增加，精度参数在双层基本解方法中起着调节离散误差和截断误差各自所占权重比例的作用。

工况 4.1 (a.3)　本工况测试添加边界随机噪声时，双层基本解方法的适用性。边界条件表示为

$$\bar{\phi}\left(r\right) = \left(v_0 \frac{\mathrm{i}kc\rho a^2}{1-\mathrm{i}ka} \frac{\mathrm{e}^{\mathrm{i}k(r-a)}}{r}\right) \cdot (1+\delta), \quad r = a,$$

其中，$\delta = 5\%$ 表示在边界上添加的随机噪声。虚拟边界布置在 $R = 0.1\mathrm{m}$ 的球面上，取 $\zeta = -2$。测试点布置在半径为 2m 的球面上。添加随机噪声的双层基本解方法的计算结果列于表 4.3 中。

由表 4.3 观察到，所添加的随机噪声并未影响双层基本解方法的稳定性。双

层基本解方法仅需在每个方向、每个波长上布置 2 个镜像源点，即可生成令人满意的数值解。需要提及的是，这一采样频率已降至香农采样定理所规定的最低采样频率。另一方面需要提及的是，基本解方法由于矩阵高度病态，在添加边界随机噪声后，已无法模拟本工况条件下的声辐射问题。

表 4.3   添加随机噪声的双层基本解方法的计算结果

自由度 N	402	943	1646	2594	6316
波数 k	15	25	35	45	70
平均相对误差	3.04%	2.33%	2.50%	2.76%	2.72%
条件数 (2 范数)	7.76×10^2	1.28×10^3	1.03×10^3	2.82×10^3	6.36×10^3
采样频率 N/λ	2.38	2.18	2.06	2.01	2.01

算例 4.1(b)   (Neumann 边界条件) 本算例计算在 Neumann 边界条件下脉动球周围声压。控制方程记为

$$\begin{cases} \nabla^2\phi(x,y,z) + k^2\phi(x,y,z) = 0, & (x,y,z)\in\Omega^e, \\ \bar{q}(x,y,z) = \dfrac{\partial\bar\phi(x,y,z)}{\partial n}, & (x,y,z)\in S, \\ \lim_{r\to 0} r^{\frac{1}{2}(\dim-1)}\left(\dfrac{\partial\phi}{\partial r} - \mathrm{i}k\phi\right) = 0, & r = \sqrt{x^2+y^2+z^2}, \end{cases}$$

其中，dim 表示维度

$$\phi(r) = v_0\frac{\mathrm{i}kc\rho a^2}{(1-\mathrm{i}ka)}\frac{\mathrm{e}^{\mathrm{i}k(r-a)}}{r}.$$

工况 4.1(b.1)   设置 $N=1600$，$k=35$，$\zeta=-4$，计算测试点处的声压值。测试点布置在半径为 2m 的球面上。双层基本解方法和基本解方法的计算结果分别列于表 4.4 和表 4.5 中。

表 4.4   双层基本解方法数值解

虚拟边界/m	0.1	0.3	0.5	0.7	0.8
平均相对误差	5.60×10^{-3}	5.00×10^{-3}	5.11×10^{-3}	5.94×10^{-3}	9.16×10^{-3}
条件数 (2 范数)	7.24×10^2	3.70×10^2	7.28×10^2	5.69×10^1	6.58×10^1

表 4.5   基本解方法数值结果

虚拟边界 /m	0.1	0.3	0.5	0.7	0.8
平均相对误差	1.34×10^{-2}	4.52×10^{-3}	4.22×10^{-4}	3.80×10^{-4}	1.17×10^{-3}
条件数 (2 范数)	5.18×10^{18}	1.68×10^{18}	3.98×10^{13}	3.30×10^7	9.05×10^4

由表 4.4 观察到，双层基本解方法在计算 Neumann 边界声场时表现出了较高的稳定性，相比较之下，基本解方法的计算精度相比其在算例 4.1(a) 中的精度水平严重下降。此外，还可以观察到，在表 4.5 中，基本解方法的矩阵条件数随着虚拟边界靠近物理边界持续减小，而数值解精度先增加后减小。这一现象与 4.2 节所分析的虚拟边界对数值解的影响规律非常吻合。

工况 4.1 (b.2)　本工况测试 Neumann 边界条件下，双层基本解的收敛速率。虚拟边界布置在 $R = 0.5\mathrm{m}$ 的球面上，波数 $k = 20$。双层基本解方法、基本解方法和奇异边界法的收敛曲线和矩阵条件数曲线分别绘制在图 4.9 和图 4.10 中。

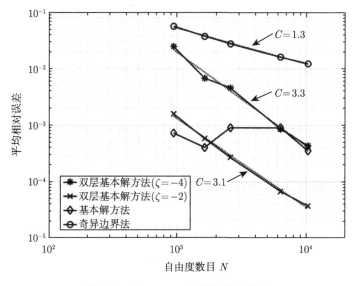

图 4.9　Neumann 边界下收敛曲线

由图 4.9 和图 4.10 可以观察到，双层基本解方法在不同精度差参数下均可保持 3 阶收敛。相较于基本解方法，双层基本解方法的矩阵条件数大幅度降低。

工况 4.1(b.3)　本工况测试外域声场在特征频率附近出现的解的不唯一性。边界条件记为

$$\bar{q}(x,y,z) = \frac{\partial \bar{\phi}(x,y,z)}{\partial n} \cdot (1 + \delta), \quad (x,y,z) \in S.$$

其中，$\delta = 1\%$ 或 $\delta = 5\%$。虚拟边界布置在半径为 $0.1\mathrm{m}$ 的球面上，测试点布置在 $(a, 0, 0)$ 处。取 $\zeta = -4$，$N = 2594$。图 4.11 和图 4.12 绘制了测试点处声压随波数变化的频率扫描图。

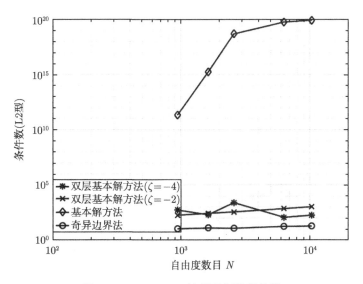

图 4.10   Neumann 边界下矩阵条件数

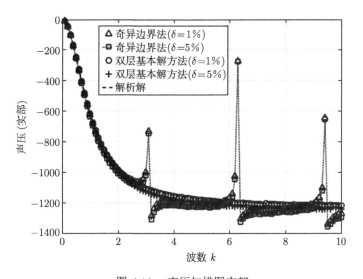

图 4.11   声压扫描图实部

由图 4.11 和图 4.12 观察到，在特征频率 $k = \pi, 2\pi, 3\pi$ 附近，奇异边界法的数值解出现了明显的误差波动。这一现象和文献 [113] 解析预测的特征频率非常吻合。同时，也注意到，双层基本解方法的解并未在特征频率附近出现波动，随着波数增加，双层基本解方法的解始终和精确解保持良好拟合。

算例 4.2(a)   考虑一个如图 4.13 所示的真实人头模型 (尺寸:0.152m×0.213m ×0.168m) 的声辐射问题，声速 c 取为 340m/s，测试点被放置在半径为 1m 的球

面上，解析解为

$$
\begin{cases}
\nabla^2\phi(x,y,z) + k^2\phi(x,y,z) = 0, \quad (x,y,z)\in\Omega^e,\\
\bar{\phi}(r) = \dfrac{z\mathrm{e}^{\mathrm{i}kr}}{r^2}\left(1+\dfrac{i}{kr}\right), \quad (x,y,z)\in S, \quad r=\sqrt{x^2+y^2+z^2},\\
\lim_{r\to 0} r^{\frac{1}{2}(\dim-1)}\left(\dfrac{\partial u}{\partial r}-\mathrm{i}k\phi\right)=0.
\end{cases}
$$

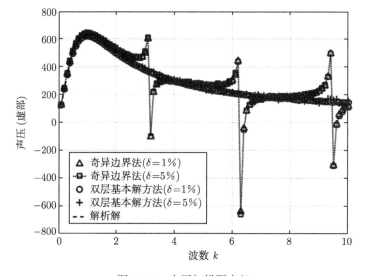

图 4.12　声压扫描图虚部

图 4.13　真实人头模型

工况 4.2 (a.1) 取 $N = 2640$，$k = 100$，$\zeta = -10$。双层基本解方法和基本解方法的计算结果分别列于表 4.6 和表 4.7 中。

表 4.6 双层基本解方法计算结果 $k = 100$

虚拟边界/m	0.1× 人头尺寸	0.2× 人头尺寸	0.3× 人头尺寸	0.4× 人头尺寸	0.5× 人头尺寸
平均相对误差	4.17×10^{-4}	1.96×10^{-4}	1.41×10^{-4}	1.52×10^{-4}	2.15×10^{-4}
条件数 (2 范数)	1.98×10^{3}	1.61×10^{3}	1.31×10^{3}	1.23×10^{3}	1.31×10^{3}

表 4.7 基本解方法计算结果 $k = 100$

虚拟边界/m	0.1× 人头尺寸	0.2× 人头尺寸	0.3× 人头尺寸	0.4× 人头尺寸	0.5× 人头尺寸
平均相对误差	2.15×10^{-13}	1.46×10^{-12}	7.30×10^{-13}	1.05×10^{-12}	9.36×10^{-11}
条件数 (2 范数)	3.39×10^{20}	9.99×10^{19}	7.81×10^{19}	4.56×10^{19}	7.07×10^{19}

注意到，当取不同的虚拟边界和波数时，双层基本解方法的计算结果几乎未发生大的波动。复杂的边界形状并未影响双层基本解方法的计算效率和稳定性。

工况 4.2 (a.2) 本工况测试双层基本解方法的计算效率。虚拟边界布置在 0.1× 人头尺寸的同心人头模型上，双层基本解方法和奇异边界法的计算结果分别列于表 4.8 和表 4.9 中。

表 4.8 双层基本解方法计算结果

自由度 N	1066	2557	5095	10158	15755
f/Hz	18994	29383	41396	58442	73864
ζ	−5	−5	−5	−5	−5
采样频率 N/λ	2.00	2.00	2.00	2.00	2.00
平均相对误差	1.40×10^{-3}	3.85×10^{-3}	2.62×10^{-3}	6.02×10^{-3}	7.48×10^{-3}

表 4.9 奇异边界法计算结果

自由度 N	1066	2557	5095	10158	15755
f/Hz	2706	3788	5682	7846	9199
采样频率 N/λ	14.07	15.52	14.59	14.90	15.82
平均相对误差	7.63×10^{-3}	9.24×10^{-3}	6.45×10^{-3}	8.54×10^{-3}	3.61×10^{-3}

由表 4.8 注意到，当使用 15755 个自由度时，双层基本解方法的可计算频率已高达 73864Hz，这一频率水平，已远远超出了人耳的听力极限，达到了超声范畴。此外，当精度参数固定时，可以观察到，双层基本解方法的计算精度基本上保持在相同的误差量级上未发生大的波动。双层基本解方法仅需在每个方向、每个波长上布置 2 个自由度即可生成高精度的数值解。相比之下，奇异边界法则需要布置 15 个自由度，方可生成符合精度要求的数值解。仅就计算效率而言，双层基本解方法要比奇异边界法高约 7 倍。

算例 4.2 (b)　本算例考虑软边界条件下的障碍物声波散射问题。声速取为 340m/s，一束具有振幅 $\phi_0 = 1$ 的沿 $+z$ 方向传播的平面声波记为

$$\phi_I = \phi_0 \mathrm{e}^{\mathrm{i}kz}.$$

本研究问题的控制方程为三维 Helmholtz 方程。由于障碍物被视作软边界条件，故边界上的总声压为 0，即

$$\phi_I + \phi_S = 0, \quad (x, y, z) \in S.$$

工况 4.2 (b.1)　本工况测试单位软散射球模型，如图 4.14 所示。软散射球模型声压解析解表示为

$$\phi_S = \sum_{l=0}^{N} \chi_l h_l(kr) P_l\left(\cos\left(\theta\right)\right),$$

其中，

$$\chi_l = -u_0(2l+1)\mathrm{i}^l \frac{j_l(ka)}{h_l(ka)}, \quad a = 1,$$

j_l 表示 l 阶球贝塞尔方程，P_l 表示 l 阶勒让德多项式，h_l 表示 l 阶第一类球汉克尔 (Hankel) 函数。虚拟边界布置在 $R = 0.1\mathrm{m}$ 的球面上，取 $\zeta = -2$，$N = 2594$。测试点布置点 $(0, 0, 2a)$ 上。

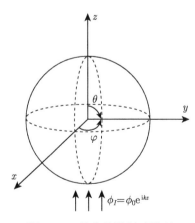

图 4.14　单位软散射球模型

双层基本解方法数值解和精确解的拟合情况绘制在图 4.15 中。计算报告显示，双层基本解方法数值解和精确解拟合良好，平均相对误差保持在 0.25% 的水平。

工况 4.2 (b.2) 考虑图 4.13 所示的人头模型声散射问题,其中人头被视为软边界条件。虚拟边界布置在尺寸为 0.1× 人头尺寸的同心人头模型上,取 $f = 10823\text{Hz}$,$c = 3400\text{m/s}$,$\zeta = -5$,$N = 10158$。绘制图 4.16 和图 4.17 展示 $y = 0$ 平面上的总声压分布图。

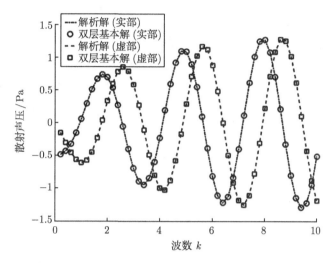

图 4.15 双层基本解方法数值解和精确解拟合情况图

对比图 4.16 和图 4.17,可以观察到,双层基本解方法的数值解和奇异边界法数值解拟合良好。由于本工况无解析解,故若以奇异边界法的解作为参考解,双层基本解方法的平均相对误差为 2.56%。

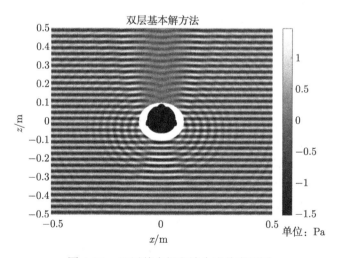

图 4.16 双层基本解方法生成总声压图

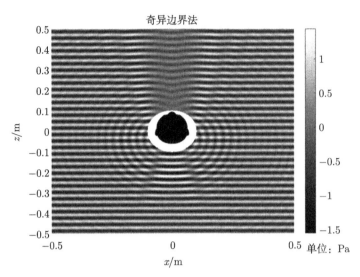

图 4.17　奇异边界法生成总声压图

4.8　本 章 小 结

本章为基本解方法的虚拟边界的物理本质提供了一个较明确的解释，揭示了虚拟边界对计算结果的影响规律。提出了一种高频声场高精度计算的双层基本解方法。通过引入等效斜率的概念，提出了一种确定调整参数的显式经验公式。基本消除了双层基本解方法中，不同虚拟边界对数值结果产生的负面影响。

其后的数值实验很好地支持了本章结论。实验表明，目前的双层基本解方法已可在单台笔记本计算机上计算无量纲波数高达 $kd = 600$ $(d = 2\text{m})$ 的高频外域声场问题。在真实人头部声辐射实验中，使用 15755 个自由度，目前双层基本解方法可计算频率已高达 73864Hz，这一频率已远远超出了人耳的听力范畴，达到了超声的频段。

作为传统基本解方法的一个改进版本，双层基本解方法的核心竞争力体现在：该方法在继承了基本解方法高数值精度、高计算效率优点的同时，相较于基本解方法，双层基本解方法的稳定性得到了大幅提升。通过引入 Helmholtz 方程修正基本解的概念，双层基本解方法在计算效率和稳定性之间取得了良好平衡。本章为解决半解析边界配点法的高病态问题提供了一种新的思路和策略。

然而，目前的双层基本解方法仍然面临以下问题有待进一步探究：

(1) 目前的显式经验公式仍缺乏严格的数学证明；

(2) 如何耦合快速算法进一步加速双层基本解方法的求解过程；

(3) 如何借助合适的预调节技术进一步减少迭代求解器的迭代次数。

第 5 章　大规模科学与工程高精度计算的修正双层算法

5.1　引　　言

大规模高频声场计算在科学计算领域是一项非常重要的课题。这种重要性首先体现在高频计算，其次是大规模计算。在固定采样频率下，随着频率增加，对半解析边界配点法而言，其所需自由度会随波数增加呈现平方式快速增长。一般而言，当自由度数目超过 10 万规模时，即认为属于大规模计算的范畴。因此，高频声场计算通常也属于大规模计算。只不过大规模高频计算要比一般的大规模计算更加复杂，它是大规模计算和高频计算的耦合。解决此类问题，不仅要处理大规模计算如何大幅减少计算量和存储量的问题；还要解决高秩、高病态的高频波矩阵难以被一般迭代型求解器高效求解的瓶颈。为了减少所研究问题的复杂性，本章将大规模复杂声场仿真拆分为高频计算 [27,93] 和大规模计算 [147,148] 分别加以探究。

对于高频声场计算，问题的主要焦点是如何处理稳定性和采样频率之间的矛盾。主要难点在于如何高效求解具有高秩、高病态属性的高频波矩阵。在第 2 章和第 3 章中，通过引入 Helmholtz 方程修正基本解的概念，分别介绍了模拟内域高频声波传播的修正奇异边界法 [93] 和模拟外域高频声波传播的双层基本解方法 [27]。这两种基于修正基本解的半解析边界配点法较好地平衡了采样频率和计算稳定性之间的矛盾，为解决半解析边界配点法的病态性难题提供了一种新颖的策略手段。

对于大规模声场问题，当使用 GMRES 求解器时，半解析边界配点法的存储量和计算量随着自由度数目的增加，均会呈 $O\left(N^2\right)$ 增长。因此，大规模计算的核心焦点是如何处理过高的计算量和存储量与有限的计算资源之间的矛盾。主要难点在于如何高效求解边界型径向基函数方法所导致的大规模稠密矩阵。为了解决这一问题，仅从增强计算机硬件角度着手是不够的。因此，根本的解决办法还是从计算方法着手，减少算法的计算复杂度和存储复杂度。目前最常用的策略就是耦合种类繁多的快速算法。比较常见的快速算法包括：快速多极子算法 [37,38]、多层快速多极子算法 [149]、快速傅里叶变换算法 [150,151]、快速小波变换法 [152,153]、自适应交叉近似法 [154,155]、分级矩阵法 [156] 等。

近年来，国内外许多学者在大规模计算领域做出了卓有成效的贡献。Liu[22] 通过将边界元方法和快速多极子算法耦合，开发了一种快速多极边界元方法。屈文镇[45] 通过将奇异边界法和快速多极子算法耦合，开发了一种快速多极奇异边界法。Li[157] 通过将奇异边界法和快速傅里叶变换算法耦合，开发了一种快速傅里叶变换奇异边界法。上述这些策略都在一定程度上缓解了半解析边界配点法在计算大规模问题时所面临的高计算量和高存储量的瓶颈。然而，快速多极子算法和多层快速多极子算法是依赖于特定核函数多极扩展和局部扩展的核依赖型算法。该类算法理论复杂、编程复杂、难于掌握。快速傅里叶变换算法则需要边界的均匀剖分，这导致该算法难以计算具有复杂边界的声场问题。因此，开发一种理论简单、编程简单、易于掌握、不依赖于特定核函数的新型快速算法具有重要的价值和意义。

本章提出一种计算大规模声场的修正双层算法[49,94]。修正双层算法的核心思想是通过在细网格上忽略远场贡献残差，将全局支撑的大规模稠密矩阵转化为局部支撑的稀疏矩阵，以解决高计算量和高存储量的瓶颈。该算法通过粗网格提供初值解，并通过数次粗细网格间的递归计算和校正计算，最终得到满足精度要求的数值解。区别于上述提及的快速算法，修正双层算法是一种独立于内核函数的快速算法，其对边界剖分形式无限制，编程也相对简单。由于最终求解的是一个在细网格上的大规模稀疏矩阵，因此特有的双层结构使修正双层算法具有了快速多极子算法所不具备的预调节功能。这种预调节功能在处理具有高秩、高病态属性的高频波矩阵时，具有至关重要的作用。

考虑到奇异边界法[15] 是一种无网格、无积分、简单高效的半解析边界配点法，本章将奇异边界法与修正双层算法耦合，开发出一种用于计算大规模声场的双层奇异边界法。目前，双层奇异边界法已被成功用于计算大规模位势问题[49] 和大规模声场问题[94]。需要说明的是，在双层奇异边界法中，奇异边界法作为基础算法，决定了双层奇异边界法的计算精度、采样频率和收敛速率。修正双层算法作为一种核独立的快速算法，其主要作用是帮助奇异边界法克服大规模稠密矩阵所带来的高计算量和高存储量问题，以及为大规模矩阵的高效求解提供预调节功能。理论上，修正双层算法同样也可以和边界元方法[108]、正则化无网格法[158]、Trefftz 方法[159,160] 等半解析边界配点法耦合计算大规模问题。

本章其他部分安排如下：5.2 节介绍修正双层算法的算法逻辑步骤；5.3 节通过 5 个基础算例测试双层奇异边界法计算大规模问题时的精度、效率和稳定性；最后，5.4 节对本章内容做了一个总结展望。

5.2　修正双层算法

修正双层算法的设计灵感源自有限元方法中的多重网格方法[161,162]。在有限元方法中，双重网格主要起预调节作用，粗网格为细网格提供更接近精确解的初始迭代向量，以减少 GMRES 求解器的迭代次数。类似地，在边界型径向基函数方法中，同样可以借助双重网格的预调节作用，用粗网格为细网格提供初始迭代向量，从而达到减少 GMRES 求解器迭代次数的目的。然而，不同于有限元方法，半解析边界配点法一般会导致一个大规模稠密矩阵。因此，适用于半解析边界配点法的双重网格策略还必须兼具快速算法的作用，实现对稠密矩阵的稀疏化，大幅减少在矩阵向量乘法过程中所产生的高计算量和高存储量。

类似于快速远场近似 [163]，引入忽略远场贡献残差的思想来达到使矩阵稀疏化的目的。考虑到奇异边界法是一种全局支撑算法，因此，远场贡献无法忽略。但需要注意的是，远场贡献的残差却是可以忽略的。这类似于当观察点和带电电子云超过一定距离时，带电电子云可被视为点电荷，而忽略电子云几何形状的影响。考虑到第 4 章中所描述的基本解随距离变化的函数性质，对于近场贡献，当将无限自由度的自然系统离散为有限自由度的离散系统时，会产生大量的离散误差。因此，近场贡献需要用较多的自由度来描述。而随着距离的增加，基本解的变化速率逐渐趋缓，只需要较少的自由度即可精确描述远场贡献。因此，一个理想的构想是，是否可以仅用细网格来描述近场作用，而用粗网格来描述远场作用，从而达到减少计算量和存储量的目的。

具体到双层奇异边界法，使用双层网格结构来实现这一构想。双层奇异边界法的核心思想是通过在细网格上忽略远场贡献的残差，将全局支撑的大规模稠密矩阵转化为细网格上局部支撑的稀疏矩阵。其后通过粗细网格间的递归计算，用粗网格以全局贡献校正细网格模型误差，再进一步用细网格递归计算得到近似解。如此不断地利用粗网格校正，利用细网格磨平，经过若干次递归循环，最终得到满足精度要求的数值解。

修正双层算法的作用是加速线性方程组 $A\lambda = b$ 的求解过程。本节所需的变量命名列于表 5.1 中，程序框图绘制于图 5.1 中。

表 5.1　修正双层算法变量命名表

A	插值矩阵	Tol	预设收敛残差	$\alpha_{\Omega_1}^k$	第 k 次粗网格残差解
b	已知右端项	x^i	第 i 个配点	$\chi_{\Omega_2}^k$	第 k 次细网格精确残差
Ω_1	粗网格角标	y^j	第 j 个源点	$\chi_{\Omega_1}^k$	第 k 次粗网格精确残差
Ω_2	细网格角标	r_0	近场影响范围特征半径	$\alpha_{\Omega_2}^{k+1}$	第 $k+1$ 次细网格残差解
I^+	正投影算子	$\lambda_{\Omega_1}^0$	粗网格初始近似解	$V_{\Omega_2}^{k+1}$	第 $k+1$ 次细网格近似残差
I^-	逆投影算子	$\lambda_{\Omega_2}^0$	细网格初始近似解	$\lambda_{\Omega_2}^{k+1}$	第 $k+1$ 次细网格近似解
N_{Ω_2}	细网格自由度	$\alpha_{\Omega_2}^0$	细网格初始残差解	$\gamma_{\Omega_2}^{k+1}$	第 $k+1$ 次细网格精确解
N_{Ω_1}	粗网格自由度	$\gamma_{\Omega_2}^0$	细网格初始精确解	$\mathrm{Rerr}_{\Omega_2}^{k+1}$	第 $k+1$ 次细网格边界平均相对误差
C_{Ω_2}	细网格稀疏矩阵	$V_{\Omega_2}^0$	细网格初始近似残差	$\mathrm{Rerr}_{\Omega_2}^0$	初始细网格边界平均相对误差

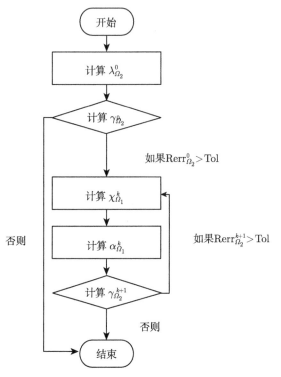

图 5.1   修正双层算法程序框图

修正双层算法的具体逻辑步骤如下。

步骤 1   计算 $\lambda^0_{\Omega_2}$(粗网格)。

子步骤 1   在粗网格上求解线性方程组

$$A_{\Omega_1}\lambda^0_{\Omega_1} = b_{\Omega_1}. \tag{5.1}$$

子步骤 2   将 $\lambda^0_{\Omega_1}$ 通过正投影算子 I^+ 映射到细网格上，获得 $\lambda^0_{\Omega_2}$

$$\lambda^0_{\Omega_2} = I^+\lambda^0_{\Omega_1}. \tag{5.2}$$

步骤 2   计算 $\gamma^0_{\Omega_2}$(细网格)。

子步骤 1   计算 $V^0_{\Omega_2}$:

$$V^0_{\Omega_2} = b_{\Omega_2} - A_{\Omega_2}\lambda^0_{\Omega_2}. \tag{5.3}$$

子步骤 2   计算 $\alpha^0_{\Omega_2}$:

$$C_{\Omega_2}\alpha^0_{\Omega_2} = V^0_{\Omega_2}, \tag{5.4}$$

其中,稀疏矩阵 C_{Ω_2} 满足条件:若 $\left|x^i_{\Omega_2} - y^j_{\Omega_2}\right| \leqslant r_0$,则 $C^{ij}_{\Omega_2} = A^{ij}_{\Omega_2}$;否则,$C^{ij}_{\Omega_2} = 0$。

子步骤 3 计算 $\gamma_{\Omega_2}^0$：

$$\gamma_{\Omega_2}^0 = \alpha_{\Omega_2}^0 + \lambda_{\Omega_2}^0. \tag{5.5}$$

步骤 3 评估 $\mathrm{Rerr}_{\Omega_2}^0$ (细网格)。

$$\mathrm{Rerr}_{\Omega_2}^0 = \sqrt{\sum_{i=1}^{N_{\Omega_2}} \left| b_{\Omega_2}^i - \sum_{j=1}^{N_{\Omega_2}} A_{\Omega_2}^{ij} \left(\gamma_{\Omega_2}^0\right)_j \right|^2 \Bigg/ \sum_{i=1}^{N_{\Omega_2}} \left| b_{\Omega_2}^i \right|^2}. \tag{5.6}$$

循环条件满足：若 $\mathrm{Rerr}_{\Omega_2}^0 > \mathrm{Tol}$，则进入**步骤** 4；否则，程序结束。

经 k 次循环后，假设 $\gamma_{\Omega_2}^k$ 已获得。

步骤 4 计算 $\chi_{\Omega_1}^k$(细网格)。

子步骤 1 计算 $\chi_{\Omega_2}^k$：

$$\chi_{\Omega_2}^k = b_{\Omega_2} - A_{\Omega_2} \gamma_{\Omega_2}^k. \tag{5.7}$$

子步骤 2 通过逆投影算子 I^- 将 $\chi_{\Omega_2}^k$ 反向投影至粗网格，获得 $\chi_{\Omega_1}^k$：

$$\chi_{\Omega_1}^k = I^- \chi_{\Omega_2}^k. \tag{5.8}$$

步骤 5 计算 $\alpha_{\Omega_1}^k$ (粗网格)。

$$A_{\Omega_1} \alpha_{\Omega_1}^k = \chi_{\Omega_1}^k. \tag{5.9}$$

步骤 6 计算 $\gamma_{\Omega_2}^{k+1}$(细网格)。

子步骤 1 计算 $\lambda_{\Omega_2}^{k+1}$：

$$\lambda_{\Omega_2}^{k+1} = \gamma_{\Omega_2}^k + I^+ \alpha_{\Omega_1}^k. \tag{5.10}$$

子步骤 2 计算 $V_{\Omega_2}^{k+1}$：

$$V_{\Omega_2}^{k+1} = b_{\Omega_2} - A_{\Omega_2} \lambda_{\Omega_2}^{k+1}. \tag{5.11}$$

子步骤 3 计算 $\alpha_{\Omega_2}^{k+1}$：

$$C_{\Omega_2} \alpha_{\Omega_2}^{k+1} = V_{\Omega_2}^{k+1}. \tag{5.12}$$

子步骤 4 计算 $\gamma_{\Omega_2}^{k+1}$：

$$\gamma_{\Omega_2}^{k+1} = \alpha_{\Omega_2}^{k+1} + \lambda_{\Omega_2}^{k+1}. \tag{5.13}$$

步骤 7　评估 $\mathrm{Rerr}_{\Omega_2}^{k+1}$ (细网格)。

$$\mathrm{Rerr}_{\Omega_2}^{k+1} = \sqrt{\left. \sum_{i=1}^{N_{\Omega_2}} \left| b_{\Omega_2}^i - \sum_{j=1}^{N_{\Omega_2}} A_{\Omega_2}^{ij} \left(\gamma_{\Omega_2}^{k+1}\right)_j \right|^2 \middle/ \sum_{i=1}^{N_{\Omega_2}} \left| b_{\Omega_2}^i \right|^2 \right.}. \tag{5.14}$$

检查程序结束条件：若 $\mathrm{Rerr}_{\Omega_2}^{k+1} \leqslant \mathrm{Tol}$，结束程序；否则，进入**步骤 4** 循环。

5.3　数 值 算 例

本章数值方法的全局精度指标由全局平均相对误差 (Error) 衡量，

$$\mathrm{Error} = \sqrt{\left. \sum_{i=1}^{NT} \left| \phi(i) - \bar{\phi}(i) \right|^2 \middle/ \sum_{i=1}^{NT} \left| \bar{\phi}(i) \right|^2 \right.}, \tag{5.15}$$

线性方程组 $A\lambda = b$ 的求解精度指标由局部平均相对误差 (Rerr) 衡量，

$$\mathrm{Rerr} = \sqrt{\left. \sum_{i=1}^{N} \left| b_i - \sum_{j=1}^{N} A_{ij}\lambda_j \right|^2 \middle/ \sum_{i=1}^{N} \left| b_i \right|^2 \right.}. \tag{5.16}$$

算法收敛速率由式 (5.17) 给出

$$C = -2 \frac{\ln\left(\mathrm{Error}(N_1)\right) - \ln\left(\mathrm{Error}(N_2)\right)}{\ln(N_1) - \ln(N_2)}. \tag{5.17}$$

本节所有计算结果，均在一台配置 16GB 内存，Intel Core i7-4710MQ 2.50 GHz Processor 的笔记本计算机上测试获得。

算例 5.1　本算例测试双层奇异边界法在计算大规模问题时的数值效率。考虑一个三维 Laplace 方程，

$$\begin{cases} \nabla^2 \phi(x,y,z) = 0, & (x,y,z) \in \Omega, \\ \bar{\phi}(x,y,z) = \mathrm{e}^x \cos\left(\dfrac{\sqrt{2}}{2}y\right) \cos\left(\dfrac{\sqrt{2}}{2}z\right), & (x,y,z) \in S. \end{cases}$$

预设收敛残差设置为 $\mathrm{Tol} = 1 \times 10^{-5}$。需要提及的是，本算例使用核独立的快速多极子算法 [47,164] 来加速粗网格上的矩阵向量矢量乘法过程，其中，压缩精度设置为 1×10^{-6}，每个子集中的最大允许自由度数目为 256。

工况 5.1.1　考虑一个边长为 15m 的立方体计算域，测试点被布置在边长为 14.95m 的同心立方体面上。取 $r_0 = 3R_0$，其中 R_0 表示粗网格点的平均影响域半径。当粗网格自由度设置为 135000 时，双层奇异边界法的计算结果列于表 5.2 中。作为对照组，用核独立快速多极算法加速的奇异边界法的数值计算结果列于表 5.3 中。

表 5.2　双层奇异边界法计算结果 (工况 5.1.1)

细网格自由度	135000	540000	1215000	2160000
Error	3.10×10^{-3}	7.07×10^{-4}	1.57×10^{-4}	2.05×10^{-5}
细网格稀疏矩阵填充率	—	6.88×10^{-5}	6.70×10^{-5}	6.75×10^{-5}

表 5.3　核独立快速多极算法加速的奇异边界法计算结果 (工况 5.1.1)

自由度	135000	540000	1215000	2160000
Error	3.10×10^{-3}	7.06×10^{-4}	1.60×10^{-4}	2.15×10^{-5}

对于一般的边界型径向基函数方法而言，当自由度超过 10 万时，即认为属于大规模问题的范畴。由表 5.2 可以发现，目前的双层奇异边界法在单台计算机上可计算的自由度已达到 200 万规模。对比表 5.2 和表 5.3，可以发现，双层奇异边界法的数值解精度和核独立快速多极奇异边界法在同一量级。在双层奇异边界法中，细网格矩阵的填充率始终维持在 6×10^{-5} 量级，这表明，修正双层算法已经按照预想，起到了使矩阵稀疏化的预调节作用。

工况 5.1.2　考虑一个单位立方体计算域，测试点布置在边长为 0.99m 的同心立方体面上。取 $r_0 = 0.1$m，粗网格自由度数目为 2400。双层奇异边界法和核独立快速多极奇异边界法的计算结果分别列于表 5.4 和表 5.5 中。两种算法随自由度数目变化的 CPU 时间曲线绘制在图 5.2 中。

表 5.4　双层奇异边界法计算结果 (工况 5.1.2)

细网格自由度	38400	60000	86400	117600	153600
Error (Tol=1×10^{-5})	4.06×10^{-4}	1.88×10^{-4}	7.33×10^{-5}	1.98×10^{-5}	8.40×10^{-6}
CPU 时间 /s	81	128	152	223	299
细网格稀疏矩阵存储空间/Mb	14.8	44.9	102	222	421

表 5.5　核独立快速多极奇异边界法计算结果 (工况 5.1.2)

自由度	38400	60000	86400	117600	153600
Error (Tol=1×10^{-5})	4.11×10^{-4}	1.87×10^{-4}	7.15×10^{-5}	2.50×10^{-5}	1.33×10^{-5}
CPU 时间/s	132	271	378	535	628

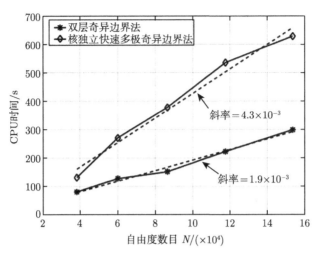

图 5.2　CPU 时间随自由度数目变化曲线

　　由表 5.4 和表 5.5 注意到，当自由度相同时，双层奇异边界法和核独立快速多极奇异边界法的数值精度基本相同，但双层奇异边界法消耗的 CPU 时间却仅为核独立快速多极奇异边界法的大约一半。图 5.2 表明，两种算法的 CPU 曲线随着自由度数目的增加，均呈线性增长。这表明，对于三维 Laplace 问题，双层奇异边界法具有 $O(N)$ 的算法复杂度。

　　算例 5.2　本算例测试双层奇异边界法求解三维 Helmholtz 方程的数值效率。考虑一个定义在单位立方体内的三维 Helmholtz 方程，

$$\begin{cases} \nabla^2 \phi(x,y,z) + k^2 \phi(x,y,z) = 0, & (x,y,z) \in \Omega, \\ \bar{\phi}(x,y,z) = \cos(kx) + \cos(ky) + \cos(kz), & (x,y,z) \in S. \end{cases}$$

预设收敛残差设置为 $\text{Tol} = 1 \times 10^{-4}$，$r_0 = 0.1\text{m}$。测试点被布置在边长为 0.5m 的同心立方体面上。双层奇异边界法求解 Helmholtz 方程的计算结果列在表 5.6 中。

表 5.6　双层奇异边界法求解 Helmholtz 方程计算结果

粗网格自由度	2400	5400	9600	15000	21600
细网格自由度	9600	21600	38400	60000	86400
kd $(d = \sqrt{3}\text{m})$	87	121	156	199	225
Error (Tol=1×10^{-4})	1.99×10^{-2}	8.41×10^{-3}	3.16×10^{-2}	8.93×10^{-3}	2.13×10^{-2}
粗网格采样频率	2.51	2.69	2.79	2.73	2.90

　　观察到双层奇异边界法的可计算无量纲波数已高达 $kd = 225$ $(d = \sqrt{3}\text{m})$。相比于奇异边界法需要在每个方向、每个波长上布置 6 个自由度，双层奇异边界法

仅需在每个方向、每个波长上布置 2~3 个粗网格点即可生成精度可接受的数值解。这一采样频率，已接近香农采样定理所规定的最低采样频率。

图 5.3 绘制了双层奇异边界法的收敛曲线。可以观察到在不同波数条件下，双层奇异边界法始终保持 3 阶速率快速收敛。

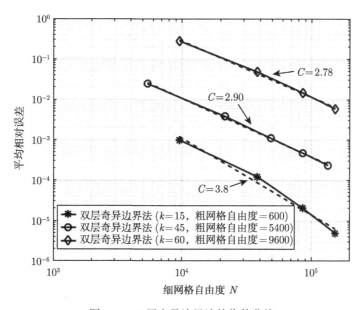

图 5.3　双层奇异边界法的收敛曲线

算例 5.3　考虑如图 4.14 所示的经典散射球模型，其中 $a = 1\mathrm{m}$，$c = 340\mathrm{m/s}$，一束记为 $\phi_I = \phi_0 \mathrm{e}^{\mathrm{i}kz}$ 的具有振幅 ϕ_0 的沿 $+z$ 方向入射的平面波所激发的散射声场可表示为

$$\phi_S = \sum_{l=0}^{N} \chi_l h_l(kr) P_l(\cos(\theta)),$$

其中，h_l 为第一类 l 阶球汉克尔函数，P_l 为第 l 阶勒让德函数。

工况 5.3.1　当球面被视为软边界条件时，边界上的总声压满足：

$$\phi_I + \phi_S = 0, \quad (x, y, z) \in S,$$

系数 χ_l 可表示为

$$\chi_l = -\phi_0 (2l+1) i^l \frac{j_l(ka)}{h_l(ka)}, \quad a = 1,$$

其中，j_l 为第 l 阶球贝塞尔函数。

设置双层奇异边界法粗网格自由度为 20512，细网格自由度为 101875，Tol $=$ 1×10^{-4}，波数 $k = 80$，频率 $f = 4376$Hz，测试点布置在 yz 平面半径为 3m 的圆上。图 5.4 绘制了散射球模型散射声压特性曲线。相关计算数据列于表 5.7 中。

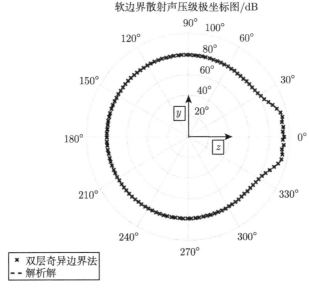

图 5.4　散射球模型散射声压特性曲线

表 5.7　软边界散射球模型双层奇异边界法计算报告

Error	Rerr	CPU 时间 /s	粗网格采样频率	双层奇异边界法 (4)~(7) 步骤迭代次数
6.43×10^{-3}	8.84×10^{-5}	1.38×10^4	2.81	13

由图 5.4 可以观察到，双层奇异边界法的计算结果和解析解拟合良好。值得注意的是，本算例中的无量纲波数已达到了 160，粗网格采样频率已降至 2.8 左右的极低水平。需要强调的是，本算例所计算的小尺寸、大规模、高频声场，是目前其他类似快速算法所无法成功计算的。

工况 5.3.2　当球面被视为硬边界条件时，边界上的总声压梯度为零，

$$\frac{\partial \phi_S}{\partial n} + \frac{\partial \phi_I}{\partial n} = 0, \quad (x, y, z) \in S,$$

系数 χ_l 满足

$$\chi_l = -\phi_0 (2l+1) i^l \frac{lj_{l-1}(ka) - (l+1)j_{l+1}(ka)}{lh_{l-1}(ka) - (l+1)h_{l+1}(ka)}.$$

设置双层奇异边界法粗网格自由度为 10330,细网格自由度为 101875,Tol = 1×10^{-4},频率 $f = 750$Hz,用双层奇异边界法绘制如图 5.5 所示的散射声压场。在图 5.5 中,随机挑选 50 个计算点的计算结果和精确解比较,计算数据列于表 5.8 中。

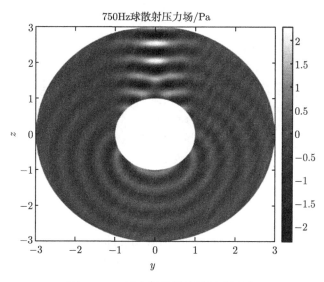

图 5.5 双层奇异边界法散射声压场

表 5.8 硬边界散射球模型双层奇异边界法计算报告

Error	Rerr	CPU 时间/s	粗网格采样频率	双层奇异边界法 (4)～(7) 步骤迭代次数
2.36%	7.83×10^{-5}	6.85×10^{3}	13	5

其后,设置 COMSOL 采样频率为 6,频率 $f = 750$Hz,计算域取半径为 3m 的球,自由度数目为 7498550。计算报告显示 COMSOL 花费 11133s 得到图 5.6 所示的散射声压场。随机在图 5.6 中取 50 个测试点和精确解比较,发现 COMSOL 的平均相对误差 Error = 1.14%。

显然,相较于需要全局剖分的有限元方法,双层奇异边界法仅需有限元方法 1.36% 的自由度数目,消耗 61.53% 的 CPU 时间即可获得相似的计算结果。

算例 5.4 考虑一个如图 4.13 所示的真实人头模型的声波散射问题。模型尺寸为 $0.152\text{m} \times 0.213\text{m} \times 0.168\text{m}$,$c = 340\text{m/s}$。

工况 5.4.1 将人头视为软边界条件,考虑一束记为 $\phi_I = \phi_0 e^{ikz}$ 的振幅为 ϕ_0 的沿 $+z$ 方向传播的平面波。边界上的总声压满足

$$\phi_I + \phi_S = 0, \quad (x, y, z) \in S.$$

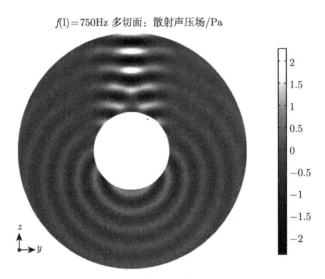

图 5.6   COMSOL 计算散射声压场

首先, 设置波数 $k = 50$, 粗网格自由度为 508, $\mathrm{Tol} = 1 \times 10^{-4}$, 测试点布置在半径为 3m 的球面上。以细网格自由度为 39460 时得到的数值解作为参考解, 绘制如图 5.7 所示的双层奇异边界法人头声散射模型收敛曲线。

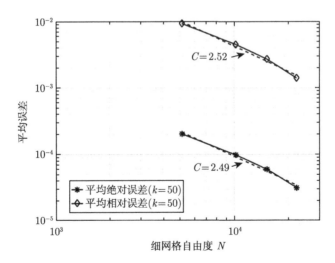

图 5.7   双层奇异边界法人头声散射模型收敛曲线

由图 5.7 发现, 双层奇异边界法的平均相对误差和平均绝对误差均以 2.5 阶速率随细网格自由度增加保持持续收敛。

其后, 取波数 $k = 100$, 分别用双层奇异边界法和奇异边界法绘制人头周围

$y = 0$ 平面上的总声压分布图 5.8 和图 5.9。其中，设置双层奇异边界法中粗网格自由度为 1069，细网格自由度为 10159，$\text{Tol} = 1 \times 10^{-4}$。设置奇异边界法自由度为 10159。

由于本工况无解析解可以参照，故以奇异边界法所得数值解作为参照。双层奇异边界法的平均相对误差为 1.94×10^{-4}。对比图 5.8 和图 5.9 可以观察到双层奇异边界法和奇异边界法计算结果拟合良好。

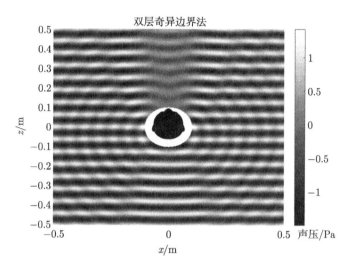

图 5.8 双层奇异边界法绘制人头周围总声压 (实部) 分布图

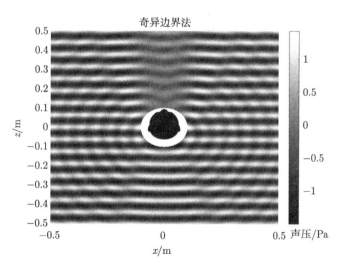

图 5.9 奇异边界法绘制人头周围总声压 (实部) 分布图

工况 5.4.2 将人头视为硬边界条件，考虑一束记为 $\phi_I = \phi_0 \mathrm{e}^{-ikz}$ 的振幅为

ϕ_0 的沿 $-z$ 方向传播的平面波。边界上的总声压梯度满足

$$\frac{\partial \phi_S}{\partial n} + \frac{\partial \phi_I}{\partial n} = 0, \quad (x, y, z) \in S.$$

声压级定位为

$$\text{SPL} = 20 \lg \left[p(e)/p(\text{ref}) \right],$$

其中，$p(\text{ref}) = 2 \times 10^{-5}\text{Pa}$ 表示参考声压。

设置双层奇异边界法中粗网格自由度为1631,细网格自由度为22286,Tol $= 1 \times 10^{-4}$，频率 $f = 5000\text{Hz}$。设置 COMSOL 采样频率为 6，频率 $f = 5000\text{Hz}$，计算域取半径为 0.3m 的球，自由度数为 4734593。作如图 5.10 所示的 xz 平面上的散射声压特性曲线，其中，y 轴坐标为 0，以 $+x$ 方向为 0° 方向，测试点布置在半径为 0.3m 的圆上。计算报告显示，COMSOL 耗费 1391s 得到计算结果。以 COMSOL 的计算结果作为参考解，双层奇异边界法计算结果列于表 5.9 中。

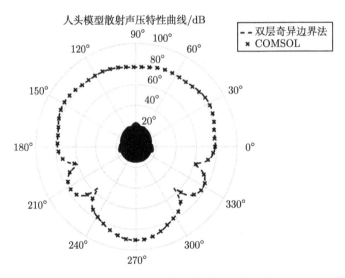

图 5.10　硬边界人头模型散射声压特性曲线

表 5.9　硬边界散射人头模型双层奇异边界法计算报告

Error	Rerr	CPU 时间/s	粗网格采样频率	双层奇异边界法 (4)~(7) 步骤迭代次数
3.77×10^{-3}	5.28×10^{-5}	373.72	9	6

比较发现，双层奇异边界法仅需有限元方法 0.47% 的自由度，耗费 26.87% 的 CPU 时间，即可获得和 COMSOL 类似的计算结果。

算例 5.5 考虑一个如图 5.11 所示的简易潜艇声辐射模型。潜艇模型尺寸为 $120\text{m} \times 12\text{m} \times 12\text{m}$，$c = 1500\text{m/s}$，$\text{Tol} = 1 \times 10^{-4}$，测试点布置在半径为 100m 的球面上。本算例控制方程表示为

$$
\begin{cases}
\nabla^2 \phi(x,y,z) + k^2 \phi(x,y,z) = 0, & (x,y,z) \in \Omega^e, \\
\bar{\phi}(x,y,z) = \dfrac{z \mathrm{e}^{\mathrm{i}kr}}{r^2}\left(1 + \dfrac{\mathrm{i}}{kr}\right), & (x,y,z) \in S, \quad r = \sqrt{x^2 + y^2 + z^2}, \\
\lim_{r \to \infty} r^{\frac{1}{2}(\dim - 1)}\left(\dfrac{\partial u}{\partial r} - \mathrm{i}k\phi\right) = 0.
\end{cases}
$$

潜艇声辐射模型双层奇异边界法计算结果列于表 5.10 中。作为对照组，文献 [14,165] 中，快速多极奇异边界法计算的类似潜艇声辐射模型的计算结果列于表 5.11 中。

图 5.11　简易潜艇声辐射模型

表 5.10　潜艇声辐射模型双层奇异边界法计算结果

kd ($d = 120\text{m}$)	30	60	90	120	150	185
f /Hz	60	119	179	239	298	368
粗网格自由度	3103	3103	6116	15339	15339	25068
细网格自由度	20889	20889	41283	115846	115846	186000
Error (Tol $=1\times10^{-4}$)	4.99×10^{-5}	2.16×10^{-4}	2.24×10^{-3}	3.60×10^{-4}	1.18×10^{-3}	1.0×10^{-3}
CPU 时间 /s	1.39×10^{2}	1.56×10^{2}	8.18×10^{2}	5.70×10^{3}	5.85×10^{3}	7.2×10^{4}
细网格矩阵填充率	0.31%	0.83%	0.43%	0.17%	0.17%	0.10%

表 5.11　潜艇声辐射模型快速多极奇异边界法计算结果

f/Hz	87	217
kd ($d=120\text{m}$)	44.4	110.9
自由度	63488	1030876
Error (Tol= 1×10^{-3})	1.13×10^{-3}	2.3×10^{-2}
CPU 时间/s	7.57×10^{2}	9.24×10^{3}

对比表 5.10 和表 5.11 可以发现，相较于快速多极奇异边界法，双层奇异边界法以更少的 CPU 时间和自由度获得了更高精度的数值解。

5.4　本 章 小 结

本章构造了一种计算大规模声场的双层奇异边界法，双层奇异边界法继承了传统奇异边界法无网格、无积分、计算稳定、编程简单的优点。通过将对线性方程组的传统直接计算模式修改为双层递归计算结构，双层奇异边界法克服了奇异边界法计算大规模问题时遇到的高存储量、高计算量的瓶颈。相较于快速多极子算法和快速傅里叶变换算法，本章所提出的修正双层算法编程相对简单、独立于特定内核，对边界剖分形式无要求，可灵活与多种半解析边界配点法耦合计算大规模问题。此外，通过在细网格上忽略远场贡献残差，修正双层算法在将奇异边界法的大规模稠密矩阵转化为局部支撑的稀疏矩阵的同时，也起到了传统多重网格方法对矩阵预调节的作用。这种预调节功能在处理具有高秩、高病态特点的高频波矩阵时，具有非常重要的作用和价值。

目前的双层奇异边界法已可成功计算自由度高达 200 万的大规模问题。通过耦合核独立快速多极子算法，双层奇异边界法展现出了进一步修正的巨大潜力。待进一步探究改进后，双层奇异边界法具有和快速多极子算法和快速傅里叶变换算法等主流快速算法相竞争的潜力。在高频散射球模型实验中，当配置 10 万个自由度时，双层奇异边界法可计算的无量纲波数已高达 160。需要注意的是，由于快速多极子算法的计算复杂度会随着波数的增加而快速增加，因此，本章所测试的大规模、小尺寸、高频率声场是其他类似快速算法所无法成功计算的。

总而言之，修正双层算法主要具有以下优点：

(1) 修正双层算法不依赖特定的内核函数；

(2) 双层结构可以更高效地评估相互作用，同时提供了矩阵预调节功能；

(3) 耦合核独立快速多极子算法后，双层奇异边界法具有 $O(N)$ 的复杂度。

然而，目前的修正双层算法也存在下述问题有待进一步探究：

(1) 严格的数学证明；

(2) 粗细网格间更高效的映射模式；

(3) 近场影响域特征半径 r_0 的显式选取规则。

第 6 章 大规模声场高精度计算的双层快速多极边界元方法

6.1 引　言

大规模声场仿真在实际工程计算中占有重要的地位,如噪声振动分析[166]、水下声呐成像[167]、主动噪声控制[168] 等。大规模声场仿真属于大规模计算中比较困难的一个分支。这是因为,首先,声场计算一般需在无限域上进行;其次,大规模声场计算通常会导致一个大规模、高病态的待求解矩阵。目前此类矩阵的高效求解,在计算力学领域仍然是一个未完全解决的问题。

传统的有限元法[169] 并不适合计算大规模声场。首先,有限元法需要对计算域进行全局剖分,这导致随着频率的增加,所需自由度会呈立方式快速膨胀;其次,有限元法一般需要在每个波长、每个方向布置 10~20 个自由度,才能生成精度可接受的数值解,且由于污染效应[170,171],所需采样频率在高频条件下还会进一步恶化;最后,有限元法的计算边界还需要人工截断以满足无限远处的 Sommerfeld 辐射条件,这进一步增加了有限元法计算声场问题的复杂性。

与之相对应,首先,以奇异边界法[15] 和边界元方法[172] 为代表的半解析边界配点法,由于使用可自动满足无限远处 Sommerfeld 辐射条件的基本解作为插值基函数,因此无须做额外处理即可计算无限域声场问题。其次,由于仅需边界剖分,因此所研究问题的计算维度降低一维,所需自由度也降为随计算频率增加呈平方式增长。数值实验表明,奇异边界法仅需在每个方向、每个波长上布置 6~8 个自由度,即可生成可接受的数值解。因此,半解析边界配点法在计算声场问题上相较有限元法具有天然优势。

当然,事物总是具有其两面性。半解析边界配点法在计算声场问题时也存在两个棘手的问题有待解决。首先,半解析边界配点法由于使用具有源点奇异性的基本解作为插值基函数,因此,不可避免地需要处理基本解源点奇异性的问题。目前,处理这一问题的常见手段有奇异积分[173,174]、源点强度因子技术[91]、引入虚拟边界[175] 等多种手段。其次,由于半解析边界配点法属于全局支撑算法,因此,该类方法最终不可避免地需要求解一个由大规模稠密矩阵组成的线性方程组。当使用 GMRES 求解器时,其存储量与计算量和自由度之间均存在 $O\left(N^2\right)$ 的关系。考虑到随着计算频率增加,自由度数目将快速增长,对于大规模声场计算,由完全填充矩阵所导致的高存储量和高计算量是单台计算机所无法承受的。目前，解决这一问题的常见手段是耦合快速算法，如快速多极子算法[37,38,176]、预校正快速傅里叶变换算法[157]、修正双层算法[43,44]、快速直接解法[177-179]等。但需要指出的是，无论上述哪一种快速算法，在理论和实际编程上，都是极其复杂的。

众所周知，计算声场问题的快速多极子算法存在 Rokhin 提出的高频算法[38]和 Greengrad 等[39] 提出的低频算法两个子类。低频算法依赖于基本解的分波展开，具有 $O(N)$ 的计算复杂度。此类展开的复杂度和快速多极子算法的截断项数 p 具有 $O\left(p^5\right)$ 的关系。随着频率增加，所需截断项数快速增加。因此，算法计算量也随之快速递增，故低频算法仅适用于计算低频声场。高频算法依赖于基本解的平面波展开，具有 $O(N \log N)$ 的计算复杂度。这种对角型快速多极子算法的频率依赖性较低，因此，适用于加速高频声场计算。但不幸的是，高频算法在计算低频声场时，其稳定性往往无法得到保证。

本章在第 5 章所提出修正双层算法的基础上，进一步在粗网格上耦合低频快速多极子算法来加速粗网格矩阵向量乘法过程，开发出一种计算大规模声场的基于 Burton-Miller 公式的双层快速多极边界元法。需要强调的是，由于边界元法在工程分析中应用更为广泛，因此，本章选择边界元方法作为基础算法。本章使用的边界元法基于常单元和配点型方法进行离散，因此，所推导方法兼具边界元法和半解析边界配点法两者的特点。为了表示对边界元方法的继承属性，本章将所开发方法仍称为双层快速多极边界元法。可以验证，所提出的双层快速多极边界元法在计算大规模声场时，具有 $O(N)$ 的计算复杂度和存储复杂度。在粗网格上，虽然双层快速多极边界元法的待求解矩阵仍然是一个稠密矩阵，但它的规模较小，且可以被快速多极子算法加速求解；在细网格上，尽管待求解的矩阵规模较大，但它是一个局部支撑的稀疏矩阵，可以被 GMRES 求解器高效地求解。此外，双层快速多极边界元法分别使用粗网格和细网格评估远场贡献和近场贡献，这进一步提高了算法对于大规模粒子间相互作用的评估效率。目前，该算法已成功计算了大规模位势问题[95] 和大规模声场问题[96]。

在其后的数值实验部分，一系列复杂的工程计算实例被用来测试基于 Burton-Miller 公式的双层快速多极边界元方法在大规模声场分析中的应用，如基洛级潜艇的水下声散射实验、A-320 客机的空中声散射实验等。特别地，本章使用成熟的商业软件 COMSOL 来生成参照解，以展示双层快速多极边界元法在计算大规模声场时表现出的巨大优势和潜力。

本章其余部分安排如下，6.2 节介绍了基于 Burton-Miller 公式的双层快速多极边界元方法的数值技术；6.3 节用一系列工程实际模型测试了基于 Burton-Miller 公式的双层快速多极边界元方法在声场计算中的应用；6.4 节对本章内容作了一个总结。

6.2　基于 Burton-Miller 公式的双层快速多极边界元方法

6.2.1　边界元基本公式

在各向同性介质中传播的声波, 其控制方程在频域条件下可简化为三维 Helmholtz 方程

$$\nabla^2 \phi(x) + k^2 \phi(x) = 0, \quad \forall x \in \Omega, \tag{6.1}$$

$$\phi(x) = \bar{\phi}(x), \quad \forall x \in S_1, \tag{6.2}$$

$$q(x) = \bar{q}(x), \quad \forall x \in S_2, \tag{6.3}$$

其中, $\phi(x)$ 表示声压; $q(x)$ 表示声压梯度; $k = 2\pi f/c$ 表示波数, c 表示声速, f 表示频率; Ω 表示以 S 为边界的计算域; ∇^2 表示 Laplace 算符。

声压 $\phi(x)$ 的边界积分表达式为

$$\phi(x) = \int_S \left[G(x,y)q(y) - \frac{\partial G(x,y)}{\partial n(y)} \phi(y) \right] \mathrm{d}S(y) + \phi^I(x), \quad \forall x \in \Omega, \tag{6.4}$$

其中, $\phi^I(x)$ 表示入射波, x 和 y 分别表示源点和场点。三维 Helmholtz 方程的基本解记为

$$\begin{cases} G(x,y) = \dfrac{\mathrm{e}^{\mathrm{i}kr}}{4\pi r}, \\[3mm] F(x,y) = \dfrac{\partial G(x,y)}{\partial n(y)} = \dfrac{\mathrm{e}^{\mathrm{i}kr}}{4\pi r^2}(\mathrm{i}kr - 1)\langle (x,y) \cdot n(y) \rangle, \end{cases} \tag{6.5}$$

其中, $\mathrm{i} = \sqrt{-1}$, $r = |x - y|$, $n(y)$ 表示场点 y 处的单位外法向量。

当 $x \to S$ 时, 常规边界积分方程记为

$$C(x)\phi(x) = \int_S \left[G(x,y)q(y) - \frac{\partial G(x,y)}{\partial n(y)} \phi(y) \right] \mathrm{d}S(y) + \phi^I(x), \quad \forall x \in S, \tag{6.6}$$

其中, 当边界 S 光滑时, $C(x) = \dfrac{1}{2}$。

类似地, 超奇异边界积分方程记为

$$C(x)q(x) = \int_S \left[\frac{\partial G(x,y)}{\partial n(x)} q(y) - \frac{\partial^2 G(x,y)}{\partial n(y)\partial n(x)} \phi(y) \right] \mathrm{d}S(y) + q^I(x), \quad \forall x \in S,$$

$$\tag{6.7}$$

同理，当边界 S 光滑时，$C(x) = \dfrac{1}{2}$，

$$\begin{cases} K(x,y) = \dfrac{\partial G(x,y)}{\partial n(x)} = -\dfrac{\mathrm{e}^{\mathrm{i}kr}}{4\pi r^2}(\mathrm{i}kr - 1)\langle (x,y) \cdot n(x) \rangle, \\[3mm] H(x,y) = \dfrac{\partial^2 G(x,y)}{\partial n(y)\partial n(x)} = \dfrac{\mathrm{e}^{\mathrm{i}kr}}{4\pi r^3}\left[\begin{array}{l} (1 - \mathrm{i}kr)\langle n(y) \cdot n(x)\rangle \\ + (k^2 r^2 - 3 + 3kr\mathrm{i}) \\ \cdot\langle (x,y)\cdot n(y)\rangle\langle (x,y)\cdot n(x)\rangle \end{array} \right], \end{cases} \tag{6.8}$$

混合式 (6.6) 和 (6.7) 以克服外域声学问题在特征频率附近的解的非唯一性问题，得到被称为 Burton-Miller 公式 [21] 的式 (6.9)

$$\begin{aligned} &\left[\begin{array}{l} \displaystyle\int_S \dfrac{\partial G(x,y)}{\partial n(y)}\phi(y)\mathrm{d}S(y) \\ + C(x)\phi(x) - \phi^I(x) \end{array} \right] + \alpha\int_S \dfrac{\partial^2 G(x,y)}{\partial n(y)\partial n(x)}\phi(y)\mathrm{d}S(y) \\ &= \int_S G(x,y)q(y)\mathrm{d}S(y) + \alpha\left[\begin{array}{l} \displaystyle\int_S \dfrac{\partial G(x,y)}{\partial n(x)}q(y)\mathrm{d}S(y) \\ -C(x)q(x) + q^I(x) \end{array} \right], \quad \forall x \in S, \end{aligned} \tag{6.9}$$

其中，$\alpha = \mathrm{i}/k$ [180] 代表耦合常数。

需要注意的是，本研究中应用了常单元和边界配点方法离散式 (6.9)。将式 (6.9) 离散后，得到

$$\sum_{j=1}^N f_{ij}\phi_j = \sum_{j=1}^N g_{ij}q_j + \hat{b}_i, \tag{6.10}$$

其中，$\hat{b}_i$ 表示在第 i 个边界点处的入射波。

$$f_{ij}\phi_j = \int_{\Delta S_j} \dfrac{\partial G(x,y)}{\partial n(y)}\phi_j\mathrm{d}S(y) + \dfrac{1}{2}\delta_{ij}\phi_j + \alpha\int_{\Delta S_j}\dfrac{\partial^2 G(x,y)}{\partial n(y)\partial n(x)}\phi_j\mathrm{d}S(y), \tag{6.11}$$

$$g_{ij}q_j = \int_{\Delta S_j} G(x,y)q_j\mathrm{d}S(y) + \alpha\left[\int_{\Delta S_j}\dfrac{\partial G(x,y)}{\partial n(x)}q_j\mathrm{d}S(y) - \dfrac{1}{2}\delta_{ij}q_j \right]. \tag{6.12}$$

将未知量移到等号左边，已知量移到等号右边，式 (6.12) 可改写为如下形式的线性方程组：

$$A\lambda = b, \tag{6.13}$$

其中，A 表示插值矩阵，λ 表示未知系数，b 代表已知右端项。值得注意的是，在本项研究中，使用源点强度因子技术来处理基本解的源点奇异性和超奇异性问题。具体的源点强度因子推导过程，参见第 2 章。

6.2.2 基于 Burton-Miller 公式的快速多极边界元方法

本节给出基于 Burton-Miller 公式的快速多极边界元方法的基本插值公式 [22,181−183]。

基本解 $G(x,y)$ 的多级扩展记作：

$$G(x,y) = \frac{\mathrm{i}k}{4\pi} \sum_{n=0}^{\infty} (2n+1) \sum_{m=-n}^{n} \overline{I}_n^m (k, y-y_c) O_n^m (k, x-y_c), \quad |y-y_c| < |x-y_c|,$$
$$(6.14)$$

其中，y_c 是多级扩展中心，内部函数 I_n^m 定义为

$$I_n^m (k, y-y_c) = j_n (k |y-y_c|) Y_n^m \left(\frac{y-y_c}{|y-y_c|} \right),$$
$$(6.15)$$

$\overline{I}_n^m$ 是 I_n^m 的复共轭变量，外部函数定义为

$$O_n^m (k, x-y_c) = h_n^{(1)} (k |x-y_c|) Y_n^m \left(\frac{x-y_c}{|x-y_c|} \right),$$
$$(6.16)$$

其中，j_n 是第一类 n 阶球贝塞尔方程，$h_n^{(1)}$ 是第一类 n 阶球汉克尔方程，Y_n^m 是球谐函数

$$Y_n^m(x) = \sqrt{\frac{(n-m)!}{(n+m)!}} P_n^m(\cos\theta)\mathrm{e}^{\mathrm{i}m\varphi}, \quad n = 1,2,3,\cdots, \quad m = -n,\cdots,n, \quad (6.17)$$

其中，(ρ, θ, φ) 是 x 的球坐标。P_n^m 表示缔合勒让德函数，

$$P_n^m(x) = \left(1-x^2\right)^{m/2} \frac{\mathrm{d}^m}{\mathrm{d}x^m} P_n(x),$$
$$(6.18)$$

其中，$P_n(x)$ 表示 n 阶勒让德多项式。

类似地，基本解 $F(x,y)$ 的多极扩展表示为

$$F(x,y) = \frac{\mathrm{i}k}{4\pi} \sum_{n=0}^{\infty} (2n+1) \sum_{m=-n}^{n} O_n^m (k, x-y_c) \frac{\partial \overline{I}_n^m (k, y-y_c)}{\partial n(y)}, \quad |y-y_c| < |x-y_c|.$$
$$(6.19)$$

基于上述基本解的多级扩展，得到

$$\int\limits_{S_c} G(x,y)q(y)\mathrm{d}S(y)$$

$$=\frac{\mathrm{i}k}{4\pi}\sum_{n=0}^{\infty}(2n+1)\sum_{m=-n}^{n} M_{n,m}\left(k,y_c\right)O_n^m\left(k,x-y_c\right),\quad |y-y_c|<|x-y_c|,\tag{6.20}$$

$$\int\limits_{S_c} F(x,y)\phi(y)\mathrm{d}S(y)$$

$$=\frac{\mathrm{i}k}{4\pi}\sum_{n=0}^{\infty}(2n+1)\sum_{m=-n}^{n} \tilde{M}_{n,m}\left(k,y_c\right)O_n^m\left(k,x-y_c\right),\quad |y-y_c|<|x-y_c|,\tag{6.21}$$

其中，$M_{n,m}$ 和 $\tilde{M}_{n,m}$ 表示中心在 y_c 的多极矩，

$$M_{n,m}\left(k,y_c\right)=\int\limits_{S_c}\bar{I}_n^m\left(k,y-y_c\right)q(y)\mathrm{d}S(y),\tag{6.22}$$

$$\tilde{M}_{n,m}\left(k,y_c\right)=\int\limits_{S_c}\frac{\partial\bar{I}_n^m\left(k,y-y_c\right)}{\partial n\left(y\right)}\phi(y)\mathrm{d}S(y).\tag{6.23}$$

　　M2M (多极到多极) 传递的作用是将多极矩的中心从 y_c 传递到 $y_{c'}$，M2M 传递公式记为

$$M_n^m\left(k,y_{c'}\right)$$

$$=\sum_{n'=0}^{\infty}\sum_{m'=-n'}^{n'}\sum_{\substack{l=|n-n'|\\n+n'-l:\mathrm{even}}}^{n+n'}(2n'+1)(-1)^{m'}W_{n,n',m,m',l}\times I_l^{-m-m'}(k,y_c-y_{c'})M_{n',-m'}(k,y_c),$$

$$\tag{6.24}$$

其中，even 表示奇数，$|y-y_{c'}|<|x-y_{c'}|$，且

$$W_{n,n',m,m',l}=(2l+1)\mathrm{i}^{n'-n+l}\begin{pmatrix} n & n' & l \\ 0 & 0 & 0 \end{pmatrix}\times\begin{pmatrix} n & n' & l \\ m & m' & -m-m' \end{pmatrix},\tag{6.25}$$

$\begin{pmatrix} * & * & * \\ * & * & * \end{pmatrix}$ 表示 Wigner $3j$ 符号[184]。

　　基本解 $G(x,y)$ 的局部扩展表示为

$$\int\limits_{S_c} G(x,y)q(y)\mathrm{d}S(y)=\frac{\mathrm{i}k}{4\pi}\sum_{n=0}^{\infty}(2n+1)\sum_{m=-n}^{n} L_{n,m}\left(k,x_L\right)\bar{I}_n^m\left(k,x-x_L\right).\tag{6.26}$$

式 (6.26) 中的局部扩展系数可利用 M2L (多极到局部) 传递获得

$$L_{n,m}\left(k, x_L\right)$$

$$= \sum_{n'=0}^{\infty} \left(2n'+1\right) \sum_{m'=-n'}^{n'} \sum_{\substack{l=|n-n'| \\ n+n'-l:\mathrm{even}}}^{n+n'} W_{n',n,m',m,l}\tilde{O}_l^{-m-m'}\left(k, x_L - y_c\right) \times M_{n',m'}\left(k, y_c\right),$$

$$(6.27)$$

其中, x_L 表示局部扩展中心, $\tilde{O}_n^m$ 记为

$$\tilde{O}_n^m\left(k, x\right) = h_n^{(1)}\left(k\left|x\right|\right)\bar{Y}_n^m\left(\frac{x}{\left|x\right|}\right). \qquad (6.28)$$

类似地, 基本解 $F(x, y)$ 的局部扩展记为

$$\int_{S_c} F(x,y)\phi(y)\mathrm{d}S(y) = \frac{\mathrm{i}k}{4\pi} \sum_{n=0}^{\infty} \left(2n+1\right) \sum_{m=-n}^{n} L_{n,m}\left(k, x_L\right)\bar{I}_n^m\left(k, x - x_L\right), \quad (6.29)$$

式 (6.29) 中 $|x - x_L| < |y_c - x_L|$, 局部扩展系数记为

$$L_{n,m}\left(k, x_L\right)$$

$$= \sum_{n'=0}^{\infty} \left(2n'+1\right) \sum_{m'=-n'}^{n'} \sum_{\substack{l=|n-n'| \\ n+n'-l:\mathrm{even}}}^{n+n'} W_{n',n,m',m,l}\tilde{O}_l^{-m-m'}\left(k, x_L - y_c\right) \times \tilde{M}_{n',m'}\left(k, y_c\right).$$

$$(6.30)$$

基本解 $K(x, y)$ 的局部扩展记为

$$\int_{S_c} K(x,y)q(y)\mathrm{d}S(y) = \frac{\mathrm{i}k}{4\pi} \sum_{n=0}^{\infty} \left(2n+1\right) \sum_{m=-n}^{n} L_{n,m}\left(k, x_L\right)\frac{\partial \bar{I}_n^m\left(k, x - x_L\right)}{\partial n\left(x\right)},$$

$$(6.31)$$

式 (6.31) 中的局部扩展系数记为

$$L_{n,m}\left(k, x_L\right)$$

$$= \sum_{n'=0}^{\infty} \left(2n'+1\right) \sum_{m'=-n'}^{n'} \sum_{\substack{l=|n-n'| \\ n+n'-l:\mathrm{even}}}^{n+n'} W_{n',n,m',m,l}\tilde{O}_l^{-m-m'}\left(k, x_L - y_c\right) \times M_{n',m'}\left(k, y_c\right).$$

$$(6.32)$$

基本解 $H(x, y)$ 的局部扩展记为

$$\int_{S_c} H(x,y)\phi(y)\mathrm{d}S(y) = \frac{\mathrm{i}k}{4\pi}\sum_{n=0}^{\infty}(2n+1)\sum_{m=-n}^{n} L_{n,m}(k,x_L)\frac{\partial\bar{I}_n^m(k,x-x_L)}{\partial n(x)},$$

(6.33)

式 (6.33) 中的局部扩展系数记为

$$L_{n,m}(k,x_L)$$

$$= \sum_{n'=0}^{\infty}(2n'+1)\sum_{m'=-n'}^{n'}\sum_{\substack{l=|n-n'|\\n+n'-l:\text{even}}}^{n+n'} W_{n',n,m',m,l}\tilde{O}_l^{-m-m'}(k,x_L-y_c)\times\tilde{M}_{n',m'}(k,y_c).$$

(6.34)

下述 L2L (局部到局部) 传递用于将局部扩展中心从 L 转移到 L',

$$L_{n,m}(k,x_{L'})$$

$$= \sum_{n'=0}^{\infty}\sum_{m'=-n'}^{n'}\sum_{\substack{l=|n-n'|\\n+n'-l:\text{even}}}^{n+n'}(2n'+1)(-1)^m W_{n',n,m',-m,l}\times I_l^{m-m'}(k,x_{L'}-x_L)L_{n',m'}(k,x_L).$$

(6.35)

最后，Dirichlet 边界条件下的远场贡献可利用下述局部扩展计算获得

$$\sum_{j=1}^{N} f_{ij}\phi_j = \frac{\mathrm{i}k}{4\pi}\sum_{n=0}^{\infty}(2n+1)\sum_{m=-n}^{n} L_{n,m}(k,x_L)\left[\bar{I}_n^m(k,x_i-x_L)+\alpha\frac{\partial\bar{I}_n^m(k,x_i-x_L)}{\partial n(x_i)}\right].$$

(6.36)

Neumann 边界条件的远场贡献可利用局部扩展式 (6.37) 获得

$$\sum_{j=1}^{N} g_{ij}q_j = \frac{\mathrm{i}k}{4\pi}\sum_{n=0}^{\infty}(2n+1)\sum_{m=-n}^{n} L_{n,m}(k,x_L)\left[\bar{I}_n^m(k,x_i-x_L)+\alpha\frac{\partial\bar{I}_n^m(k,x_i-x_L)}{\partial n(x_i)}\right].$$

(6.37)

6.2.3　双层快速多极边界元方法

双层快速多极边界元方法的核心思想是以修正双层算法为框架，以边界元法为基础，在粗网格上耦合快速多极子算法加速矩阵向量乘法过程，从而大幅减少计算大规模声场时，边界元法所产生的高存储量和高计算量。相较双层奇异边界法，双层快速多极边界元方法使用快速多极子算法解决了粗网格矩阵仍为完全填充矩阵所导致的计算瓶颈，进一步减少了算法的计算复杂度和存储复杂度。首先，

相较于快速多极边界元法，双层快速多极边界元方法所特有的双层结构提供了前者所不具备的预调节功能，从而使 GMRES 求解器可以更加高效地求解所得到的大规模线性方程组。其次，双层快速多极边界元法仅使用粗网格评估远场相互作用，使用细网格评估近场相互作用。这种分布式评估方式在处理大规模粒子间相互作用时，具有更高的计算效率。修正双层算法的具体算法流程参见 5.2 节。特别地，在本章中，式 (5.1)，(5.3)，(5.6)，(5.7)，(5.9)，(5.11)，(5.14) 均由快速多极子算法进行加速。

6.3 数 值 算 例

本章数值方法的全局精度指标由全局平均相对误差 (Error) 衡量，

$$\text{Error} = \sqrt{\left.\sum_{i=1}^{NT} \left|\phi(i) - \bar{\phi}(i)\right|^2 \middle/ \sum_{i=1}^{NT} \left|\bar{\phi}(i)\right|^2}. \tag{6.38}$$

线性方程组 $A\lambda = b$ 的求解精度指标由局部平均相对误差 (Rerr) 衡量，

$$\text{Rerr} = \sqrt{\left.\sum_{i=1}^{N} \left|b_i - \sum_{j=1}^{N} A_{ij}\lambda_j\right|^2 \middle/ \sum_{i=1}^{N} |b_i|^2}. \tag{6.39}$$

算法收敛速率由式 (6.40) 给出

$$C = -2 \frac{\ln(\text{Error}(N_1)) - \ln(\text{Error}(N_2))}{\ln(N_1) - \ln(N_2)}. \tag{6.40}$$

本节所有计算结果，均在一台配置 16GB 内存，Intel Core i7-4710MQ 2.50 GHz Processor 的笔记本计算机上测试获得。MATLAB 2016b 和 COMSOL Multiphysics 5.3a 被用来编写算法程序和生成参考解。在快速多极子算法中，精度准则 ε 定义为 $p = -\log_2(\varepsilon)$ [185]，其中，p 为截断项数。如果没有特别说明，本研究中近场影响域特征半径 $r_0 = 3R_{\Omega_1}^0$，其中，$R_{\Omega_1}^0$ 表示粗网格平均特征半径。快速多极子算法、双层快速多极边界元方法、GMRES 求解器的精度准则分别设置为 5×10^{-4}，1×10^{-4} 和 1×10^{-4}。

算例 6.1(a) (Dirichlet 边界条件) 考虑如图 4.6 所示的单位脉动球模型。在脉动球模型中，球面上的每一点均以相同的振幅、相同的相位和相同的速度振动。本模型的控制方程是三维 Helmholtz 方程，解析解为

$$\phi(r) = v_0 \frac{ikc\rho a^2}{1 - ika} \frac{\text{e}^{ik(r-a)}}{r},$$

其中，$a = 1\text{m}$ 表示脉动球的半径，$c = 343\text{m/s}$ 表示声速，$\rho = 1.2\text{kg/m}^3$ 表示空气密度，$v_0 = 3\text{m/s}$ 表示球面振动速度，k 表示波数。测试点布置在半径为 3m 的球面上。

工况 6.1 (a.1)   本工况测试双层快速多极边界元方法的收敛速率。粗网格自由度设置为 1600，波数 k 设置为 10。图 6.1 描绘了双层快速多极边界元方法随自由度增加而变化的收敛曲线。

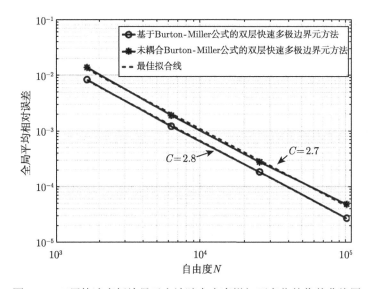

图 6.1   双层快速多极边界元方法随自由度增加而变化的收敛曲线图

从图 6.1 中观察到，基于 Burton-Miller 公式的双层快速多极边界元方法和未耦合 Burton-Miller 公式的双层快速多极边界元方法具有相似的收敛速率，它们均以 2.8 阶收敛。这表明 Burton-Miller 公式未影响边界元法的收敛速率。由于耦合 Burton-Miller 公式后，双层快速多极边界元方法的计算复杂度增加了一倍，因此，基于 Burton-Miller 公式的双层快速多极边界元方法的计算速度要稍稍慢于未耦合 Burton-Miller 公式的双层快速多极边界元方法。

当细网格自由度为 101875 时，基于 Burton-Miller 公式的双层快速多极边界元方法耗费 434.48s 生成了平均相对误差为 Error=2.69×10^{-5} 的数值解。未耦合 Burton-Miller 公式的双层快速多极边界元方法耗费 221.69s 获得类似结果。如果做一个简单的对比，当取同样数目自由度时，基于 Burton-Miller 公式的快速多极边界元方法则需要耗费 1.03×10^3s 获得平均相对误差为 Error=2.52×10^{-5} 的数值解。

工况 6.1(a.2)   本工况测试双层快速多极边界元方法的计算复杂度。粗网格自由度取为 1600，波数 k 为 5，图 6.2 表现了双层快速多极边界元方法和快速多极边界元方法随自由度数目变化的 CPU 时间曲线。

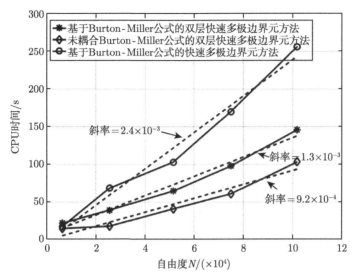

图 6.2　随自由度数目变化的 CPU 时间曲线

由图 6.2 发现，两种算法的 CPU 时间曲线均随自由度数目的增加几乎呈线性增长。还可以观察到，基于 Burton-Miller 公式的快速多极边界元方法的 CPU 时间曲线斜率几乎是基于 Burton-Miller 公式的双层快速多极边界元方法曲线斜率的两倍。

工况 6.1 (a.3)　本工况测试双层快速多极边界元方法的存储需求。为了简单起见，波数 k 设置为 1。双层快速多极边界元方法的相关计算结果列于表 6.1 中。图 6.3 分别展示在双层快速多极边界元方法中的细网格稀疏矩阵和边界元中的完全填充矩阵的不同存储需求曲线。

表 6.1　基于 Burton-Miller 公式的双层快速多极边界元方法计算结果

粗网格自由度	1646	6316	13820	19000	25529
细网格自由度	6136	25529	51480	74982	101875
Rerr (Tol=1×10^{-4})	8.71×10^{-6}	8.63×10^{-5}	7.73×10^{-5}	6.30×10^{-5}	4.54×10^{-5}
Error	2.25×10^{-5}	8.88×10^{-5}	7.68×10^{-5}	6.17×10^{-5}	4.42×10^{-5}
细网格矩阵填充率	5.72×10^{-3}	1.47×10^{-3}	6.97×10^{-4}	4.95×10^{-4}	3.65×10^{-4}

由图 6.3 注意到，双层快速多极边界元方法中的细网格稀疏矩阵的存储需求随自由度的增加几乎呈线性增长。由图 6.2 和图 6.3 还可以得出结论，当使用快速多极子算法和修正双层算法加速边界元后，双层快速多极边界元在计算三维声

场时，具有 $O(N)$ 的计算复杂度和存储复杂度。

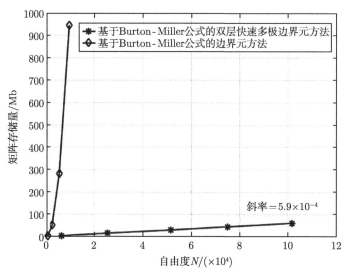

图 6.3   细网格稀疏矩阵和完全填充矩阵存储需求曲线

算例 6.1 (b)   (Neumann 边界条件) 考虑同算例 6.1(a) 中的脉动球模型。本算例测试 Neumann 边界条件下，双层快速多极边界元方法的计算效率。测试点布置在半径为 3m 的球面上。计算脉动球周围的声压值。控制方程为

$$
\begin{cases}
\nabla^2 \phi(x,y,z) + k^2 \phi = 0, & (x,y,z) \in \Omega^e, \\
\bar{q}(x,y,z) = \dfrac{\partial \bar{\phi}(x,y,z)}{\partial n}, & (x,y,z) \in S, \\
\lim\limits_{r \to \infty} r\left(\dfrac{\partial \phi}{\partial r} - \mathrm{i}k\phi\right) = 0, & r = \sqrt{x^2+y^2+z^2}.
\end{cases}
$$

其中，

$$
\phi(r) = v_0 \frac{\mathrm{i}kc\rho a^2}{1 - \mathrm{i}ka} \frac{\mathrm{e}^{\mathrm{i}k(r-a)}}{r}.
$$

工况 6.1 (b.1)   测试双层快速多极边界元方法 Neumann 边界条件下的收敛速率。粗网格自由度设为 15284，波数 k 分别取为 1，5 和 10。绘制随细网格自由度增加而变化的收敛曲线图 6.4。

从图 6.4 可以发现，双层快速多极边界元方法的收敛速率并未受到不同边界条件、不同波数或者 Burton-Miller 公式的影响。图 6.4 中所有曲线随自由度的增加均呈线性收敛。

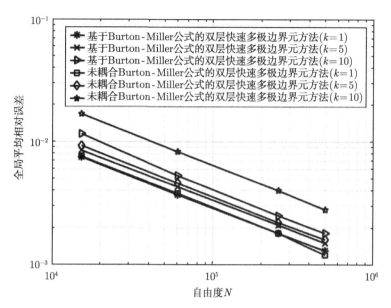

图 6.4　Neumann 边界条件双层快速多极边界元方法收敛曲线

工况 6.1 (b.2)　本工况测试粗网格采样频率。细网格自由度设置为 15284，波数为 10，相关计算结果列于表 6.2 和表 6.3 中。

注意到双层快速多极边界元方法粗网格采样频率仅需 $N/\lambda = 2.54$ 左右即可生成精度可接受的数值解。与之形成鲜明对比，在快速多极边界元方法中，则需要在每个方向、每个波长上布置 22 个自由度才能生成精度可接受的数值解。

表 6.2　双层快速多极边界元方法采样频率计算表

粗网格自由度	206	296	402	512	830	1226	2594
粗网格采样频率 N/λ	2.54	3.05	3.55	4.01	5.11	6.21	9.03
Rerr (Tol $=1\times10^{-4}$)	9.08×10^{-5}	5.79×10^{-5}	5.68×10^{-5}	7.43×10^{-5}	2.82×10^{-5}	4.30×10^{-5}	5.22×10^{-5}
Error	1.67×10^{-2}	1.67×10^{-2}	1.66×10^{-2}	1.67×10^{-2}	1.66×10^{-2}	1.66×10^{-2}	1.67×10^{-2}
CPU 时间/s	60.15	17.66	11.06	7.62	7.60	8.65	13.27
步骤 4~7 迭代次数	34	11	7	5	4	3	2
粗网格稀疏矩阵填充率	4.30×10^{-2}	3.00×10^{-2}	2.23×10^{-2}	1.74×10^{-2}	1.08×10^{-2}	7.28×10^{-3}	3.41×10^{-3}

表 6.3　快速多极边界元方法采样频率计算情况表

自由度	206	512	830	1226	2594	15284
采样频率 N/λ	2.54	4.01	5.11	6.21	9.03	21.91
Error	2.47×10^{-1}	1.14×10^{-1}	8.33×10^{-2}	6.32×10^{-2}	4.23×10^{-2}	1.68×10^{-2}
CPU 时间/s	0.18	0.18	0.50	1.15	2.02	9.77

从表 6.2 中，还可以发现如下现象：

(1) 粗网格自由度数目并不影响算法最终的数值精度；

(2) 粗网格采样频率越高，修正双层算法的迭代步骤 4~7 步就会越少；

(3) 当细网格自由度一定时，算法消耗的 CPU 时间随着粗网格自由度的增加先减少后增加。

针对上述现象，一些相应的解释是：

(1) 双层快速多极边界元方法最终求解的是细网格上的大规模线性方程组，因此算法的最终精度由细网格自由度数目决定；

(2) 粗网格采样频率越高，粗网格的校正作用就越强，所提供的初始迭代向量就越接近解析值；

(3) 当细网格自由度一定时，随着粗网格采样频率的增加，修正双层算法的迭代步骤 4~7 步就越少，每次粗网格上线性方程组的求解时间会相应增加。在此消彼长的过程中，算法的宏观 CPU 时间表现为先减少后增加。

工况 6.1 (b.3)　本工况测试外域声场计算在特征频率附近解的非唯一性。边界条件记为

$$\bar{q}(x,y,z) = \frac{\partial \bar{\phi}(x,y,z)}{\partial n} \cdot (1+\delta), \quad (x,y,z) \in S,$$

其中，δ 表示边界上添加的随机噪声。绘制当波数从 0.1 增至 10 过程中的频率扫描图，如图 6.5 所示。粗网格自由度设置为 943，细网格自由度设置为 3686，测试点布置在 $(2a, 0, 0)$ 处。

由图 6.5 观察到，基于 Burton-Miller 公式的双层快速多极边界元方法在特征频率附近克服了解的非唯一性现象。随着波数的增加，基于 Burton-Miller 公式的双层快速多极边界元方法的数值解始终和解析解拟合良好。与之对应，当未耦合 Burton-Miller 公式时，双层快速多极边界元方法的数值解在特征频率附近则出现了剧烈的跳动，严重偏离了解析解。特别需要指出的是，本研究使用源点强度因子技术解决基本解的源点奇异性和超奇异性。因此，传统边界元方法中耗时费力的奇异积分和超奇异积分[186-188] 遂得以避免。

算例 6.2　考虑图 4.14 所示的单位散射球模型，$a = 1\text{m}$，$c = 343\text{m/s}$，测试点布置在 $(2a, 0, 0)$ 处，粗网格自由度取为 943，细网格自由度取为 3686。本算例的控制方程为三维 Helmholtz 方程，考虑一束振幅为 $\phi_0 = 1$ 的沿 +z 方向传播的平面声波

$$\phi_I = \phi_0 \mathrm{e}^{\mathrm{i}kz}.$$

散射波表达式记作

$$\phi_S = \sum_{l=0}^{N} \chi_l h_l(kr) P_l(\cos(\theta)),$$

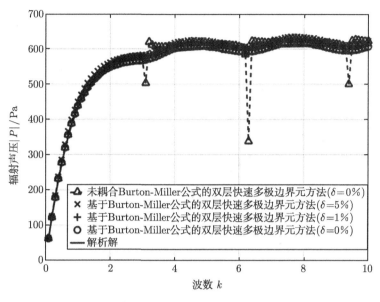

图 6.5 声压 $|P|$ 频率扫描图

其中，h_l 表示第一类 l 阶球汉克尔函数，P_l 表示 l 阶勒让德多项式，χ_l 表示由边界条件决定的系数。

对于软边界条件，散射球表面总声压为 0，因此，

$$\phi_I + \phi_S = 0, \quad (x, y, z) \in S.$$

系数 χ_l 满足

$$\chi_l = -\phi_0(2l + 1)i^l \frac{j_l(ka)}{h_l(ka)}, \quad a = 1,$$

其中，j_l 表示球贝塞尔函数。图 6.6 绘制了软边界散射球的散射声压频率扫描图。

对于硬边界条件，散射球表面的总声压梯度为 0，因此，

$$\frac{\partial \phi_S}{\partial n} + \frac{\partial \phi_I}{\partial n} = 0, \quad r = a.$$

系数 χ_l 满足

$$\chi_l = -\phi_0(2l + 1)i^l \frac{lj_{l-1}(ka) - (l + 1)j_{l+1}(ka)}{lh_{l-1}(ka) - (l + 1)h_{l+1}(ka)}.$$

硬边界散射球的散射声压频率扫描图绘制在图 6.7 中。

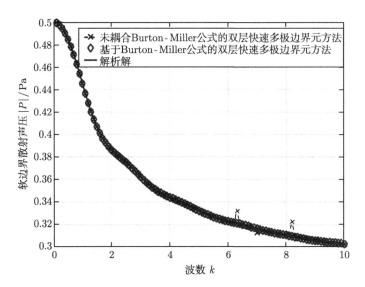

图 6.6　软边界散射球的散射声压 $|P|$ 频率扫描图

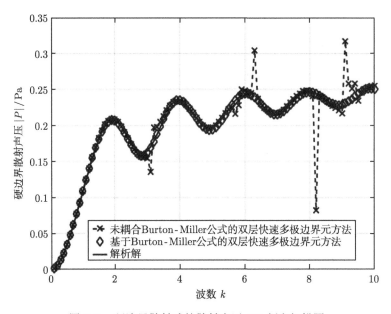

图 6.7　硬边界散射球的散射声压 $|P|$ 频率扫描图

　　由图 6.6 和图 6.7 观察到，基于 Burton-Miller 公式的双层快速多极边界元方法的数值解随着波数变化始终和解析解拟合良好，在特征频率附近，未出现解的离散现象。本算例表明，基于 Burton-Miller 公式的双层快速多极边界元方法对具有复杂自然边界条件的声场计算仍然适用。

算例 6.3 考虑一束射向一个圆环模型的平面声波的散射问题。圆环表面的曲线方程为

$$\{(x,y,z)\,|\,x=(R+r\cos\varphi)\cos\theta, y=(R+r\cos\varphi)\sin\theta, z=r\sin\varphi, 0\leqslant\theta,\varphi<2\pi\},$$

如图 6.8 所示。其中，$R=10\text{m}$，$r=2\text{m}$，声速 $c=1480\text{m/s}$。一束振幅为 $\phi_0=1$，沿 $+x$ 方向入射的声波记为

$$\phi_I = \phi_0 \mathrm{e}^{\mathrm{i}kx}.$$

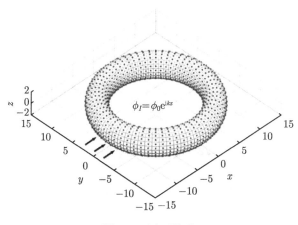

图 6.8　圆环模型

工况 6.3.1 本工况考虑软边界条件声散射。设置粗网格自由度为 2700。由于本算例不存在解析解，所以，将细网格自由度为 132300 时的基于 Burton-Miller 公式的双层快速多极边界元方法的解作为参考解。测试点布置在半径为 20m 的球面上。当测试频率分别为 100Hz、200Hz 和 400Hz 时，基于 Burton-Miller 公式的双层快速多极边界元方法的解的收敛曲线被绘制在图 6.9 中。

由图 6.9 发现，在不同测试频率下，双层快速多极边界元方法的解的收敛曲线均以 3.5 阶保持快速收敛。

工况 6.3.2 本工况考虑硬边界条件圆环模型声散射问题。粗网格自由度设置为 4800，细网格自由度为 43200，测试频率为 $f=400\text{Hz}$。在图 6.10 中绘制 xz 平面上的散射声压。计算报告显示，基于 Burton-Miller 公式的双层快速多极边界元方法花费 575.82s 生成了图 6.10，其中修正双层算法的迭代步骤 4~7 共迭代了 4 次，生成数值解的局部平均相对误差为 Rerr=2.59×10^{-5}。

用 COMSOL 计算同样的问题并做一个快速对比。计算域取半径为 20m，高为 6m 的圆柱。采样频率设置为 10，自由度取 4836663，测试频率 $f=400\text{Hz}$。计算报告显示 COMSOL 耗费 772s 生成了图 6.11。

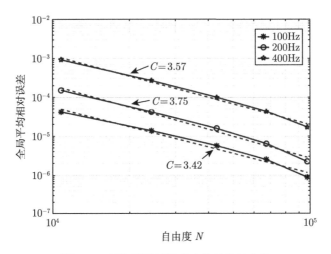

图 6.9　硬边界圆环模型声散射收敛曲线

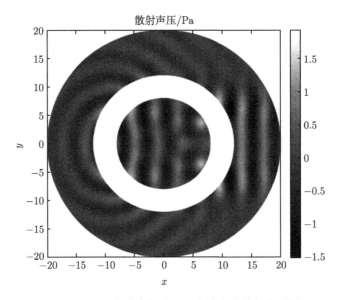

图 6.10　双层快速多极边界元方法生成散射声压图

　　在图 6.10 中，任意取 50 个点作为测试点，以 COMSOL 的计算结果作为参考解，则双层快速多极边界元方法的解的全局平均相对误差为 1.81%。

　　需要强调的是，作为一款新型数值算法，双层快速多极边界元方法仍然具有巨大的改进潜力。而作为一款成熟的商业软件，COMSOL 中的有限元代码已经被充分地优化了。然而即便如此，仍然可以发现，双层快速多极边界元方法耗费的 CPU 时间和所需自由度数目仍仅分别为 COMSOL 的 75% 和 0.89%。

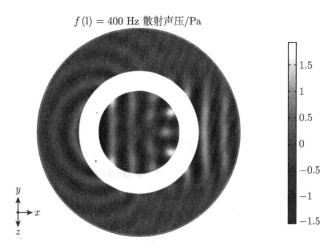

图 6.11 COMSOL 生成散射声压图

算例 6.4 本算例考虑一艘基洛级潜艇的水下声散射问题。基洛级潜艇的尺寸为 73.26m×9.9m×14.28m,如图 6.12 所示。水下声速 $c = 1480$m/s,考虑一束振幅为 $\phi_0 = 1$,沿 $-x$ 方向传播的平面声波

$$\phi_I = \phi_0 \mathrm{e}^{-\mathrm{i}kx}.$$

声压级 (dB) 定义为

$$\mathrm{SPL} = 20\lg[p(e)/p(\mathrm{ref})],$$

其中,参考声压 $p(\mathrm{ref})$ 取为 1×10^{-6}Pa。

图 6.12 基洛级潜艇模型

工况 6.4.1 本工况潜艇表面视为软边界条件。粗网格自由度取为 5207,细网格自由度取为 54692。测试点布置在 xy 平面半径为 200m 的圆上。20Hz 条件下,潜艇周围散射声压级极坐标曲线,如图 6.13 所示,其中,$+x$ 方向被设置为 $0°$ 方向。

如果使用未耦合 Burton-Miller 公式的双层快速多极边界元方法的解作为参考解,计算报告显示,基于 Burton-Miller 公式的双层快速多极边界元方法花费 297.17s 生成了精度 Error=3.88×10^{-4} 和 Rerr=9.70×10^{-5} 的数值解,其中,修正双层算法的迭代步骤 4~7 步迭代了 2 次。

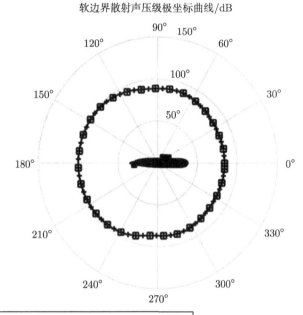

图 6.13　基洛级潜艇周围散射声压级极坐标曲线

在相同自由度数目下，基于 Burton-Miller 公式的快速多极边界元方法计算相同问题，则需要耗费 672.98s 才能生成局部平均相对误差 Rerr=9.84×10^{-5} 的数值解。此外，需要指出的是，由于本算例的计算域过大，COMSOL 无法在内存为 16GB 的单台笔记本计算机上模拟该软边界条件潜艇水下声散射问题。

工况 6.4.2　本工况考虑硬边界条件潜艇水下声散射问题。粗网格自由度取为 5207，细网格自由度取为 102396。图 6.14 绘制了在 xz 平面上，100Hz 时潜艇周围的总声压级分布。

计算报告显示，双层快速多极边界元方法耗费 1.08×10^{3}s 生成了精度 Rerr=7.44×10^{-5} 的数值解，其中修正双层算法 4~7 步的迭代步骤共迭代 7 次。需要指出的是，由于高频声波在水中衰减很快，因此，对大规模低频声场的高效计算在水声学领域具有非常重要的现实意义。

算例 6.5　本算例分析 A-320 客机的空中声散射问题。A-320 客机模型的尺寸为 39.03m×33.77m×4.33m，如图 6.15 所示。声速 $c = 343$m/s，考虑一束具有振幅 $\phi_0 = 1$ 的沿 $-z$ 方向传播的平面声波

$$\phi_I = \phi_0 \mathrm{e}^{-\mathrm{i}kz}.$$

参考声压 $p(\text{ref})$ 取为 $2\times10^{-5}\text{Pa}$。

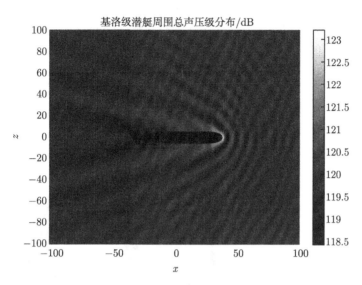

图 6.14　基洛级潜艇周围总声压级分布

图 6.15　A-320 客机模型

工况 6.5.1　本工况考虑 A-320 客机在硬边界条件下的声散射计算。粗网格自由度取为 2689，细网格自由度取为 30696。测试点布置在 xz 平面半径为 25m 的圆上。图 6.16 绘制了 20Hz 时飞机周围散射声压级极坐标曲线，其中 $+x$ 方向被设置为 0° 方向。

计算报告显示，基于 Burton-Miller 公式的双层快速多极边界元方法耗费 $1.43\times10^{3}\text{s}$ 生成了精度在 Rerr=5.99×10^{-5} 的数值结果，其中迭代步骤 4~7 步共迭代 9 次。如果以未耦合 Burton-Miller 公式的双层快速多极边界元方法的解作为参考解，则基于 Burton-Miller 公式的双层快速多极边界元方法的数值解的全局平均相对误差为 Error = 2.41×10^{-3}。

其后，使用 COMSOL 计算相同的问题。计算域取半径为 25m，高为 14m 的圆柱。采样频率设置为 30，自由度设置为 4562979，计算频率 $f = 20$Hz。计算报告显示，COMSOL 耗费 2554s 生成了类似的数值结果。如果以未耦合 Burton-Miller 公式的双层快速多极边界元方法的解作为参考解，COMSOL 所得数值解的全局平均相对误差为 1.37%。

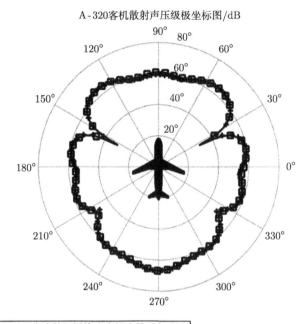

图 6.16　A-320 客机散射声压级极坐标分布图

　　注意到本工况中，基于 Burton-Miller 公式的双层快速多极边界元方法耗费的 CPU 时间和所需自由度数目分别仅为 COMSOL 的 55.82% 和 0.67%。比较算例 6.3 中计算数据可以发现，双层快速多极边界元方法相较于 COMSOL 的 CPU 时间占比显著减少。这一现象是由于修正双层算法的预调节作用随着所计算问题复杂性的增加，其所发挥的作用愈发明显。

　　工况 6.5.2　本工况考虑 A-320 客机在软边界条件下的声散射问题。粗网格自由度取为 20340，细网格自由度取为 309051。绘制 $f = 100$Hz 时，xz 平面上的总声压级分布，如图 6.17 所示。

　　计算报告显示，双层快速多极边界元方法耗费 5.61×10^3s 生成了精度 Rerr= 8.38×10^{-5} 的数值解，其中修正双层算法的迭代步骤 4~7 步迭代了 6 次。需要强调的是，本算例的无量纲波数达到了 $kd = 71.5$，其中，d 表示计算域特征直径。

有趣的是, 在文献 [14,45] 中, Qu 使用对角型快速多极奇异边界法计算了一个类似的飞机 (33.2m×25.5m×7.1m) 声散射问题, 其中, 自由度数目为 125822, GMRES 求解器的收敛准则为 $1×10^{-3}$, 每个子集中的最大允许自由度设置为 100, 测试频率 $f = 100$Hz ($kd = 60.8$)。最终计算报告显示, 对角型快速多极奇异边界法耗费 2644s 生成了精度可接受的数值解。

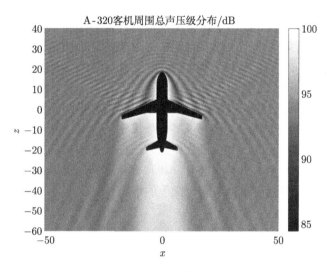

A-320客机周围总声压级分布/dB

图 6.17   A-320 客机周围总声压级分布

为了做一个快速比较, 设置快速多极子算法、双层快速多极边界元方法和 GMRES 求解器的收敛准则分别为 $5×10^{-4}$、$1×10^{-3}$ 和 $1×10^{-3}$。测试频率取为 85Hz ($kd = 60.8$)。粗网格自由度为 5101, 细网格自由度为 127789。计算报告显示, 双层快速多极边界元方法耗费 515.41s 生成了类似的数值结果, 其中 Rerr=$5.36×10^{-4}$, 修正双层算法的迭代步骤 4~7 步共迭代了 3 次。

经比较可以发现, 在无量纲波数相同, 自由度数目相似的条件下, 双层快速多极边界元方法仅耗费了相当于对角型快速多极奇异边界法 19.5% 的 CPU 时间就生成了类似精度的数值解。

6.4   本 章 小 结

本章以第 5 章所提出修正双层算法为框架, 以边界元方法为基础, 通过在粗网格耦合快速多极子算法, 进一步加速了粗网格线性方程组的求解过程, 开发出了一种用于计算大规模声场的基于 Burton-Miller 公式的双层快速多极边界元方法。目前的双层快速多极边界元方法由于耦合了 Burton-Miller 公式, 克服了边界元方法在计算外域声场时在特征频率附近出现的解的离散现象。相较于快速多极边界元方法，双层快速多极边界元方法由于双层结构的引入，一方面，在评估粒子相互作用方面效率显著提高；另一方面，修正双层算法所特有的预调节功能，也赋予了双层快速多极边界元方法在求解大规模声场所导致的大规模、高病态矩阵方面具有较为明显的优势。

　　通过一系列复杂工程实例测试，基于 Burton-Miller 公式的双层快速多极边界元方法在声场计算方面表现出了比快速多极边界元方法和 COMSOL 更高的计算效率。在基洛级潜艇的水下声散射实验中，目前的算法比快速多极边界元方法的计算速度快了约 56%；在 A-320 客机空中声散射实验中，目前的算法比 COMSOL 的计算速度快了约 44%。

　　然而，由于耦合了快速多极子算法，双层快速多极边界元方法在获得更高计算效率的同时，不可避免地退化为了核依赖算法，同时，算法编程复杂度也有所增加。但瑕不掩瑜，双层快速多极边界元方法在大规模声场分析领域仍然表现出了巨大的优势。经过进一步的改进后，其有望具有和快速多极边界元方法、快速傅里叶变换算法等主流快速算法同台竞争的潜力。

第 7 章 大规模科学与工程高精度计算的 修正多层算法

7.1 引   言

半解析边界配点法[189,190]作为一种高效的数值模拟手段，在科学和工程计算领域有着广泛的应用。相比有限元方法[191]，一方面，如边界元方法[192,193]、奇异边界法[194,195]、边界函数法[196]等半解析边界配点法由于仅需边界剖分，故可使所研究问题的计算维度降低一维。另一方面，不同于有限元方法使用具有模型误差的形函数作为插值函数，半解析边界配点法使用具有实际物理意义的基本解作为插值基函数，故其误差仅来源于离散误差。因此，理论上半解析边界配点法具有比有限元方法更高的计算精度。

目前，半解析边界配点法在科学和工程计算领域仍然无法取代有限元法的主导地位。这主要是因为半解析边界配点法在数学上会导致一个大规模的完全填充矩阵。当使用高斯求解器[197,198]求解这类矩阵时，其具有 $O(N^3)$ 的计算复杂度和 $O(N^2)$ 的存储复杂度。当使用 GMRES 求解器[128,199] 时，其计算量与存储量和自由度的关系降为 $O(N^2)$。毫无疑问，随着自由度的增加，这种对计算资源呈几何量级膨胀的需求是单台计算机所难以承受的。计算上的困难，构成了半解析边界配点法走向实际工程应用的主要技术障碍。克服这一瓶颈的常用策略是将半解析边界配点法与快速多极子算法耦合，如快速多极子算法[200,201]、预校正快速傅里叶变换算法[202,203]、多层快速多极子算法[204-206] 等。但此策略只能起到降低存储和计算复杂度的作用，最终仍必须求解一个完全稠密的高病态矩阵。GMRES 求解器无法有效求解这种高度病态的稠密线性方程组。且上述快速算法在数学和编程上都是极其复杂的。对于一般的工程技术人员，这种使用和理解上的复杂性，构成了快速半解析边界配点法在工程计算中进一步推广，走向实际应用的一个巨大障碍。

本着简单、高效、易用的设计理念，在第 5 章中，本书提出了一种新颖的核独立快速算法——修正双层算法[49,94]。该技术的核心思想是通过忽略远场贡献残差，将大规模稠密矩阵转化为细网格上局部支撑的稀疏矩阵来降低计算量和存储量。其后基于粗网格校正由忽略远场贡献残差产生的模型误差，再进一步利用细网格递归计算。如此不断地利用粗网格校正低频误差分量，细网格去除高频光滑分量，经过若干次粗细网格间的递归计算，期望消除所有的误差分量。修正双层网格技术包括三个逻辑步骤，即：计算初始迭代向量、递归计算过程和修正计算过程。由于可在粗网格上耦合快速多极子技术，因此修正双层网格技术可使半解析边界配点法的计算复杂度和存储复杂度由 $O(N^2)$ 降至 $O(N)$。但不同于快速多极子技术最终仍需求解一个大规模满阵，修正双层网格技术仅需求解一个在粗网格上的小规模满阵，以及一组在细网格上的大规模稀疏矩阵。所需求解的粗网格矩阵虽仍为满阵，但规模较小，且可被快速多极子技术加速求解；细网格矩阵虽规模较大，却属于稀疏矩阵，GMRES 求解器耗费较少的迭代次数即可求解此类矩阵。目前修正双层算法及其衍生算法已被成功用于计算大规模位势问题[49,95]和大规模声场[94,96]。

　　本章对修正双层算法进一步延展，将算法结构由双层空间拓展至多层空间，进一步减少算法稀疏矩阵的存储需求，提高算法对大规模粒子间相互作用的评估效率。修正多层算法[97]的核心思想是逐层计算和逐层校正。修正双层算法的细网格矩阵被分解为分属不同层级细网格的一系列填充率较小的稀疏矩阵。相较于修正双层算法的双层结构，修正多层算法的多层结构以更加高效的渐进模式评估近场贡献。本章选择奇异边界法作为基础算法耦合修正多层算法，开发出一种多层奇异边界法用于大规模科学和工程计算。

　　本章其余部分安排如下，7.2 节介绍了修正多层算法的数值技术；7.3 节通过四个基础算例测试了修正多层算法在大规模声场计算和位势问题中的应用；7.4 节对本章内容作了一个总结展望。

7.2　修正多层算法

7.2.1　修正双层算法回顾

　　修正双层算法的核心思想是通过在细网格上忽略远场贡献残差，实现对完全填充的大规模稠密矩阵的稀疏化改造。其后，进一步通过粗细网格间的递归计算，不断使用粗网格进行校正，细网格进行磨平，最终求得满足精度要求的数值解。图 7.1(a) 和 (b) 绘制了粗网格和细网格的元素关系示意图。本节以函数的形式给

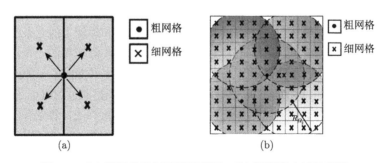

图 7.1　(a) 粗网格和细网格示意图；(b) 近场影响域示意图

出修正双层算法的算法流程，相关变量命名列于表 7.1 中，其中 $m = 2$，如不加特殊说明，修正双层算法仍选择奇异边界法作为基础算法。

表 7.1 修正双层算法变量命名

A	插值矩阵	α^k	第 k 次残差解	I^-	逆投影算子
b	已知右端项	χ^k	第 k 次精确残差	I^+	正投影算子
C	稀疏矩阵	V^k	第 k 次近似残差	Ω_n	第 n 层网格角标
β	未知向量	λ^k	第 k 次近似解	R	近场影响域特征半径
Tol	预设收敛准则	γ^k	第 k 次精确解	Rerr^k	第 k 次边界平均相对误差

修正双层算法的伪代码：

函数 MDA_Basic。

函数 MDA_Basic 的作用是求解线性方程组 $A_{\Omega_2}\beta_{\Omega_2} = b_{\Omega_2}$。

步骤 1 (计算远场贡献)。

子步骤 1.1

$$A_{\Omega_1}\lambda_{\Omega_1}^0 = b_{\Omega_1}. \tag{7.1}$$

子步骤 1.2

$$\lambda_{\Omega_2}^0 = I^+\lambda_{\Omega_1}^0. \tag{7.2}$$

步骤 1 在粗网格上进行。需要注意的是，粗网格上的插值矩阵仍是稠密矩阵。式 (7.1) 的目的是获得粗网格上的 $\lambda_{\Omega_1}^0$，其后将其映射到细网格上，获得 $\lambda_{\Omega_2}^0$。步骤 1 利用粗网格完成远场贡献的评估。

步骤 2 (计算初始迭代向量)。

子步骤 2.1

$$V_{\Omega_2}^0 = b_{\Omega_2} - A_{\Omega_2}\lambda_{\Omega_2}^0. \tag{7.3}$$

子步骤 2.2

$$C_{\Omega_2}\alpha_{\Omega_2}^0 = V_{\Omega_2}^0, \tag{7.4}$$

子步骤 2.3

$$\gamma_{\Omega_2}^0 = \lambda_{\Omega_2}^0 + \alpha_{\Omega_2}^0. \tag{7.5}$$

步骤 2 在细网格上进行。假定由粗网格所计算的远场贡献是足够精确的，则细网格上的初始近似残差 $V_{\Omega_2}^0$ 可以被看作仅由近场贡献造成。细网格稀疏矩阵 C_{Ω_2} 满足：如果 $\left|x_{\Omega_2}^i - y_{\Omega_2}^j\right| \leqslant R_{\Omega_2}$，则 $C_{\Omega_2}^{ij} = A_{\Omega_2}^{ij}$(非零元素表示近场贡献)，其中 $R_{\Omega_2} = \sqrt{S_{\Omega_1}/\pi}$，$S_{\Omega_1}$ 表示粗网格点的平均影响域面积；否则，$C_{\Omega_2}^{ij} = 0$(零元素表示远场贡献残差被忽略)。通过这一步，细网格上的矩阵被转化为稀疏矩阵。从求解线性方程组角度考虑，步骤 1 和步骤 2 的作用是提供初始迭代向量，减少迭代求解器的迭代次数。

步骤 3 (检查循环条件)。

$$\mathrm{Rerr}_{\Omega_2}^0 = \sqrt{\sum_{i=1}^{N_{\Omega_2}} \left| b_{\Omega_2}^i - \sum_{j=1}^{N_{\Omega_2}} A_{\Omega_2}^{ij} \left(\gamma_{\Omega_2}^0 \right)_j \right|^2 \Big/ \sum_{i=1}^{N_{\Omega_2}} \left| b_{\Omega_2}^i \right|^2}. \tag{7.6}$$

步骤 3 在细网格上进行。由于忽略了远场贡献残差,式 (7.4) 会产生模型误差。因此,步骤 3 给出循环条件,修正由忽略远场贡献残差所造成的模型误差。如果 $\mathrm{Rerr}_{\Omega_2}^0 > \mathrm{Tol}$,进入步骤 4 开始循环;否则,$\beta_{\Omega_2} = \gamma_{\Omega_2}^0$ 即为所求解,函数结束。

步骤 4 (开始循环)。

子步骤 4.1

$$\chi_{\Omega_2}^k = b_{\Omega_2} - A_{\Omega_2} \gamma_{\Omega_2}^k. \tag{7.7}$$

子步骤 4.2

$$\chi_{\Omega_1}^k = I^- \chi_{\Omega_2}^k. \tag{7.8}$$

步骤 4 在细网格上进行。递归计算从这一步开始。$\chi_{\Omega_2}^k$ 由忽略远场贡献残差产生,即由于矩阵的稀疏化过程:$A_{\Omega_2} \to C_{\Omega_2}$,产生的模型误差造成了第 k 次精确残差 $\chi_{\Omega_2}^k$ 的出现。因此,使用逆投影算子 I^-,将 $\chi_{\Omega_2}^k$ 映射到粗网格上,开始进行模型误差的修正过程。

步骤 5 (修正过程)。

子步骤 5.1

$$A_{\Omega_1} \alpha_{\Omega_1}^k = \chi_{\Omega_1}^k. \tag{7.9}$$

子步骤 5.2

$$\alpha_{\Omega_2}^k = I^+ \alpha_{\Omega_1}^k. \tag{7.10}$$

步骤 5 在粗网格上进行。步骤 5 使用粗网格从全局贡献的角度修正由式 (7.4) 产生的模型误差。式 (7.7)~(7.10) 表示算法修正过程。

步骤 6 (递归计算过程)。

子步骤 6.1

$$\lambda_{\Omega_2}^{k+1} = \gamma_{\Omega_2}^k + \alpha_{\Omega_2}^k. \tag{7.11}$$

子步骤 6.2

$$V_{\Omega_2}^{k+1} = b_{\Omega_2} - A_{\Omega_2} \lambda_{\Omega_2}^{k+1}. \tag{7.12}$$

子步骤 6.3

$$C_{\Omega_2} \alpha_{\Omega_2}^{k+1} = V_{\Omega_2}^{k+1}. \tag{7.13}$$

子步骤 6.4

$$\gamma_{\Omega_2}^{k+1} = \lambda_{\Omega_2}^{k+1} + \alpha_{\Omega_2}^{k+1}. \tag{7.14}$$

步骤 6 在细网格上进行。式 (7.13) 表示使用近场贡献在细网格上进一步磨平 $\lambda_{\Omega_2}^{k+1}$。需要注意的是，式 (7.4) 和 (7.13) 的右端项均是残差向量。这表示在细网格上，计算的是未知向量的残差而不是未知向量本身。式 (7.11)~(7.14) 代表递归计算过程。

步骤 7 (检查结束条件)。

$$\mathrm{Rerr}_{\Omega_2}^{k+1} = \sqrt{\sum_{i=1}^{N_{\Omega_2}} \left| b_{\Omega_2}^i - \sum_{j=1}^{N_{\Omega_2}} A_{\Omega_2}^{ij} \left(\gamma_{\Omega_2}^{k+1} \right)_j \right|^2 \Bigg/ \sum_{i=1}^{N_{\Omega_2}} \left| b_{\Omega_2}^i \right|^2}. \tag{7.15}$$

步骤 7 在细网格上进行。步骤 7 给出算法的结束条件。如果 $\mathrm{Rerr}_{\Omega_2}^{k+1} < \mathrm{Tol}$，$\beta_{\Omega_2} = \gamma_{\Omega_2}^{k+1}$，程序结束；否则，进入步骤 4，再次循环。

7.2.2 修正多层算法

修正多层算法是修正双层算法从双层空间向多层空间的延展。在修正双层算法中，当细网格自由度一定时，细网格稀疏矩阵的存储量由常数 R_{Ω_2} 决定。一般而言，建议取 $R_{\Omega_2} = 1.5\sqrt{S_{\Omega_1}}$，其中 S_{Ω_1} 是粗网格元素的平均影响域面积。显然，细网格稀疏矩阵的存储量和粗网格的自由度数目存在负相关关系，即当细网格自由度数目一定时，粗网格自由度数目越多，细网格稀疏矩阵的存储量就越小。由于粗网格上的矩阵仍然是完全填充的稠密矩阵，故其规模不可能过大，因此，这就在一定程度上限制了细网格矩阵的规模。

从物理的角度考虑，之所以需要更多的自由度描述近场贡献，是因为随着观察点和源点之间的距离减小，离散误差急剧增加。因此，很自然联想到，是否可以使用一种渐进式的策略来评估近场贡献。其意味着，节点密度随着观察点之间的距离减小而逐渐增加。因此，一个思路便是将算法由双层空间向多层空间延拓。修正多层算法使用一个多层网格结构来实现这一想法。随着网格的细化，由图 7.2(b) 可以观察到，节点近场影响域逐层缩小，其满足 $R_{\Omega_m} = 3\sqrt{S_{\Omega_{m-1}}/\pi}$，其中，$S_{m-1}$ 表示 $m-1$ 级网格的平均影响域面积。显然，通过将原修正双层算法的细网格稀疏矩阵分解为分属不同层级细网格的一系列填充率较低的稀疏矩阵，代表近场贡献的稀疏矩阵的存储空间极大地缩小了。

相较于奇异边界法直接使用一个完全填充的稠密矩阵描述粒子间的相互作用，修正多层算法使用粗网格描述远场贡献，使用不同层级的细网格共同描述近场贡献。通过不同层级网格间的逐层计算和逐层校正，实现对大规模粒子间相互作用的渐进描述。相较于修正双层算法，修正多层算法同样使用粗网格描述远场贡献。但不同于修正双层算法仅使用细网格矩阵直接描述近场贡献，修正多层算法通过采用在不同层级细网格上逐层缩小近场影响域的方式，将原修正双层算法的细网格矩阵进一步分解为一系列填充率较小的，分属于不同层级细网格的稀疏矩阵。通过这种渐进式的评估方式，利用分属不同层级的细网格矩阵共同描述近场贡献。相较于直接评估和粗细网格分布式二次评估，这种渐进式的粒子间相互作用评估方式，具有更高的评估效率和更低的存储需求。

修正多层算法也包括三个逻辑步骤，即：计算初始迭代向量、递归计算过程和修正过程，这和修正双层算法类似。不同之处在于，修正多层算法的初始迭代向量是通过逐层计算获得的，修正过程也是通过逐层修正完成的。为了简便地描述修正多层算法的算法流程，本研究仅使用一个具有三层网格结构的修正多层算法模型来说明修正多层算法的算法结构。更多层级网格结构的修正多层算法具有和三层结构模型类似的算法结构。如无特殊说明，本研究默认使用奇异边界法作为基础算法。图 7.2(a) 和 (b) 描述了修正多层算法中不同层级网格元素间的相互关系和近场影响域关系。图 7.3 和图 7.4 分别给出了算法流程框图和算法逻辑简图，其中 $m = 3$。

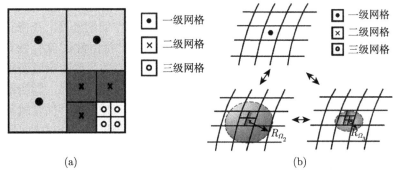

(a)　　　　　　　　　　　　　　　　　　　(b)

图 7.2　(a) 不同层级网格元素间相互关系；(b) 不同层级网格近场影响域关系

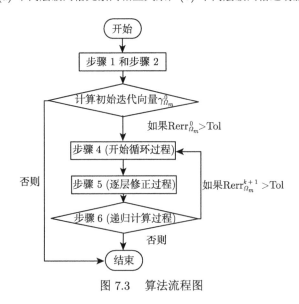

图 7.3　算法流程图

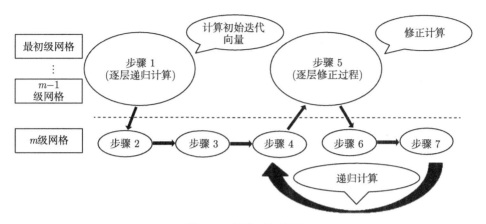

图 7.4 算法逻辑简图

修正多层算法的伪代码:

主程序 MMA_Basic。

程序 MMA_Basic 的作用是求解线性方程组 $A_{\Omega_3}\beta_{\Omega_3} = b_{\Omega_3}$。

步骤 1 (逐层递归计算)。

子步骤 1.1 调用函数 MDA_Basic 求解

$$A_{\Omega_2}\lambda^0_{\Omega_2} = b_{\Omega_2}. \tag{7.16}$$

子步骤 1.2

$$\lambda^0_{\Omega_3} = I^+\lambda^0_{\Omega_2}. \tag{7.17}$$

步骤 1 在一级网格和二级网格上进行。注意到,修正多层算法与逻辑步骤和修正双层算法类似。在修正多层算法中,使用修正双层算法来计算 $\lambda^0_{\Omega_2}$。修正多层算法的一级和二级网格的作用就相当于修正双层算法中的粗网格。

步骤 2 (计算初始迭代向量)。

子步骤 2.1

$$V^0_{\Omega_3} = b_{\Omega_3} - A_{\Omega_3}\lambda^0_{\Omega_3}. \tag{7.18}$$

子步骤 2.2

$$C_{\Omega_3}\alpha^0_{\Omega_3} = V^0_{\Omega_3}, \tag{7.19}$$

子步骤 2.3

$$\gamma^0_{\Omega_3} = \lambda^0_{\Omega_3} + \alpha^0_{\Omega_3}. \tag{7.20}$$

步骤 2 在三级网格上进行。稀疏矩阵 C_{Ω_3} 满足:如果 $\left|x^i_{\Omega_3} - y^j_{\Omega_3}\right| \leqslant R_{\Omega_3}$,$C^{ij}_{\Omega_3} = A^{ij}_{\Omega_3}$;否则,$C^{ij}_{\Omega_3} = 0$,其中,$R_{\Omega_m} = 3\sqrt{S_{\Omega_{m-1}}/\pi}$,$S_{m-1}$ 表示 $m-1$ 级网格的

节点平均影响域面积。注意到，修正双层算法的稀疏矩阵在此处分解为了 C_{Ω_2} 和 C_{Ω_3} 两个填充率较小的稀疏矩阵。在修正多层算法中，近场贡献由 C_{Ω_2} 和 C_{Ω_3} 共同描述。逐层计算的思想，即是通过步骤 1 和步骤 2 实现的。

步骤 3 (检查循环条件)。

$$\mathrm{Rerr}^0_{\Omega_3} = \sqrt{\sum_{i=1}^{N_{\Omega_3}} \left| b_{\Omega_3}^i - \sum_{j=1}^{N_{\Omega_3}} A_{\Omega_3}^{ij} \left(\gamma_{\Omega_3}^0 \right)_j \right|^2 \bigg/ \sum_{i=1}^{N_{\Omega_3}} \left| b_{\Omega_3}^i \right|^2}. \tag{7.21}$$

步骤 3 在三级网格上进行。如果 $\mathrm{Rerr}^0_{\Omega_3} > \mathrm{Tol}$，进入步骤 4 开始循环过程。

步骤 4 (开始循环过程)。

子步骤 4.1

$$\chi_{\Omega_3}^k = b_{\Omega_3} - A_{\Omega_3} \gamma_{\Omega_3}^k. \tag{7.22}$$

子步骤 4.2

$$\chi_{\Omega_2}^k = I^- \chi_{\Omega_3}^k. \tag{7.23}$$

子步骤 4.3

$$\chi_{\Omega_2}^k = I^- \chi_{\Omega_3}^k. \tag{7.24}$$

步骤 4 在二级和三级网格上进行。式 (7.23) 和 (7.24) 使用逆投影算子，将 $\chi_{\Omega_3}^k$ 映射到二级和一级网格上，获得 $\chi_{\Omega_2}^k$ 和 $\chi_{\Omega_1}^k$。

步骤 5 (逐层修正过程)。

子步骤 5.1 调用函数 MDA_Basic 求解

$$A_{\Omega_2} \alpha_{\Omega_2}^k = \chi_{\Omega_2}^k. \tag{7.25}$$

子步骤 5.2

$$\alpha_{\Omega_3}^k = I^+ \alpha_{\Omega_2}^k. \tag{7.26}$$

步骤 5 在一级网格和二级网格上进行。注意到，修正多层算法使用修正双层算法来完成修正过程，其中，$\chi_{\Omega_1}^k$ 和 $\chi_{\Omega_2}^k$ 是函数 MDA_Basic 的输入变量。他们表示修正双层算法在粗网格和细网格上已知右端项。逐层修正的思想，即是通过步骤 4 和步骤 5 实现的。

步骤 6 (递归计算过程)。

子步骤 6.1

$$\lambda_{\Omega_3}^{k+1} = \gamma_{\Omega_3}^k + \alpha_{\Omega_3}^k. \tag{7.27}$$

子步骤 6.2

$$V_{\Omega_3}^{k+1} = b_{\Omega_3} - A_{\Omega_3} \lambda_{\Omega_3}^{k+1}. \tag{7.28}$$

子步骤 6.3

$$C_{\Omega_3} \alpha_{\Omega_3}^{k+1} = V_{\Omega_3}^{k+1}. \tag{7.29}$$

子步骤 6.4

$$\gamma_{\Omega_3}^{k+1} = \lambda_{\Omega_3}^{k+1} + \alpha_{\Omega_3}^{k+1}. \tag{7.30}$$

步骤 6 在三级网格上进行。递归计算过程由步骤 6 完成。

步骤 7 (检查程序结束条件)。

$$\mathrm{Rerr}_{\Omega_3}^{k+1} = \sqrt{\sum_{i=1}^{N_{\Omega_3}} \left| b_{\Omega_3}^i - \sum_{j=1}^{N_{\Omega_3}} A_{\Omega_3}^{ij} \left(\gamma_{\Omega_3}^{k+1} \right)_j \right|^2 \Big/ \sum_{i=1}^{N_{\Omega_3}} \left| b_{\Omega_3}^i \right|^2}. \tag{7.31}$$

步骤 7 在三级网格上进行。此步骤检查程序结束条件。如果 $\mathrm{Rerr}_{\Omega_3}^{k+1} < \mathrm{Tol}$，$\beta_{\Omega_3} = \gamma_{\Omega_3}^{k+1}$，程序结束；否则，进入循环步骤 4。

7.2.3 修正多层算法存储复杂度分析

从物理的角度分析，修正多层算法具有更高的存储效率的原因是其使用渐进的方法来评估近场贡献，如图 7.2(a) 所示。从定性分析的角度，这一现象是因为单一的稀疏矩阵分解为了一系列填充率更小的稀疏矩阵，如图 7.2(b) 所示。为了使比较更为直观，图 7.5 绘制了修正双层算法的相应近场影响域的示意图。如果使用近场影响域所覆盖的次级网格节点数表征稀疏矩阵的填充率大小，显然，图 7.5 中近场影响域所覆盖的次级网格节点数要远高于图 7.2(b) 中所覆盖的节点数。

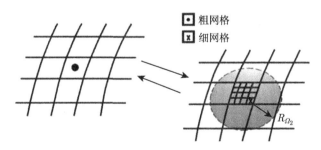

图 7.5 修正双层算法的相应近场影响域示意图

从定量分析的角度，表 7.2 列出了修正双层算法和修正多层算法稀疏矩阵的不同存储需求，其中 $R_{\Omega_m} = 3\sqrt{S_{\Omega_{m-1}}/\pi}$，$q$ 表示与算法和计算机语言相关的常数，每个 $m-1$ 级网格上的节点分解为 Sep 个 m 级网格上的次级节点。

表 7.2　修正双层算法和修正多层算法稀疏矩阵存储需求

方法	项目					
	Sep	N_{Ω_1}	N_{Ω_2}	N_{Ω_3}	DOF	稀疏矩阵存储复杂度
修正双层算法	16	n	$16n$	—	$16n$	$2304q \cdot O(n)$
修正多层算法	4	n	$4n$	$16n$	$16n$	$720q \cdot O(n)$

从表 7.2 可以看到，当一级网格节点数相同且算法具有相同自由度时，修正多层算法稀疏矩阵的存储需求仅为修正双层算法的 31.25%。因此，这就从理论上证明了，将双层结构拓展为多层结构确实大幅提高了算法的稀疏矩阵存储效率。

7.3　数值算例

本章数值方法的全局精度指标由全局平均相对误差 (Error) 衡量，

$$\text{Error} = \sqrt{\sum_{i=1}^{NT} \left| \phi(i) - \bar{\phi}(i) \right|^2 \Big/ \sum_{i=1}^{NT} \left| \bar{\phi}(i) \right|^2}, \tag{7.32}$$

线性方程组 $A\lambda = b$ 的求解精度指标由局部平均相对误差 (Rerr) 衡量，

$$\text{Rerr} = \sqrt{\sum_{i=1}^{N} \left| b_i - \sum_{j=1}^{N} A_{ij}\lambda_j \right|^2 \Big/ \sum_{i=1}^{N} \left| b_i \right|^2}. \tag{7.33}$$

算法收敛速率由式 (7.36) 给出

$$C = -2 \frac{\ln(\text{Error}(N_1)) - \ln(\text{Error}(N_2))}{\ln(N_1) - \ln(N_2)}. \tag{7.34}$$

本节所有计算结果，均在一台配置 16GB 内存，Intel Core i7-4710MQ 2.50 GHz Processor 的笔记本计算机上测试获得。

算例 7.1(a)　考虑一个控制方程为

$$\begin{cases} \nabla^2 \phi(x,y,z) = 0, & (x,y,z) \in \Omega, \\ \overline{\phi}(x,y,z) = \mathrm{e}^x \cos\left(\frac{\sqrt{2}}{2}y\right) \cos\left(\frac{\sqrt{2}}{2}z\right), & (x,y,z) \in S. \end{cases}$$

定义在单位立方体内的三维位势问题。取 $R_{\Omega_2} = 1.5\sqrt{S_{\Omega_1}}$，$R_{\Omega_3} = 1.5\sqrt{S_{\Omega_2}}$，$\text{Tol} = 1 \times 10^{-3}$。测试点布置在边长为 0.5m 的同心立方体面上。多层奇异边界法和双层奇异边界法的计算结果分别列于表 7.3 和表 7.4 中。

表 7.3   位势问题多层奇异边界法计算结果

一级网格自由度	2400	5400	9600	15000	21600
二级网格自由度	9600	21600	38400	60000	86400
三级网格自由度	38400	86400	153600	240000	345600
稀疏矩阵 C_{Ω_2} 存储量/Mb	0.53	1.2	1.8	3.1	4.1
稀疏矩阵 C_{Ω_3} 存储量/Mb	1.82	4.1	7.1	12.0	16.3
总稀疏矩阵存储量/Mb	2.35	5.3	8.9	15.1	20.4
Error	2.37×10^{-4}	3.91×10^{-4}	4.99×10^{-4}	5.54×10^{-4}	6.15×10^{-4}
Rerr	2.12×10^{-4}	3.53×10^{-4}	4.56×10^{-4}	5.09×10^{-4}	5.67×10^{-4}
CPU 时间/s	4.86	11.40	27.34	56.26	98.63

表 7.4   位势问题双层奇异边界法计算结果

一级网格自由度	2400	5400	9600	15000	21600
二级网格自由度	38400	86400	153600	240000	345600
稀疏矩阵 C_{Ω_2} 存储量/Mb	9.6	21.7	37.4	60.6	92.1
Error	8.70×10^{-4}	6.56×10^{-4}	5.43×10^{-4}	4.71×10^{-4}	4.23×10^{-4}
Rerr	9.72×10^{-4}	7.33×10^{-4}	6.09×10^{-4}	5.21×10^{-4}	4.68×10^{-4}
CPU 时间/s	4.56	9.95	22.78	43.00	74.73

由表 7.3 和表 7.4 发现双层奇异边界法和多层奇异边界法所得数值解均和解析解拟合良好。从解算线性方程组层面来看，两种方法的 Rerr 指标均收敛至 Tol，待求线性方程组均被成功求解。需要指出的是，对比表 7.3 和表 7.4 可以观察到，在自由度相同时，多层奇异边界法耗费 CPU 时间要稍稍高于双层奇异边界法。这是因为双层奇异边界法的细网格稀疏矩阵被分解为多层奇异边界法中不同层级网格上的一系列填充率较小的稀疏矩阵。考虑到在修正多层算法中，需要不同层级网格间不断的递归校正计算，这种在网格层级上的扩展，将不可避免地大幅增加网格间纵向递归计算的次数，从而影响算法计算效率。但另一方面，将双层网格拓展至多层网格，也提高了算法对大规模粒子间相互作用的评估效率，且填充率较小的稀疏矩阵也更易被 GMRES 求解器求解。因此，当时间的负向因素和正向因素相互中和时，在宏观上，多层奇异边界法和双层奇异边界法的时间复杂度在总体表现上是相似的。

从另一个层面分析，可以清楚地观察到，多层奇异边界法的稀疏矩阵总存储量要远远低于双层奇异边界法的稀疏矩阵存储量。这也表明，这种从双层空间向多层空间的拓展是有效的，达到了进一步减少算法存储需求的目的。需要指出的是，任何一种算法都不会尽善尽美，在计算效率、存储效率、编程复杂度和理论复杂度之间，都存在着此消彼长的矛盾。因此，一个能够在各项指标间保持良好平衡、易于使用、适应性广、稳定性强的算法才是符合实际科学与工程计算需求的最佳算法。修正多层算法在保持和修正双层算法相似时间复杂度的背景下，大幅减少了算法的存储复杂度，使算法可以计算更大规模的问题。从这个角度来说，修正多层算法的设计无疑是成功的。

图 7.6 和图 7.7 绘制了存储空间、CPU 时间和自由度之间的关系。由图 7.6 可以观察到，多层奇异边界法的稀疏矩阵总存储需求和自由度之间呈线性关系。图 7.7 表明，对于三维 Laplace 方程，双层奇异边界法和多层奇异边界法的时间复杂度均和自由度之间呈现 $O\left(N^{1.5}\right)$ 的关系。

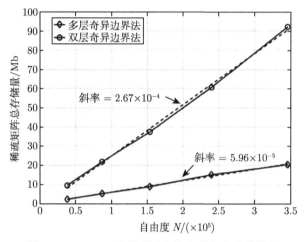

图 7.6　Laplace 方程稀疏矩阵存储复杂度曲线图

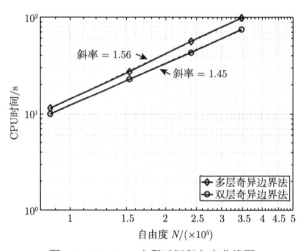

图 7.7　Laplace 方程时间复杂度曲线图

算例 7.1(b)　考虑一个定义在单位立方体内的三维 Helmholtz 问题，控制方程定义为

$$\begin{cases} \nabla^2\phi(x,y,z) + k^2\phi(x,y,z) = 0, & (x,y,z) \in \Omega, \\ \overline{\phi}(x,y,z) = \cos(kx) + \cos(ky) + \cos(kz), & (x,y,z) \in S. \end{cases}$$

取 $R_{\Omega_2} = 1.5\sqrt{S_{\Omega_1}}$，$R_{\Omega_3} = 1.5\sqrt{S_{\Omega_2}}$，Tol $= 1 \times 10^{-3}$，$k=1$。测试点布置在边长为 0.5m 的同心立方体面上。多层奇异边界法和双层奇异边界法的计算结果分别列于表 7.5 和表 7.6 中。图 7.8 和图 7.9 分别绘制了算法对三维 Helmholtz 问题的存储复杂度曲线和时间复杂度曲线。

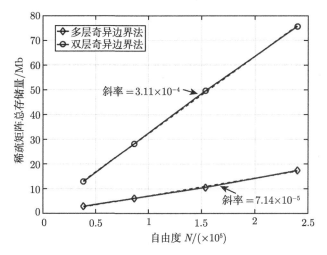

图 7.8　Helmholtz 方程算法稀疏矩阵存储复杂度曲线

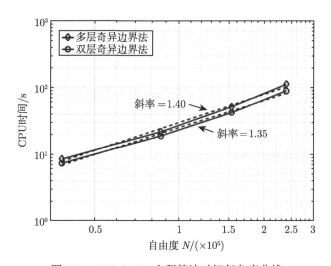

图 7.9　Helmholtz 方程算法时间复杂度曲线

由表 7.5 和表 7.6 注意到，在自由度相同时，多层奇异边界法的稀疏矩阵总存储量仅为双层奇异边界法的 23%。图 7.8 表明，对于三维 Helmholtz 问题，多层奇异边界法的稀疏矩阵总存储量和自由度之间同样呈线性关系。图 7.9 表明，多层奇异边界法的时间复杂度和偏微分方程类型无关，对于三维 Helmholtz 问题，多层奇异边界法的时间复杂度仍和自由度保持 $O\left(N^{1.5}\right)$ 的关系。需要指出是，快速多极子算法作为一款依赖特定内核扩展和传递的核依赖型快速算法，其计算复杂度和存储复杂度会随着计算频率的增加而快速增长。而由本算例可以发现，作为一款核独立快速算法，无论是多层奇异边界法还是双层奇异边界法，其计算复杂度和存储复杂度均不会随频率的增加而变化。

表 7.5　Helmholtz 问题多层奇异边界法计算表

一级网格自由度	2400	5400	9600	15000
二级网格自由度	9600	21600	38400	60000
三级网格自由度	38400	86400	153600	240000
稀疏矩阵 C_{Ω_2} 存储量/Mb	0.66	1.4	2.3	3.6
稀疏矩阵 C_{Ω_3} 存储量/Mb	2.28	4.8	8.3	13.8
稀疏阵总存储量/Mb	2.94	6.2	10.6	17.4
Error	2.37×10^{-4}	3.62×10^{-4}	4.58×10^{-4}	5.21×10^{-4}
Rerr	2.41×10^{-4}	3.55×10^{-4}	4.46×10^{-4}	5.08×10^{-4}
CPU 时间/s	8.47	21.87	51.81	111.99

表 7.6　Helmholtz 问题双层奇异边界法计算表

一级网格自由度	2400	5400	9600	15000
二级网格自由度	38400	86400	153600	240000
稀疏矩阵 C_{Ω_2} 存储量/Mb	12.9	28.2	49.5	75.5
Error	9.24×10^{-4}	6.90×10^{-4}	5.58×10^{-4}	4.81×10^{-4}
Rerr	9.93×10^{-4}	7.45×10^{-4}	6.00×10^{-4}	5.18×10^{-4}
CPU 时间/s	7.35	18.91	42.36	89.47

算例 7.2(a)　考虑一个半径为 $a=1\mathrm{m}$ 的软边界散射球模型，如图 4.14 所示。声速取为 $c=343\mathrm{m/s}$，测试点布置在半径为 3m 的球面上，$\mathrm{Tol}=1\times10^{-5}$。在多层奇异边界法中，一级网格自由度为 108，二级网格自由度为 402。在双层奇异边界法中，一级网格自由度为 402。

散射球模型的控制方程为三维 Helmholtz 方程，其中，$\phi_I=\phi_0\mathrm{e}^{ikz}$，$\phi_0=1$，

$$\phi_I+\phi_S=0,\quad (x,y,z)\in S.$$

散射声压记为

$$\phi_S=\sum_{l=0}^{N}\chi_l h_l\left(kr\right)P_l\left(\cos\left(\theta\right)\right),$$

$$\chi_l=-\phi_0\left(2l+1\right)i^l\frac{j_l(ka)}{h_l(ka)},\quad a=1.$$

图 7.10 绘制了多层奇异边界法、双层奇异边界法、奇异边界法在不同波数下的收敛曲线。

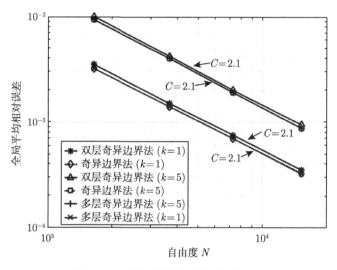

图 7.10 软边界散射球模型收敛曲线

由图 7.10 观察到，在不同计算波数下，三种算法的收敛曲线均随着自由度增加保持 2 阶速率持续收敛。修正多层算法的多层结构并未影响算法的最终收敛速率。

算例 7.2(b) 考虑一个如图 2.6 所示的软边界人头模型声散射实验。人头模型具有尺寸 $0.152\mathrm{m} \times 0.213\mathrm{m} \times 0.168\mathrm{m}$，声速取为 $c = 343\mathrm{m/s}$，测试点布置在 xz 平面半径为 $0.3\mathrm{m}$ 的圆上。声压级定义为

$$\mathrm{SPL} = 20\log_{10}\left[p(e)/p(\mathrm{ref})\right] \quad (\mathrm{dB}),$$

其中，$p\,(\mathrm{ref}) = 2 \times 10^{-5}\mathrm{Pa}$，$\phi_I = \phi_0\mathrm{e}^{-\mathrm{i}kz}$，$\phi_0 = 1$，

$$\phi_I + \phi_S = 0, \quad (x, y, z) \in S.$$

图 7.11 绘制了人头模型的散射声压级极坐标曲线，其中 $f = 5000\mathrm{Hz}$，$+x$ 方向被设置为 $0°$ 方向。奇异边界法的解被作为参考解，多层奇异边界法、双层奇异边界法、奇异边界法的计算结果列于表 7.7 中，其中 $\mathrm{Tol} = 1 \times 10^{-3}$。

由表 7.7 可以发现，当取同样自由度时，多层奇异边界法的总存储需求仅为双层奇异边界法的 19.2%，奇异边界法的 0.60%。此外，还可以发现，多层奇异边界法和双层奇异边界法耗费的 CPU 时间、所获得数值解精度均处于同一数量级。复杂的边界形状并未影响多层奇异边界法的计算效率。

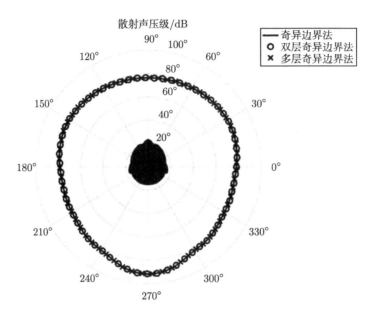

图 7.11　　人头模型散射声压级极坐标曲线图

表 7.7　　人头声散射实验三种算法计算表

项目	方法		
	奇异边界法	双层奇异边界法	多层奇异边界法
一级网格自由度	——	2642	866
二级网格自由度	——	15718	3767
三级网格自由度	——	——	15718
总自由度	15718	15718	15718
频率/Hz	5000	5000	5000
一级网格采样频率 N/λ	26	11	6
总存储量/Mb	3655	114.6	22.01
Error	——	2.57×10^{-4}	3.26×10^{-4}
Rerr	9.50×10^{-4}	2.43×10^{-4}	9.84×10^{-4}
CPU 时间/s	71.72	55.17	59.00

算例 7.3　考虑一个如图 5.11 所示的潜艇水下声辐射问题，潜艇尺寸为 120m × 12m×12m，控制方程记为

$$
\begin{cases}
\nabla^2\phi(x,y,z) + k^2\phi(x,y,z) = 0, & (x,y,z) \in \Omega^e, \\
\overline{\phi}(x,y,z) = \dfrac{z\mathrm{e}^{\mathrm{i}kr}}{r^2}\left(1+\dfrac{\mathrm{i}}{kr}\right), & (x,y,z) \in S, \quad r = \sqrt{x^2+y^2+z^2}, \\
\lim\limits_{r\to\infty} r^{\frac{1}{2}(\dim-1)}\left(\dfrac{\partial\phi}{\partial r}-\mathrm{i}k\phi\right) = 0,
\end{cases}
$$

其中，$c = 1500\mathrm{m/s}$，$\mathrm{Tol} = 1\times10^{-3}$。测试点布置在一个嵌套潜艇模型的半径为

100m 的球面上。多层奇异边界法、双层奇异边界法、快速多极奇异边界法的计算结果列于表 7.8 ~ 表 7.10 中。

由表 7.8 注意到，多层奇异边界法的可模拟无量纲波数已高达 150。当自由度取为 100 万时，注意到多层奇异边界法仅需快速多极奇异边界法大约一半的 CPU 时间便可生成更加精确的数值解。

表 7.8 潜艇声辐射模型多层奇异边界法计算结果

$kd(d=120\text{m})$	30	60	90	120	150
f/Hz	60	119	179	239	298
一级网格自由度	2050	4030	8019	10107	15315
二级网格自由度	20200	40004	65058	80383	100096
三级网格自由度	201413	401647	482800	651772	1020471
稀疏矩阵 C_{Ω_2} 存储量/Mb	26.9	56.2	67.6	82.7	88.2
稀疏矩阵 C_{Ω_3} 存储量/Mb	260	520	460	636	1352
稀疏矩阵总存储量/Mb	286.9	576.2	527.6	718.7	1440.2
Error	1.33×10^{-4}	1.94×10^{-4}	4.54×10^{-4}	3.14×10^{-4}	5.52×10^{-4}
Rerr	1.27×10^{-4}	1.65×10^{-4}	4.30×10^{-4}	3.33×10^{-4}	4.10×10^{-4}
CPU 时间/s	94.9	198.4	1.11×10^{3}	2.71×10^{3}	5.77×10^{3}

对比表 7.8、表 7.9 和表 7.10，注意到在单台计算机上，双层奇异边界法已可成功计算自由度高达 100 万规模的大规模声辐射问题。而双层奇异边界法在占用相似计算资源的情况下，仅能计算大约 10 万自由度规模的相同问题。修正多层算法可以看作是由多个修正双层算法的递归循环构成的。换句话说，修正双层算法实际上是修正多层算法的一个递归子程序。这种递归循环显著减少了修正多层算法的存储复杂度。但不可避免地，相较修正双层算法，修正多层算法的时间复杂度会相应增加。

表 7.9 潜艇声辐射模型双层奇异边界法计算结果

$kd(d=120\text{m})$	30	60	90	120	150
f/Hz	60	119	179	239	298
一级网格自由度	2050	4030	8019	10107	15315
二级网格自由度	20200	40004	65058	80383	100096
稀疏矩阵 C_{Ω_2} 存储量/Mb	26.9	56.2	67.6	82.7	88.2
Error	3.02×10^{-4}	1.07×10^{-3}	1.15×10^{-3}	1.03×10^{-3}	1.08×10^{-3}
Rerr	3.87×10^{-4}	7.62×10^{-4}	8.23×10^{-4}	6.32×10^{-4}	6.11×10^{-4}
CPU 时间/s	6.55	19.34	157.75	593.41	1.25×10^{3}

表 7.10 快速多极奇异边界法潜艇声辐射实验计算结果 [14]

f/Hz	87	217
kd ($d=120\text{m}$)	44.4	110.9
自由度	63488	1030876
Error	1.13×10^{-3}	2.3×10^{-2}
CPU 时间/s	7.57×10^{2}	9.24×10^{3}

7.4 本章小结

本章提出一种用于大规模科学和工程计算的修正多层算法。修正多层算法是修正双层算法从双层空间向多层空间的延展。相较于修正双层算法,修正多层算法使用粗网格评估远场贡献,使用一系列细网格共同评估近场贡献。原修正双层算法的细网格稀疏矩阵被分解为一系列分属于不同层级细网格的填充率较小的稀疏矩阵,算法的存储复杂度得以进一步大幅降低。特别地,由不同层级网格间递归计算所产生的显著预调节效果,也构成了修正多层算法和多层快速多极子算法的本质区别。作为一款核独立快速算法,修正多层算法为边界型径向基函数方法提供了一种计算大规模问题更加简便、高效的新途径。

数值实验显示,多层奇异边界法和奇异边界法具有相似的收敛速率和计算精度。通过耦合修正多层算法,多层奇异边界法的时间复杂度由 $O\left(N^2\right)$ 降至 $O\left(N^{1.5}\right)$。需要注意的是,由于修正多层算法独立于特定内核函数,故多层奇异边界法的计算复杂度和存储复杂度与所求解偏微分方程类型无关,亦不会随着频率的增加而变化。在潜艇声辐射实验中,多层奇异边界法仅耗费相当于快速多极奇异边界法大约一半的 CPU 时间,即可生成更高精度的数值解。

需要注意的是,运用相似的策略,目前多层奇异边界法的三层网格结构可以被进一步拓展至更多层级网格结构,算法的存储复杂性也将随之进一步降低。但不幸的是,随着网格层数的增加,多层奇异边界法在不同层级网格间的递归循环次数也会快速增加,算法的时间复杂度将不可避免地增加。因此,为了平衡存储复杂度和时间复杂度之间的矛盾,一般建议使用具有三层网格结构的多层奇异边界法来计算大规模声场。

总的来说,修正多层算法相较于传统快速算法,具有下述优势:

(1) 修正多层算法独立于特定内核函数,且具有 $O\left(N^{1.5}\right)$ 的渐进复杂度;

(2) 修正多层算法仅使用粗网格评估远场贡献,使用一系列细网格渐进评估近场贡献;

(3) 多层结构具有显著的矩阵预调节效果。

第 8 章　时间依赖奇异边界法计算标量波方程

8.1　引　　言

　　声场计算主要涵盖频域计算与时域计算两个方面，第 2~7 章主要讨论频域条件下的声场计算问题。在频域条件下，时间因子被约分，基于简谐波传播假设，声场计算被简化为对 Helmholtz 方程的计算求解。不同于频域计算，时域计算则考虑时间因子的影响，因此声场计算被归纳为对标量波动方程的计算求解。在实际工程计算中，一般采用简谐波假设，应用频域算法来处理大规模高频声场的高精度计算问题。本章从声场的时域计算着手，基于时间依赖基本解，构造了一种时间依赖奇异边界法 [117,118] 计算标量波动方程，主要目的在于完善本研究在声场计算方面的理论完备性。

　　比较时域计算与频域计算的异同，首先，两者控制方程不同，由于时间因子的加入，时域计算要在频域计算基础上再增加 0.5 个维度。其次，在时域计算中，二维情况与三维情况完全不同，因此需要采用不同的策略分别加以计算。目前时域计算的难点主要集中在对三维问题的计算上，本节引入后效应的概念来解释三维波与二维波的不同。关于波传播后效应的详细描述可以在文献 [172,193] 中找到。后效性是指波面略过观察点后，仍会对观察点产生持续性影响，这种影响随着时间演进而逐渐衰退。二维波是一种有后效应波，注意到，二维波动方程的基本解具有乘积因子 $H(ct-r)$，其意味着二维波略过观测点后，仍会对观测点产生持续的后效应影响。因此，二维波在时间方向上可离散、可积分。与之对应，三维波则是一种典型的无后效应波，注意到在三维波方程中，基本解的乘积因子是 $\delta(ct-r)$，这意味着波在传播过程中，仅在波面掠至观察点时刻，对其产生影响。当波通过观测点后，不会对该点产生任何后效应影响。因此，三维波在时间方向上无法离散，无法积分。故在时域条件下数值模拟三维波传播便极其困难。

　　本章首先基于时间依赖基本解，通过在时间上进行积分，构造一种模拟二维声波传播的时间依赖奇异边界法；其次，针对三维波无后效应特点，基于简谐波传播假设，插值计算源点在延迟时刻的未知系数，构造一种模拟三维声波传播的时间依赖奇异边界法；最后，基于波屏蔽斗篷概念，利用时间依赖奇异边界法，提出一种噪声主动控制技术 [2] 的数值模型，作为基础研究成果技术转化的一个范例，供有兴趣的读者参考。

8.2   时间依赖奇异边界法计算二维波方程

声场的时域计算主要指求解下述标量波动方程：

$$\phi = \begin{cases} \Delta\phi - \dfrac{1}{c^2}\dfrac{\partial^2\phi}{\partial t^2} = 0, & X \in \Omega, \quad t > 0, \\ \phi\,|_\Gamma = \overline{\phi}, & X \in \Gamma, \quad t > 0, \\ \phi\,|_{t=0} = \phi_0, \quad \dfrac{\partial\phi}{\partial t}\,|_{t=0} = v_0, & X \in \Omega, \quad t = 0, \end{cases} \tag{8.1}$$

其中，Ω 表示计算域，Γ 为计算域边界，t 表示时间，c 代表波速。二维标量波动方程的基本解记为

$$G\,(t,r) = \dfrac{c}{2\pi\sqrt{c^2 t^2 - r^2}} H\,(ct - r), \tag{8.2}$$

其中，$H\,(x)$ 表示 Heaviside 阶跃函数，

$$H\,(x) = \begin{cases} 0, & x < 0, \\ 0.5, & x = 0, \\ 1, & x > 0. \end{cases} \tag{8.3}$$

方程 (8.1) 可被视作一种初边值问题，基于叠加原理，式 (8.1) 可被拆分为初值问题 (8.4) 和边值问题 (8.5) 分别加以求解，即

$$\phi_1 = \begin{cases} \Delta\phi_1 - \dfrac{1}{c^2}\dfrac{\partial^2\phi_1}{\partial t^2} = 0, & X \in \Omega, \quad t > 0, \\ \phi_1\,|_{t=0} = \phi_0, \quad \dfrac{\partial\phi_1}{\partial t}\,|_{t=0} = v_0, & X \in \Omega, \quad t = 0, \\ \phi_1\,|_{t=0} = 0, \quad \dfrac{\partial\phi_1}{\partial t}\,|_{t=0} = 0, & X \notin \Omega, \quad t = 0, \end{cases} \tag{8.4}$$

$$\phi_2 = \begin{cases} \Delta\phi_2 - \dfrac{1}{c^2}\dfrac{\partial^2\phi_2}{\partial t^2} = 0, & X \in \Omega, \quad t > 0, \\ \phi_2\,|_\Gamma = \overline{\phi}_2 = \overline{\phi} - \overline{\phi}_1, & X \in \Gamma, \quad t > 0, \\ \phi_2\,|_{t=0} = 0, \quad \dfrac{\partial\phi_2}{\partial t}\,|_{t=0} = 0, & X \in \Omega, \quad t = 0. \end{cases} \tag{8.5}$$

当分别求解式 (8.4) 和 (8.5) 后，基于叠加原理，式 (8.1) 的解可由 $\phi = \phi_1 + \phi_2$ 得到。

对于初值问题，式 (8.4) 可利用泊松公式直接计算，

$$\phi_1 = \dfrac{1}{c^2}\iint\limits_{C_{ct}^M} \phi_0 \dfrac{\partial G}{\partial n}\mathrm{d}s + \dfrac{1}{c^2}\iint\limits_{C_{ct}^M} v_0 G \mathrm{d}s, \tag{8.6}$$

其中，C_{ct}^M 表示以点 M 为圆心，ct 为半径的圆域，代表计算点 M 的影响域。

对于边值问题，在时间依赖奇异边界法中，基于时间依赖基本解式 (8.2) 在时间方向上的积分式

$$G_0 = \int_0^t G \mathrm{d}\tau = \frac{1}{2\pi} \left[H\left(c\left(t-\tau\right)-r\right)\operatorname{arcosh}\left(c\left(t-\tau\right)/r\right)\right]\big|_{\tau=0}^{\tau=t}. \tag{8.7}$$

边值问题 (8.5) 的计算，仅需在所需计算的时刻 t_n 布置边界源点，如图 8.1 所示。

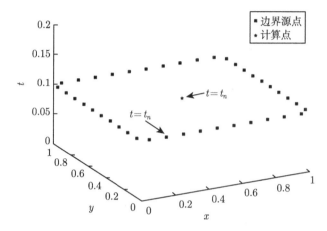

图 8.1 时间依赖奇异边界法边界源点配置图

配点 x_i 在 t_n 时刻的物理量 $\phi_2\left(x_i, t_n\right)$，可被下述离散式插值计算：

$$\begin{aligned}
\phi_2\left(x_i, t_n\right) &= \phi\left(x_i, t_n\right) - \phi_1\left(x_i, t_n\right) \\
&= \sum_{j=1\neq i}^N \alpha_j\left(t_n\right)G_0\left(\left|x_i - s_j\right|, t_n\right) + \alpha_i\left(t_n\right)G_0\left(\left|x_i - s_i\right|, t_n\right),
\end{aligned} \tag{8.8}$$

其中，$\alpha\left(t\right)$ 表示在 t 时刻的未知系数，x 和 s 分别表示配点和源点，N 表示源点数量。在时间依赖奇异边界法中，配点和源点为同一组边界节点。因此，当 $x_i = s_j$ 时，会产生奇异性问题。基于源点强度因子技术，奇异项 $G_0\left(\left|x_i - s_i\right|, t_n\right)$ 可表示为 [118]

$$\begin{aligned}
&G_0\left(\left|x_i - s_i\right|, t_n\right) \\
&= \frac{1}{2\pi}\left[H\left(c\left(t_n-\tau\right) - \frac{A_i}{2\pi}\right)\left(\ln\left(\begin{array}{c} c\left(t_n-\tau\right) \\ +\sqrt{c^2\left(t_n-\tau\right)^2 - \left(\frac{A_j}{2\pi}\right)^2} \end{array}\right) - \ln\left(\frac{A_j}{2\pi}\right)\right)\right]\Bigg|_{\tau=0}^{\tau=t_n},
\end{aligned} \tag{8.9}$$

通过对基本解在时间方向上进行积分可以发现，2.5 维的时域计算问题被压缩了 0.5 个维度。通过式 (8.8)，求得在 t_n 时刻的未知系数后，则计算域内任一点在 t_n 时刻 ϕ_2 的值可表示为

$$\phi_2\left(x_m, t_n\right) = \sum_{j=1}^{N} \alpha_j\left(t_n\right) G_0\left(\left|x_m - s_j\right|, t_n\right). \tag{8.10}$$

当初始条件不为零时，时间依赖奇异边界法需要同时布置边界源点和区域点如图 8.2 所示。最后基于叠加原理，分别求得初值问题 (8.4) 和边值问题 (8.5) 的数值解后，叠加得到计算域内在 t_n 时刻任一点物理量 ϕ 的值

$$\phi\left(x_m, t_n\right) = \phi_1\left(x_m, t_n\right) + \phi_2\left(x_m, t_n\right). \tag{8.11}$$

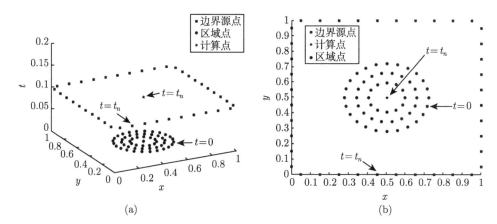

图 8.2　时间依赖奇异边界法边界源点和区域点布置图

算例 8.1　考虑一个无初始振动的薄膜振动问题，薄膜的长和宽分别为 $a = 1$，$b = 1$。薄膜的三条边固定，一条边做有规律的受迫振动，其控制方程可表示为

$$\begin{cases} \phi_{tt} = c^2\left(\phi_{xx} + \phi_{yy}\right), & 0 < x < a, \quad 0 < y < b, \quad t > 0, \\ \phi|_{t=0} = \phi_t|_{t=0} = 0, & 0 \leqslant x \leqslant a, \quad 0 \leqslant y \leqslant b, \\ \phi|_{x=0} = \phi|_{x=a} = 0, & 0 \leqslant y \leqslant b, \quad t \geqslant 0, \\ \phi|_{y=0} = 0, \quad \phi|_{y=b} = \sin\dfrac{\pi x}{a}\sin t, & 0 \leqslant x \leqslant a, \quad t \geqslant 0. \end{cases}$$

方程的解析解为

$$\phi\left(x, y, t\right) = \frac{y}{a}\sin\left(\frac{\pi x}{a}\right)\sin t + \sum_{m=1}^{\infty}\left(b_{1m}\sin\lambda_{1m}ct + \frac{f_{1m}}{\phi_{1m}}\sin t\right)\sin\left(\frac{\pi x}{a}\right)\sin\left(\frac{m\pi y}{b}\right),$$

其中,

$$\lambda_{nm} = \pi\sqrt{\frac{n^2}{a^2} + \frac{m^2}{b^2}},$$

$$f_{1j} = \frac{4}{ab^2}\left(1 - \frac{c^2\pi^2}{a^2}\right)\int_0^a\int_0^b y\sin^2\frac{\pi x}{a}\sin\frac{j\pi y}{b}\mathrm{d}x\mathrm{d}y = \frac{2(-1)^{j+1}}{j\pi}\left(1 - \frac{c^2\pi^2}{a^2}\right), \quad j \geqslant 1,$$

$$\mu_{1j} = c^2\lambda_{1j}^2 - 1 \neq 0, \quad b_{1m} = \frac{2(-1)^m}{cm\lambda_{1m}\pi} - \frac{f_{1m}}{c\lambda_{1m}\mu_{1m}}, \quad m \geqslant 1.$$

设置波在薄膜上的传播速度为 $c = 500\mathrm{m/s}$,在 $t = 5$ 时刻均匀布置 40 个边界源点。由于本算例无初始振动,故不需布置区域点。应用时间依赖奇异边界法,重构薄膜在 $t=5$ 时刻的位移图 8.3,并与精确解图 8.4 作比较。时间依赖奇异边界法在不同时刻的计算数据,列于表 8.1 中。

时间依赖奇异边界法计算位移,$t = 5$

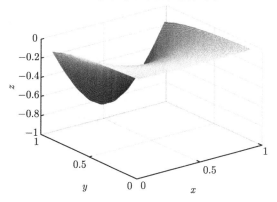

图 8.3 时间依赖奇异边界法计算位移

薄膜精确位移,$t = 5$

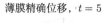

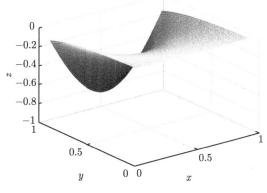

图 8.4 精确位移

表 8.1　时间依赖奇异边界法计算数据

时刻 t/s	1	3	5	7	9
计算耗时/s	2.68	2.57	2.67	2.73	2.71
平均相对误差	1.2×10^{-3}	2.4×10^{-3}	1.2×10^{-3}	1.3×10^{-3}	1.2×10^{-3}

可以观察到，时间依赖奇异边界法的重构位移和精确位移高度贴合。由于时间依赖奇异边界法使用在时间方向积分的时间依赖基本解作为插值基函数，因此可将时域计算问题降低 0.5 个维度。当计算无初始振动问题时，时间依赖奇异边界法仅需在所需计算的时刻布置边界源点，不需布置区域点，因此可实时分析薄膜振动等常见工程问题。

8.3　时间依赖奇异边界法计算三维波方程

三维波方程计算和二维波方程计算既有相似之处，又明显区别。三维波方程的基本解记为

$$G(r, t) = \frac{1}{4\pi r} \delta \left[(t - \tau) - \frac{r}{c} \right], \tag{8.12}$$

其中，δ 表示狄拉克函数，t 和 τ 分别表示配点和源点的时刻，r 表示配点与源点间的空间距离。可以注意到，波方程三维基本解与二维基本解有较大区别，在二维基本解中，衡量波的传播特性的是 Heaviside 阶跃函数，当波面未到达观察点时，观察点不受波的影响，当波面掠过观察点后，观察点持续受到波的后效性影响，因此，二维波是有后效应波。故在时间方向上，式 (8.2) 可积分，可离散。对比观察，在三维波基本解中，代替阶跃函数衡量波的传播特性的是狄拉克函数。因此，三维波仅在波面掠过观察点的时刻对观察点产生影响，波面掠过观察点后，对观察点不产生后效性影响，属于无后效应波。故式 (8.12) 无积分意义，在时间方向上也不可离散，这导致三维波的数值模拟极为困难。

时间依赖奇异边界法计算三维波方程的基本思路同样基于叠加原理，将三维波方程拆分为初值问题和边值问题分别计算后叠加，得到波方程的数值解。三维波方程的初值问题同样可由泊松公式直接积分计算。

$$\phi_1 = \frac{1}{4\pi} \frac{\partial}{\partial r} \iint\limits_{S_{ct}^M} \frac{\phi_0}{r} \mathrm{d}s + \frac{1}{4\pi c} \iint\limits_{S_{ct}^M} \frac{v_0}{r} \mathrm{d}s, \tag{8.13}$$

其中，S_{ct}^M 表示以 M 为圆球心，ct 为半径的球面。

对于边值问题，可注意到，三维波基本解仅与源点延迟时刻的物理量有关，而延迟时刻仅取决于源点和配点之间的空间距离以及波的传播速度，它体现了波的

传播亦需要时间。因此，对于空间点 x_i 来说，仅需要空间点 s_j 在延迟时刻的未知系数与基本解的线性组合即可表征 x_i 处的声压。基于惠更斯原理 "波传播过程中所到达的每一点都可以看作一个新的次波源，所有这些次波所形成的包络面构成下一时刻的新波面"。假定在边界上存在一组强度随时间变化的次波源，这些次波源发出次波的组合构成了在计算域内其后任意时刻的总声压。因此，边界点 x_i 处 t 时刻的声压 ϕ_2 可表示为

$$\phi_2\left(x_i,t\right)=\iint\limits_{\Gamma}\frac{\alpha\left(t-\frac{r}{c}\right)}{4\pi r}\delta\left(t-\frac{r}{c}\right)\mathrm{d}s, \tag{8.14}$$

其中 $\alpha\left(t-\dfrac{r}{c}\right)$ 表示边界次波源在延迟时刻 $t-\dfrac{r}{c}$ 的未知系数，即边界次波源在延迟时刻的强度。

故时间依赖奇异边界法在空间上的离散格式可表述为

$$\phi_2\left(x_i,t\right)=\phi\left(x_i,t\right)-\phi_1\left(x_i,t\right)=\sum_{j=1\neq i}^{N}\alpha_j\left(t-\frac{r_{ij}}{c}\right)G_{ij}+\alpha_i\left(t\right)G_{ii}, \tag{8.15}$$

在时间方向上，时间依赖奇异边界法以 Δt 为时间间隔布置边界源点进行离散。由于三维波为无后效应波，空间点 s_j 处的基本解仅在延迟时刻与未知系数产生作用。在实际计算中，无法保证 s_j 处在延迟时刻布置有源点。因此，在时间方向上的离散困难，构成了时间依赖奇异边界法计算三维波方程的主要困难。本节，基于简谐波假设，采用下述近似逼近源点在延迟时刻的未知系数：

$$\alpha_j\left(t-\frac{r_{ij}}{c}\right)\approx\alpha_j\left(t_{m\Delta t}\right)\mathrm{e}^{-\mathrm{i}\omega\left[t_{m\Delta t}-\left(t-\frac{r_{ij}}{c}\right)\right]}, \tag{8.16}$$

其中，t 表示计算时刻；r_{ij} 表示 s_j 与 x_i 在空间上的距离；下标 m 表示时间层数；$\alpha_j(t_{m\Delta t})$ 表示在 s_j 处，$t_{m\Delta t}$ 时刻的未知系数，$0\leqslant t_{m\Delta t}-\left(t-\dfrac{r_{ij}}{c}\right)<\Delta t$。

故时间依赖奇异边界法在时间上的离散格式表述为

$$\begin{aligned}\phi_2\left(x_i,t_{n\Delta t}\right)&=\phi\left(x_i,t_{n\Delta t}\right)-\phi_1\left(x_i,t_{n\Delta t}\right)\\&=\sum_{j=1\neq i}^{N}\alpha_j\left(t_{m\Delta t}\right)\mathrm{e}^{-\mathrm{i}\omega\left[t_{m\Delta t}-\left(t_{n\Delta t}-\frac{r_{ij}}{c}\right)\right]}G_{ij}+\alpha_i\left(t_n\right)G_{ii},\end{aligned} \tag{8.17}$$

其中，若 $m<n$，则未知系数 $\alpha_j(t_{m\Delta t})$ 已由前步求出；若 $t_{n\Delta t}-\dfrac{r_{ij}}{c}<0$，则表示 s_j 处产生的次波面尚未抵达 x_i 处；ω 表示圆频率；G_{ii} 表示延迟时刻的源

点强度因子, 其在数值上等价于三维 Laplace 方程的源点强度因子, 具体可参见第 4 章推导.

当求解式 (8.17) 得到一组未知系数 α 后, 计算域内的任一点 x_p、任一时刻 $t_{n\Delta t}$ 的总声压可由下式插值计算:

$$\phi\left(x_p, t_{n\Delta t}\right) = \sum_{j=1}^{N} \alpha_j\left(t_{m\Delta t}\right) \mathrm{e}^{-\mathrm{i}\omega\left[t_{m\Delta t}-\left(t_{n\Delta t}-\frac{r_{pj}}{c}\right)\right]} G_{pj} + \phi_1\left(x_p, t_{n\Delta t}\right). \tag{8.18}$$

算例 8.2　考虑在单位球形计算域内的三维波动方程, 其控制方程为

$$\begin{cases} \phi_{tt} = c^2\left(\phi_{xx} + \phi_{yy} + \phi_{zz}\right), & (x, y, z) \in \Omega, \\ \phi\,|_{t=0} = 0, \\ \phi_t\,|_{t=0} = ck\cos\left(\dfrac{k}{\sqrt{3}}\left(x+y+z\right)\right), \\ \overline{\phi} = \cos\left(\dfrac{k}{\sqrt{3}}\left(x+y+z\right)\right)\sin\left(ckt\right), & (x, y, z) \in \Gamma. \end{cases}$$

设置时间间隔 $\Delta t = 0.2$, 波数 $k = 1$, 布置 324 个边界源点, 1255 个区域点, 测试点布置在 $x = y = z, x \in (-0.5, 0.5)$ 的圆内线段上, 设置无量纲波速分别为 $c = 10, c = 50, c = 100$. 做时间依赖奇异边界法和精确解, 以及边界元方法的解的拟合图 (图 8.5). 可以观察到, 应用时间依赖基本解所获得的数值解和精确解、边界元方法的数值解均拟合良好.

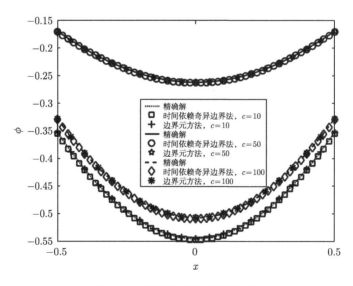

图 8.5　三维波方程计算拟合图

8.4 基于时间依赖奇异边界法的主动噪声控制模型

基于时间依赖奇异边界法,本节参照电磁屏蔽概念建立一种主动波屏蔽斗篷模型,用来屏蔽外界波场影响。在时间依赖奇异边界法计算标量波方程的算法模型中,同时使用了源点与区域点来模拟标量波场。在三维问题当中,假设有一系列分布在无限空间中的瞬时波源,如式 (8.19) 所示,

$$\phi = \alpha(x)\,\delta(0) + \alpha(y)\,\delta(0), \quad x \in \Omega, \quad y \notin \Omega. \tag{8.19}$$

由这些瞬时波源所激发的波场在无限空间中传播,当它们传至计算域时,在计算域 Ω 内其后任意时刻的波动都由这些瞬时波源所产生的波累加而成。类似于电磁屏蔽,对于计算域内的波动而言,计算域之外的瞬时波源 $\alpha(x)$ 所造成的波动影响可由边界上的一系列强度随时间变化的感应波源所产生的次波的组合代替,这便是时间依赖奇异边界法中的边界源点。而位于计算域内的瞬时波源 $\alpha(y)$ 所造成的波动影响无法被位于边界上的感应波源所代替 (可由波方程边界积分方程证明),所以为了刻画其影响,在时间依赖奇异边界法中引入了区域点的概念。

由于三维波是一种无后效应波,也就是说,随着时间延续,$\alpha(y)$ 对于计算域内的波动影响越来越小。在某一个时刻之后,仅用位于边界上的感应波源便可以完全模拟计算域内的波动。与电磁屏蔽类似,假如将由时间依赖奇异边界法所求得的感应波源加负号后布置在边界上,并和原波场叠加,那么从理论上来讲,一段时间之后,反向感应波源产生的感应波场在计算域内会与原波场产生中和,且不会影响受保护域之外的波场分布,那么一个波屏蔽斗篷就形成了,它可以使斗篷之内的区域免受外界波场影响,同时不改变区域外的波场分布。和电磁屏蔽不同,波屏蔽斗篷上的反向感应波源强度随时间持续变化。所以在实际情况下,需要用一系列主动波发射器作为反向感应波源布置在边界上的相应位置来构成一个阵列,形成波屏蔽斗篷,达到噪声主动控制的目的。

算例 8.3 下面通过简单的数值模拟,来验证波屏蔽斗篷模型的有效性。考虑边长为 1 的正方体计算域,在边界上布置 486 个主动噪声发射器,测试波函数为 $\phi = (\sin(kx) + \sin(ky) + \sin(kz))\cos(ckt)$,测试点取在 $z = 0$ 的 xy 平面上,设置波速 $c = 10$,波数 $k = 3$。计算 $t = 1$ 时刻的波场。绘制添加屏蔽后的总波场与原波场分别如图 8.6 和图 8.7 所示。

可以观察到,添加波屏蔽斗篷后,计算域内的波动已经完全消失了,这表明受保护区域内已不受外界波场影响,一个类似于电磁屏蔽的波屏蔽保护区域产生了,噪声无法穿过波屏蔽斗篷对受保护区域产生影响。从主动噪声控制的角度来看,屏蔽区内的噪声被感应波抵消,感应波与噪声振幅相等但相位相反,受保护

域内的噪声被完全消除了。

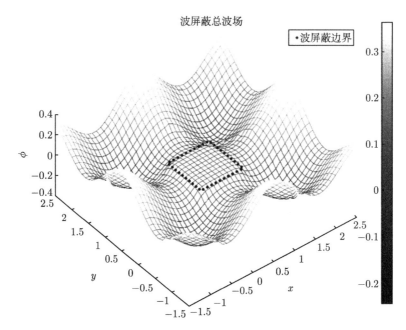

图 8.6 加屏蔽后总波场

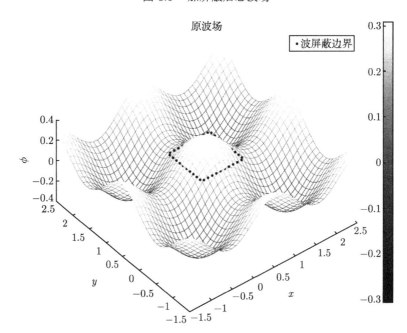

图 8.7 未加屏蔽波场

8.5 本 章 小 结

本章主要目的在于完善本书所构建的声场计算理论的完备性，使本书所研究范畴完整涵盖频域计算与时域计算两个方面。基于时间依赖基本解，本章构造了时间依赖奇异边界法分别计算二维和三维波动方程。比较时域计算与频域计算的异同，由于需要考虑时间因子的影响，因此时域计算需要在频域计算的基础上，再增加 0.5 个维度，同时需引入时间依赖基本解作为插值基函数。基于叠加原理，时间依赖奇异边界法将波动方程拆分为初值问题和边值问题分别加以求解。在二维波动方程计算中，时间依赖奇异边界法 [118] 通过在时间方向上对时间依赖基本解进行积分，降低了 0.5 个计算维度，使时间依赖奇异边界法仅需在计算时刻布置边界源点和区域点，即可高效计算二维波动方程。在三维波动方程计算中 [117]，由于三维波无后效性，导致三维波在时间方向上出现了离散困难。本章基于简谐波假设，通过近似计算逼近源点在延迟时刻的未知系数，其后通过叠加原理，叠加计算总声场。最后，基于时间依赖奇异边界法，本章提出了波屏蔽斗篷概念，构造了一种噪声主动控制模型 [2]，并对其进行了一些数值验证，供有兴趣的读者参考。

第 9 章　半解析边界配点法计算大规模复杂声场发展概述与展望

本章的主要研究目的是开发高性能计算方法，计算理论部分的主要研究载体是大规模复杂声场动力环境模拟。本章针对大规模复杂声场动力环境模拟的下述关键问题展开了研究：

(1) 高秩、高病态矩阵的高效求解问题；

(2) 大规模稠密矩阵所带来的高存储量和高计算量问题；

(3) 高频条件下，传统数值方法采样频率过高的问题。

本章以奇异边界法为基础，概述了半解析边界配点法在声场动力环境模拟领域取得的最新研究成果。奇异边界法作为一种新颖的数值方法，自 2009 年由 Chen 提出后，经过十余年的发展，目前在声场动力环境模拟领域已日臻成熟。文献 [194, 195] 对近年来奇异边界法在声场动力环境模拟方面所取得的最新进展和工程应用做了详尽概述。本章在本书所阐述研究工作基础上，对奇异边界法仿真大规模复杂声场的相关研究做一个概述，对目前已完成工作做一个总结，方便相关研究工作者了解奇异边界法在大规模复杂声场动力环境模拟领域的最新研究进展。

9.1　奇异边界法计算中低频声场发展概述

Fu 等在文献 [30] 中基于 Burton-Miller 公式提出的 BM 型奇异边界法是奇异边界法计算三维声场的通用插值格式。该插值格式在第 2 章中予以了详细阐述。奇异边界法的核心思想是引入源点强度因子的概念处理基本解的源点奇异性。源点强度因子的概念基于这样一种假设："存在一种最佳的基本解源点奇异项的替代因子，它可以使算法获得最佳的计算精度和收敛速率，且易于获得，并不破坏算法的稳定性。" 在奇异边界法中，称这样的一组基本解源点奇异项的替代因子为源点强度因子。通过开发适用于不同偏微分方程的源点强度因子求解技术，奇异边界法往往可以耗费比常单元边界元更小的计算成本得到和线性边界元相似的计算精度和收敛速率。

最初的源点强度因子求解技术是陈文在文献 [15] 中提出的反插值技术。该技术通过在域内布置样本点，两次求解线性方程组，插值计算出源点强度因子的近似解。该技术数值实现简单且计算精度极高，但缺乏理论依据。此外，样本点的选取具有随机性，对于复杂边界，难以得到合适的样本点，且反插值也增加了算法的不稳定

性。其后,谷岩和陈文在文献 [28] 中,首次提出加减项技术,通过消除边界积分方程
中的多余奇异项,推导了 Laplace 方程 Neumann 边界条件的源点强度因子。该技
术避免了样本点的选取且和反插值技术所推导源点强度因子具有相同的计算精度。
基于加减项原理推导的源点强度因子比较成功地解决了 Laplace 问题 Neumann 边
界条件下基本解源点奇异性问题。但对于 Dirichlet 边界,该技术仍需要再进行一
次反插值才可获得 Dirichlet 边界条件下的源点强度因子。在 Gu 等的工作基础上,
Fu 等在文献 [30] 中,基于 Helmholtz 方程基本解和 Laplace 方程基本解在源点
处的奇异性同阶相似原理,通过在 Laplace 方程源点强度因子上添加常数的办法,
首次得到了一组可适用于声场计算的源点强度因子,该技术在 4.6 节予以了详细阐
述。该技术操作简单,所得源点强度因子经大量实验验证,可高效计算中低频声场
问题。此后, Li 等 [91] 进一步通过构造满足特定边界条件的 Helmholtz 方程一般解,
并将其代入边界积分方程和超奇异边界积分方程,消去多余奇异项的方法,推导出
了基于正则化技术的适用于 Helmholtz 方程的源点强度因子。该技术在 2.2 节予
以了详细阐述。对比前述几种不同的源点强度因子求解技术, 2.2 节所记述正则化
技术无反插值、无积分、稳定性强、计算精度高、收敛速率快、具有严谨的数学推
导过程,可适用于高、中、低各频段的三维声场计算。正则化技术是目前源点强度
因子技术在声场计算领域的最新研究成果和源点强度因子的最佳表现形式。表 9.1
列出了上述三种源点强度因子技术的数值特性。

表 9.1   三种源点强度因子技术的数值特性

项目	精度	稳定性	适用性	文献
反插值技术	高	低	低	[15]
加减消去技术	高	中等	中等	[30]
正则化技术	高	高	高	[91]

与上述基于加减消去原理所推导源点强度因子 (数学公式) 相并行, Li 等在文
献 [31] 中给出了一组基于大量实验拟合出的源点强度因子 (实验公式)。虽然该组
公式缺乏理论依据,但在特定计算条件下,该组公式表现出了比 2.2 节所推导源点
强度因子更高的计算效率和相近的计算精度。作为奇异边界法理论的数学补充, Li
等在文献 [32] 中推导了奇异边界法的数学误差限,分析了奇异边界法具有较高计算
精度和计算效率的原因:"源点强度因子对边界离散误差具有修正作用。源点强度
因子由两部分组成,第一项可以解释为源点对自身产生的电势,第二项被认为是边
界离散误差的修正因子,这是源点强度因子技术与奇异积分技术的本质区别。" 基
于这一认识, Li 等在文献 [32] 中进一步推导了一组基于物理推演的源点强度因子
(物理公式)。其具有和 2.2 节所推导源点强度因子相近的计算精度。上述源点强度
因子的函数程序均可在 "奇异工具箱" 下载使用。 2.5 节对该工具箱及三种源点

强度因子给予了详细介绍。需要特别强调的是，虽然基于数学推导、实验拟合、物理推演得到了三组表达形式完全不同的源点强度因子，但经大量实验论证，三种不同来源的源点强度因子在数值上基本是等价的。这也从侧面论证了关于源点强度因子的最初假设，即确实存在这样一组最佳的源点强度因子，它可以使奇异边界法以极小的计算成本得到最佳的数值精度和收敛速率，同时不破坏算法的稳定性。

另一方面，为了处理奇异边界法无法精确计算声场的近边界值和边界值的弊端，Gu 等在文献 [110] 中首次提出利用近奇异因子替代插值矩阵中相应项的办法来高效计算 Laplace 问题的近边界解。其后，Li 等基于同样思想，在文献 [92] 中，推导了基于加减消去原理的 Helmholtz 方程近奇异因子计算三维声场近边界值和边界值。在 2.3 节对该组近奇异因子予以了详细阐述。

9.2　奇异边界法计算高频声场发展概述

作为大规模复杂声场仿真的一个分支，第 3 章和第 4 章主要聚焦讨论高频声场的高效计算。传统奇异边界法仍需要在每个波长、每个方向布置 6 ~ 8 个自由度，才能生成可满足精度需求的数值解，这导致传统的奇异边界法只能局限于计算中低频声场。为了使奇异边界法在极低采样频率下仍能高效计算三维声场问题，在第 3 章和第 4 章基于修正基本解概念，构造了两种奇异边界法的延伸算法，分别是修正奇异边界法 [93] 和双层基本解方法 [27]。

这两种方法都是基于混合具有源点奇异性的基本解和无源点奇异性的一般解，构造 Helmholtz 方程修正基本解的思想，使算法能在极低的采样频率下，高效稳定地计算三维高频声场。通过混合奇异基本解和无奇异一般解，修正基本解使离散误差与截断误差达到了一个良好的折中，无论调整参数取何值，算法仅在奇异边界法和边界节点法 (基本解方法) 之间摇摆。因此，所得到的新方法的解在数值上总是稳定的。这也是修正奇异边界法 (双层基本解方法) 和一般的正则化技术之间的本质区别。表 9.2 和表 9.3 分别列出了修正奇异边界法和双层基本解方法的相关数值特性。此外，4.2 节探索归纳了基本解方法虚拟边界影响数值结果的物理原因和影响规律："在基本解法中，离散误差和截断误差各自所占的权重比例，决定了最终数值解的质量，而这一权重比例随虚拟边界位置的改变而变化。"

表 9.2　修正奇异边界法数值特性

数值特性	方法		
	奇异边界法	边界节点法	修正奇异边界法
稳定性	高	低	中等
采样频率	6	2.5	3
精度	中等	极高	高
基函数	基本解	一般解	修正基本解

表 9.3 双层基本解方法数值特性

数值特性	方法		
	奇异边界法	基本解方法	双层基本解方法
稳定性	高	极低	中等
采样频率	6	2	2
精度	中等	极高	高
受虚拟边界影响程度	—	高	低

目前，修正奇异边界法在单位波长、每个方向布置 2.5 个自由度，即可生成高精度的数值解。当配置 20 万自由度时，在单位立方体计算域，目前修正奇异边界法已可成功计算波数高达 440 的三维内域 Helmholtz 问题。但不幸的是，由于修正奇异边界法所使用修正基本解舍弃了虚部，使该修正基本解无法自动满足无限远处的辐射边界条件，因此目前的修正奇异边界法仅能计算内域声场问题。为了弥补这一不足，基于同样的思想，第 4 章构造了双层基本解方法。由于双层基本解方法所使用的修正基本解未舍弃虚部，故该方法可高效计算外域高频声场。在真实人头模型声辐射实验中，配置 15755 个自由度，目前双层基本解方法的可计算频率已达到 73864Hz，这一频率已远远超出人耳的听力范畴，达到了超声频段。

9.3 奇异边界法计算大规模声场发展概述

大规模声场的高精度仿真作为大规模复杂声场仿真的另一个分支，在第 5~7 章给予了详细阐述。传统的奇异边界法 (SBM) 由于需要求解一个大规模完全稠密矩阵，因此只能计算中小规模声场。为了使奇异边界法能够计算大规模声场，Qu 等在文献 [165] 中，首次将奇异边界法和快速多极算法 (FMM) 耦合，基于基本解的分波展开形式，研发了仿真大规模低频声场的快速多级奇异边界法 (FMSBM)。其后，Qu 等基于基本解的平面波展开形式，进一步研发了对角型快速多极奇异边界法 [14] 计算大规模高频声场。更进一步地，Qu 等在文献 [46] 中给出了一种宽频形式的快速多极奇异边界法，该算法可高效计算高、中、低频声场问题。屈文镇在文献 [45] 中对快速多极奇异边界法的工作做了一个较为细致的概述总结。然而，尽管耦合快速多极算法后，由稠密矩阵所导致的高计算量和高存储量可以被有效降低，但快速多极奇异边界法仍然需要求解一个大规模完全稠密矩阵。当进入高频范畴后，传统的迭代型求解器如 GMRES 等无法高效求解此类矩阵。稠密矩阵所特有的高秩、高病态属性阻碍了奇异边界法对具有复杂边界条件的大规模高频声场的高精度计算。因此，在文献 [49] 中，Li 等首次通过引入双层结构，构造了修正双层算法 (MDA)，以克服奇异边界法在计算高频声场时所面临的高病态困难。第 5 章详细阐述了修正双层算法的设计思想和技术路线。然而，修正双层算法的粗网格矩阵仍然是一个中等规模的稀疏矩阵，这就限制了修正双层算法在单台计算机上所能计算的声场规模。因此，在文献 [96] 中，Li 等进一步耦合快速多极算法，研发了修正双层快速多极算法 (MDFMA) 计算大规模声场，第 6 章对此给予了详细阐述。但问题至此并没有完全解决，随着计算规模的增加，稀疏矩阵的存储问题逐渐浮现。因此在文献 [97] 中，Li 等通过将双层结构进一步拓展至多层结构，提出了修正多层算法，进一步大幅度减小了稀疏矩阵的存储需求。此部分内容，在第 7 章给予了详细阐述。进一步地，类似于双层快速多极算法，修正多层算法的粗网格同样可以通过耦合快速多极算法进阶为修正多层快速多极算法 (MMFMA)[208]。但不幸的是，修正多层快速多极算法如何高效计算大规模复杂声场，目前还有部分瓶颈问题尚未解决，因此，本部分内容在本书中并未涵盖，有兴趣了解修正多层快速多极算法的读者，可参阅文献 [208]。

表 9.4 列出了上述几种算法所解决的问题和面临的困难。可以看到，问题 1 和问题 2 均由奇异边界法的完全稠密矩阵引起。在快速多极奇异边界法中，虽然利用快速多极算法解决了问题 1，但问题 2 仍然存在。因此，在修正双层快速多极算法中，通过耦合快速多极奇异边界法和修正双层算法，妥善解决了问题 1 和问题 2。但不幸的是，随着声场计算规模增加，问题 3 逐渐浮现。因此，将双层结构向多层结构延拓得到修正多层快速多极算法。可以看到，修正多层快速多极算法已经较完善地同时解决了问题 1、问题 2、问题 3。图 9.1 绘制了奇异边界法计算大规模声场的大致发展流程和相关重要文献。

表 9.4　奇异边界法计算大规模高频声场存在的问题列表

存在问题		方法			
		SBM	FMSBM	MDFMA	MMFMA
问题 1	高存储量和高计算量	√	×	×	×
问题 2	高病态	√	√	×	×
问题 3	稀疏矩阵高存储量	—	—	√	×

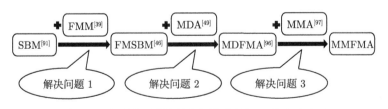

图 9.1　奇异边界法计算大规模声场问题的发展流程

独立于上述发展脉络，Li 将奇异边界法和快速傅里叶变换算法耦合，开发了一款快速傅里叶变换奇异边界法。作为奇异边界法的拓展延伸，文献 [203] 对奇异边界法仿真大规模声场也做出了有益的尝试，有兴趣的读者可参阅文献 [157]。

9.4　奇异边界法计算标量波方程概述

奇异边界法在时域条件下计算标量波方程的概念最初由 Chen 等提出。Chen 等在文献 [117,118] 中，首次构造了基于时间依赖基本解的奇异边界法计算二维和三维标量波方程，实现了奇异边界法对声场的时域计算。基于叠加原理，在二维波动方程计算中，Li 等通过将时间依赖基本解在时间方向上积分，使奇异边界法的计算维度降低了 0.5 个维度。时间依赖奇异边界法以时间依赖基本解作为插值基函数，仅需在计算时刻布置边界源点，实现了对二维波传播问题的高效实时计算。在三维波动方程计算中，Li 等基于简谐波传播假设，近似计算源点在延迟时刻的未知系数，克服了三维波无后效性所造成的波方程在时间方向上的离散困难。本部分内容在第 8 章中做了详细阐述。作为声场频域计算的补充，时间依赖奇异边界法的提出，完善了奇异边界法计算声场问题的理论完备性。其后，Li 等基于时间依赖奇异边界法，首次提出了波屏蔽斗篷概念 [2]，并构造了一种基于波屏蔽的主动噪声控制模型。

与时间依赖奇异边界法对应，基于半解析边界配点法的局部化理论，Li 等 [203] 构造了一种半解析局部时空配点法模型。一方面，半解析局部时空配点法基于局部化思想，使计算域内每个节点仅受其邻近时空子域内的节点影响，故最终仅需存储和求解一个大规模稀疏矩阵。另一方面，基于构造的时间依赖通解，半解析局部时空配点法可避免处理基本解在源点处的奇异性，直接近似瞬态时空方程。但该方法目前仅局限于模拟瞬态扩散问题，如何构造适合波方程的时间依赖通解，将半解析局部时空配点法拓展至宽频段大规模瞬态声场，辅助直升机开式转子噪声机体声散射研究，目前仍是研究的焦点。因此，本部分内容在本书中并未涵盖，有兴趣了解半解析局部时空配点法的读者，可参阅文献 [203]。

至此，本章大致概述了奇异边界法模拟声场动力环境的发展脉络，作为奇异边界法的发展源头，陈文教授的思想和工作对奇异边界法模拟声场动力环境的发展具有重要启蒙意义，其后傅卓佳教授对奇异边界法在声场动力环境模拟中的发展也做出了重要贡献。在此，本书作者再次表达对陈教授的深切缅怀及对傅教授的由衷感谢。

9.5　半解析边界配点法发展展望

半解析边界配点法目前在科学与工程计算领域仍处于一个不断完善的进程当中。纵览半解析边界配点法的发展历程，以 1971 年 Hardy 提出著名的 Multi-

Quadratic (MQ) 函数作为开端，半解析边界配点法经历了 1970—2000 年的早期探索阶段。在这一阶段，有关半解析边界配点法的基本构想、早期理论、初步形态等重要学科骨架被逐步探索确立。半解析边界配点法作为一种全新的数值方法登上学术舞台并逐渐被学界认可。

在 2001—2010 年，半解析边界配点法迎来了高速发展阶段。经过第一阶段的积累沉淀，各种新颖的半解析边界配点法在这一时期如雨后春笋般涌现。奇异边界法即诞生于这一阶段。这一阶段的突出特征表现在，各种半解析边界配点法层出不穷，相关文献大量涌现。但各种不断涌现出的半解析边界配点法均存在这样或那样的不足，仅能停留在对理论性的、小规模的、简单的数学问题的求解。《科学与工程计算中的径向基函数方法》概述了这一阶段涌现出的各种半解析边界配点法，并详述了其发展历程。

在 2011—2023 年，半解析边界配点法迎来了高质发展阶段。半解析边界配点法经过上一阶段的大爆发、大淘汰，一批具有解决实际问题潜力的半解析边界配点法脱颖而出。在这十余年的高质发展过程中，这些算法逐步克服了自身所存在的不足，完善了自身的理论基础，并在一些具体领域展现出了相较传统算法的明显优势。这一阶段的突出特征表现在，虽然相关论文数量有所下降，但高质量论文大量涌现。在这一阶段，每一种经过时间去伪存真的半解析边界配点法都在努力完善自身不足，不断积聚自身独特的算法优势，谋求在浩如烟海的新方法、新体系中脱颖而出。本书所记述的快速半解析边界配点法预报大规模复杂声场的相关研究成果，即属于这一阶段半解析边界配点法在不断自我完善、自我革新进程中，所积淀出的理论与实践成果。

展望未来十年，笔者预测半解析边界配点法将迎来实用化发展高潮。十年生聚，十年教训，在经过上一阶段的大浪淘沙之后，少数半解析边界配点法经过时间的去伪存真，不断自我完善、自我革新，形成了一套相对完善的理论体系，并初步具备了解决实际科学与工程问题的能力。那么在未来十年，这些半解析边界配点法必将逐步完成实用化升级并最终走向实际科学与工程计算。这一阶段的突出特征是，论文撰写不再成为学科发展的主流方向。高质量专利、高性能计算软件将成为这一阶段的代表性成果。其直接后果就是，在这一阶段必将产生一大批基于半解析边界配点法，可直接用于科学与工程计算的高性能计算软件，并为其后的大规模产业化发展做足技术铺垫。

因此，本书所开发的快速半解析边界配点法在完成了实验室开发阶段后，展望后续工作，下一步的研究工作将主要聚焦以下三个方面：

(1) 高频声场计算和大规模声场计算均已得到了妥善解决。但两者的耦合问题、大规模高频声场的高效计算目前仍存在一定困难。可高效计算大规模高频声场的快速半解析边界配点法仍有待进一步探究。

(2) 半解析边界配点法在数学上尚不完备，下一步拟在数学层面对半解析边界配点法的稳定性、适用性进行理论分析和数学论证，形成一套完备的理论体系。

(3) 快速半解析边界配点法已完成了实验室开发，下一步拟通过耦合完备的前处理和后处理功能，推出成熟的、可直接用于实际工程分析的高性能计算软件。

第二部分　工程应用实例

第 10 章 复杂目标电磁散射高精度计算的正则化矩量法

10.1 引　　言

高精度计算复杂目标的电磁散射在军事和工业领域具有重要的应用价值。目前计算复杂目标电磁散射的主要数值方法是矩量法[19]。相较于有限元法和边界元法，矩量法仅需边界离散，计算维度可降低一维，由于使用可自动满足无限远处辐射边界条件的 Helmholtz 方程基本解作为基函数，因此可避免对无限域问题计算边界的复杂处理。此外，当使用三角形面元、RWG (Rao-Wilton-Glisson) 矢量基函数[204]、应用伽辽金匹配计算理想导体电磁散射场时，矩量法仅需计算基本解在源点处的弱奇异性，规避了对高阶奇异性的复杂处理。因此，在电磁计算中，矩量法具有其他方法无法比拟的技术优势。然而，与上述优点并存，矩量法也存在一些不足尚待探究。首先，矩量法在内部共振频率附近会出现解的非唯一性困难。目前解决这一问题的常用策略是混合电场积分方程和磁场积分方程。然而，基于混合积分方程的矩量法虽可避免在共振频率附近的解的离散现象，但也不可避免地使计算复杂度和存储复杂度增加了一倍。其次，在数值计算中，为处理基本解在源点处的奇异性，往往需要计算复杂的奇异积分，如何高效处理基本解在源点处的奇异性，直接制约着矩量法的计算效率。最后，由于全局支撑的离散结构，矩量法将导致一个完全填充的插值矩阵，传统迭代型求解器很难高效求解此类高病态稠密矩阵。因此，如何引入适当的预调节器，在不显著增加算法计算和存储复杂度的前提下，大幅减少矩阵求解过程中所需的迭代次数，对高精度计算复杂目标的电磁散射至关重要。非唯一性问题、奇异性问题、预调节问题，构成了本章的主要技术路线。

本章将基于半解析边界配点法的最新研究成果，向计算电磁学拓展延伸，聚焦于解决电磁计算中一些普遍存在的共性问题。作为研究的第一步，本章的主要研究目的是针对性地解决非唯一性问题、奇异性问题和预条件问题，这三个制约矩量法效能发挥的瓶颈问题。针对这三个问题，首先，本章基于 Helmholtz 方程修正基本解概念，构造一种计算复杂目标电磁散射的正则化矩量法，在不增加计算和存储复杂度前提下，规避矩量法在共振频率附近出现的解的离散现象；其次，本章引入第 2 章推导的源点强度因子技术，规避复杂的奇异积分，高效计算基本解在源点处的奇异性；最后，本章基于近场近似原理构造一种近场近似预调节方法，在不显著影响算法计算和存储复杂度的前提下，实现对高病态稠密矩阵的高效预调节，大幅减少 GMRES 求解器的迭代次数。此外，鉴于正则化矩量法仅针对电场积分方程构建，作为一个补充，本章基于混合积分场，给出了一种 Burton-Miller 型正则化矩量法供读者参考。在其后部分，本章将分别对上述几种技术加以详细介绍，并在谐振球实验、NASA(National Aeronautics and Space Administration) 标准散射体杏仁核模型散射实验、真实人头模型电磁散射实验中进一步测试正则化矩量法在电磁散射计算中的实际效能。

10.2　正则化矩量法

基于电场积分方程和 RWG 矢量基函数的矩量法的详细推导过程，文献 [204] 中已详细给出，本节在文献 [204] 所提出矩量法的基础上，构造正则化矩量法[205]，附录 C 中给出了在正则化矩量法编程中涉及的寻边算法[213]。

频域条件下的三维电磁散射场可由电场积分方程计算

$$\overline{E}^{S}(\bar{r}) = \mathrm{i}\omega\bar{A}(\bar{r}) - \nabla\varPhi(\bar{r}),\tag{10.1}$$

其中，∇ 表示 Laplace 算符，上标 (¯) 表示矢量，$\overline{E}^{S}$ 表示散射电场，$\omega = k/\sqrt{\mu\varepsilon} = 2\pi f$ 表示圆频率。$\bar{r}$ 表示配点，$\bar{r}'$ 表示源点。$\mu = 4\pi\times10^{-7}, \varepsilon = 8.854187817\times10^{-12}$ 分别为真空中的磁导率和介电常量。$\overline{A}$ 表示矢量势

$$\bar{A}(\bar{r}) = \frac{\mu}{4\pi}\int_{S}\overline{J}(\bar{r}')G(\bar{r}')\mathrm{d}S'.\tag{10.2}$$

$\overline{J}$ 表示表面等效电流，$\varPhi$ 表示标量势

$$\varPhi(\bar{r}) = \frac{1}{4\pi\varepsilon}\int_{S}\sigma(\bar{r}')G(\bar{r}')\mathrm{d}S',\tag{10.3}$$

其中，G 为三维 Helmholtz 方程基本解

$$G(\bar{r}') = \frac{\mathrm{e}^{\mathrm{i}kR}}{R},\quad R = |\bar{r} - \bar{r}'|.\tag{10.4}$$

表面电荷密度 σ 满足

$$\nabla_{S}\cdot\bar{J}(\bar{r}) = \mathrm{i}\omega\sigma(\bar{r}).\tag{10.5}$$

理想导体的电磁散射的边界条件可表示为

$$-\bar{E}_{\mathrm{tan}}^{I}(\bar{r}) = \left(\mathrm{i}\omega\bar{A}(\bar{r}) - \nabla\varPhi(\bar{r})\right)_{\mathrm{tan}},\quad \bar{r}\in S,\tag{10.6}$$

其中，$(\ )_{\mathrm{tan}}$ 表示切向分量，$\bar{E}^I$ 表示入射电场。式 (10.6) 的物理意义表示对于理想导体，电磁散射场的边界条件满足散射体表面切向电场为零。当使用三角形面元、RWG 矢量基函数、应用伽辽金匹配时，正则化矩量法的边界积分方程满足

$$\left\langle \bar{E}^I\left(\bar{r}\right), \bar{f}_m\left(\bar{r}\right)\right\rangle = -\mathrm{i}\omega\left\langle \bar{A}\left(\bar{r}\right), \bar{f}_m\left(\bar{r}\right)\right\rangle + \left\langle \nabla\varPhi\left(\bar{r}\right), \bar{f}_m\left(\bar{r}\right)\right\rangle, \quad \bar{r}\in S. \quad (10.7)$$

$\bar{f}$ 表示 RWG 矢量基函数[204]

$$\bar{f}_n\left(\bar{r}\right) = \begin{cases} \dfrac{l_n}{2A_n^+}\bar{\rho}_n^+, & \bar{r}\in T_n^+, \\[2mm] \dfrac{l_n}{2A_n^-}\bar{\rho}_n^-, & \bar{r}\in T_n^-, \\[2mm] 0, & 其他, \end{cases} \qquad \nabla_S\cdot\bar{f}_n\left(\bar{r}\right) = \begin{cases} \dfrac{l_n}{A_n^+}, & \bar{r}\in T_n^+, \\[2mm] -\dfrac{l_n}{A_n^-}, & \bar{r}\in T_n^-, \\[2mm] 0, & 其他. \end{cases} \quad (10.8)$$

基于三角形面元的 RWG 矢量基函数，如图 10.1 所示。

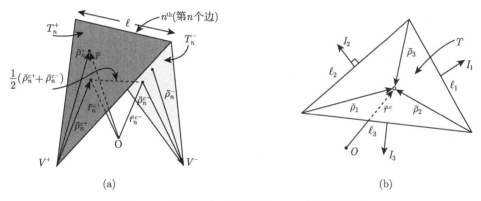

图 10.1　基于三角形面元的 RWG 矢量基函数

每个 RWG 矢量基函数建立在一对具有公共边的三角形面元 T_n^+ 和 T_n^- 上，两个三角形面元分别带正电和负电，电流方向由 T_n^+ 指向 T_n^-。三角形面元的带电属性无固定要求，但在计算过程中应保持一致。每个三角形面元上的未知等效电流 I 分别与三条边垂直。引入局部坐标系 $\bar{\rho}$，利用未知等效电流 I 与 RWG 矢量基函数插值计算三角形面元中心 $\bar{r}^c$ 处的表面等效电流。

$$\bar{J}\left(\bar{r}\right) = \sum_{n=1}^{Nl} I_n\bar{f}_n\left(\bar{r}\right). \quad (10.9)$$

基于矢量恒等式

$$\left\langle \nabla\varPhi\left(\bar{r}\right), \bar{f}_m\left(\bar{r}\right)\right\rangle = -\int_S \varPhi\left(\bar{r}\right)\nabla_S\cdot\bar{f}_m\left(\bar{r}\right)\,\mathrm{d}S. \quad (10.10)$$

式 (10.7) 可改写为

$$
-\mathrm{i}\omega l_m \left[\left\langle \bar{A}\left(\bar{r}_m^{c+}\right) \cdot \frac{\bar{\rho}_m^{c+}}{2} \right\rangle + \left\langle \bar{A}\left(\bar{r}_m^{c-}\right) \cdot \frac{\bar{\rho}_m^{c-}}{2} \right\rangle \right] + l_m \left[\Phi\left(\bar{r}_m^{c-}\right) - \Phi\left(\bar{r}_m^{c+}\right) \right]
$$
$$
= l_m \left[\left\langle \bar{E}^I\left(\bar{r}_m^{c+}\right) \cdot \frac{\bar{\rho}_m^{c+}}{2} \right\rangle + \left\langle \bar{E}^I\left(\bar{r}_m^{c-}\right) \cdot \frac{\bar{\rho}_m^{c-}}{2} \right\rangle \right],
$$

$$(10.11)$$

其中，I 表示未知系数，l_m 表示三角形面元的第 m 个边长，$\bar{\rho}_m^{c-}$ 表示三角形面元中的局部坐标，上标 $(\ )^{c\pm}$ 表示三角形面元的中心。

将式 (10.11) 中的未知量和已知量分别移至等号两侧，得到

$$
ZI = V.
$$
$$(10.12)$$

基于边界配点方法，式 (13.12) 的各项可离散为

$$
Z_{mn} = \frac{-\mathrm{i}\omega\mu l_n}{8\pi} \left[\begin{array}{l} M_m^+\left(r_n^{c+\prime}\right) \left\langle \bar{\rho}_n^{c+\prime} \cdot \frac{\bar{\rho}_m^{c+}}{2} \right\rangle + M_m^+\left(r_n^{c-}\right) \left\langle \bar{\rho}_n^{c-\prime} \cdot \frac{\bar{\rho}_m^{c+}}{2} \right\rangle \\ + M_m^-\left(r_n^{c+\prime}\right) \left\langle \bar{\rho}_n^{c+\prime} \cdot \frac{\bar{\rho}_m^{c-}}{2} \right\rangle + M_m^-\left(r_n^{c-\prime}\right) \left\langle \bar{\rho}_n^{c-\prime} \cdot \frac{\bar{\rho}_m^{c-}}{2} \right\rangle \end{array} \right]
$$
$$
+ \frac{l_n}{4\pi\mathrm{i}\omega\varepsilon} \left[M_m^-\left(r_n^{c+\prime}\right) - M_m^-\left(r_n^{c-\prime}\right) - M_m^+\left(r_n^{c+\prime}\right) + M_m^+\left(r_n^{c-\prime}\right) \right],
$$

$$(10.13)$$

$$
V_m = \left\langle \bar{E}_m^+ \cdot \frac{\bar{\rho}_m^{c+}}{2} \right\rangle + \left\langle \bar{E}_m^- \cdot \frac{\bar{\rho}_m^{c-}}{2} \right\rangle,
$$
$$(10.14)$$

$$
\bar{E}_m^\pm = \bar{E}^I\left(\bar{r}_m^{c\pm}\right),
$$
$$(10.15)$$

$$
\bar{A}_{mn}^\pm = \frac{\mu l_n}{8\pi} \left[M_m^\pm\left(r_n^{c+\prime}\right) \bar{\rho}_n^{c+\prime} + M_m^\pm\left(r_n^{c-\prime}\right) \bar{\rho}_n^{c-\prime} \right],
$$
$$(10.16)$$

$$
\Phi_{mn}^\pm = \frac{l_n}{4\pi\mathrm{i}\omega\varepsilon} \left[M_m^\pm\left(r_n^{c+\prime}\right) - M_m^\pm\left(r_n^{c-\prime}\right) \right],
$$
$$(10.17)$$

为了消除矩量法在内部谐振频率附近出现的解的非唯一性现象，正则化矩量法构造一种 Helmholtz 方程的修正基本解替代 Helmholtz 方程基本解作为插值基函数。修正基本解表示为

$$
M_m^\pm\left(\bar{r}'\right) = \alpha \frac{\mathrm{e}^{\mathrm{i}kR_m^\pm}}{R_m^\pm} + (1-\alpha) \frac{\mathrm{e}^{\mathrm{i}\left(kR_m^\pm - \pi/2\right)}}{R_m^\pm}
$$
$$
= [\alpha - (1-\alpha)\,\mathrm{i}] \frac{\mathrm{e}^{\mathrm{i}kR_m^\pm}}{R_m^\pm}, \quad R_m^\pm = \left|\bar{r}_m^{c\pm} - \bar{r}'\right|,
$$

$$(10.18)$$

其中，α 为形状参数，本节取 $\alpha = 0.5$。当 $R \to 0$ 时，正则化矩量法使用源点强度因子替代修正基本解在源点处的奇异项，源点强度因子具体推导步骤已在第 2 章中给出。求得未知系数 I 后，远场散射电场可由下式近似计算：

$$\bar{E}^S \left(\bar{r}\right) = \left[\alpha - (1-\alpha)\,\mathrm{i}\right] \frac{\mathrm{i}\omega\mu \mathrm{e}^{\mathrm{i}k|\bar{r}|}}{4\pi|\bar{r}|} \sum_{m=1}^{Nd} \left[\left(\sum_{n=1}^{Nl} I_n f_n\left(\bar{r}_m^{c'}\right)\right) A_m \mathrm{e}^{-\mathrm{i}k\left|\bar{r}_m^{c'}\right|\cdot\hat{r}}\right], \quad (10.19)$$

其中，Nl 表示三角形面元边的总数，$\hat{r} \approx \bar{r}/|\bar{r}|$。

10.3 Burton-Miller 型正则化矩量法

10.2 节基于电场积分方程构建了正则化矩量法，在不增加算法计算和存储复杂度的前提下规避了在共振频率附近解的离散现象。作为补充，本节基于混合场积分方程，构造一种 Burton-Miller 型正则化矩量法 [206] 供读者参考。

10.3.1 电场积分方程

首先考虑电场积分方程：

$$\hat{n} \times \left[E_{\mathrm{inc}} + \eta L\left(J\right)\right] = 0, \quad (10.20)$$

其中，$\eta = \sqrt{\mu/\varepsilon}$ 表示波阻抗，E_{inc} 表示入射电场。表面电流 J 可表示为

$$J \approx \sum_{n=1}^{N} I_n f_n\left(r\right). \quad (10.21)$$

将式 (10.21) 代入式 (10.20)，得到电场积分方程的离散表达式：

$$\hat{n} \times \left[E_{\mathrm{inc}} + \eta \sum_{n=1}^{N} I_n L\left(f_n\left(r'\right)\right)\right] = 0, \quad (10.22)$$

其中，N 表示自由度数目，I_n 表示未知等效电流，算子 $L\left(J\right)$ 记为

$$\begin{aligned}
L\left(J\right) &= -\mathrm{j}k \int_V \left[J\left(r'\right) G\left(R\right) + \frac{1}{k^2}\nabla' \cdot J\left(r'\right)\nabla G\left(R\right)\right]\mathrm{d}v' \\
&= \frac{k^2}{4\pi}\int_V \left\{J\left(r'\right)\frac{1}{\mathrm{j}kR} + \frac{\nabla' \cdot J\left(r'\right)}{\mathrm{j}k}\hat{R}\left[\frac{1}{\mathrm{j}kR} + \frac{1}{\left(\mathrm{j}kR\right)^2}\right]\right\}\mathrm{e}^{-\mathrm{j}kR}\mathrm{d}v',
\end{aligned}$$

$$(10.23)$$

$f_n(r')$ 表示如图 10.1 所示的 RWG 矢量基函数。对于式 (10.22)，当利用 RWG 矢量基函数同时充当基函数和试函数时，得到

$$\left\langle f_m(r), \left[E_{\mathrm{inc}} + \eta \sum_{n=1}^{N} I_n L(f_n(r')) \right] \right\rangle = 0. \tag{10.24}$$

其后，将式 (10.24) 进一步修改为如下形式：

$$\sum_{n=1}^{N} I_n \langle f_m(r), -\eta L(f_n(r')) \rangle = \langle f_m(r), E_{\mathrm{inc}} \rangle. \tag{10.25}$$

并将未知项和已知项分别移至等式两边，式 (10.25) 进一步可表示为

$$ZI = V \tag{10.26}$$

的形式，其中

$$Z_{nm} = \mathrm{j}k\eta \int_{T_m^+ + T_m^-} f_m(r) \cdot \int_{T_n^+ + T_n^-} \left[f_n(r') + \frac{1}{k^2} \nabla' \cdot f_n(r') \nabla \right] G(R) \, \mathrm{d}s' \mathrm{d}s, \tag{10.27}$$

$$V_m = \int_{T_m^+ + T_m^-} f_m(r) \cdot E_{\mathrm{inc}} \mathrm{d}s. \tag{10.28}$$

基于矢量恒等式 [207]

$$\nabla \cdot [f_m(r) G(R)] = f_m(r) \cdot \nabla G(R) + G(R) \nabla \cdot f_m(r), \tag{10.29}$$

得到

$$\int_{T_m^+ + T_m^-} f_m(r) \cdot \nabla G(R) \, \mathrm{d}s$$
$$= \int_{T_m^+ + T_m^-} \nabla \cdot [f_m(r) G(R)] \, \mathrm{d}s - \int_{T_m^+ + T_m^-} G(R) \nabla \cdot f_m(r) \, \mathrm{d}s. \tag{10.30}$$

基于文献 [207] 中的推导，得到下述关系：

$$\int_{T_m^+ + T_m^-} \nabla \cdot [f_m(r) G(R)] \, \mathrm{d}s = 0. \tag{10.31}$$

将式 (10.31) 代入式 (10.30)，得到

$$\int_{T_m^+ + T_m^-} f_m(r) \cdot \nabla G(R) \mathrm{d}s = - \int_{T_m^+ + T_m^-} G(R) \nabla_s \cdot f_m(r) \mathrm{d}s. \tag{10.32}$$

进一步将式 (10.32) 代入式 (10.27)，得到

$$
\begin{aligned}
Z_{nm} &= \mathrm{j}k\eta \int_{T_m^+ + T_m^-} \int_{T_n^+ + T_n^-} \begin{bmatrix} f_m\,(r) \cdot f_n\,(r') \\ -\dfrac{1}{k^2}\nabla_s' \cdot f_n\,(r')\,\nabla_s \cdot f_m\,(r) \end{bmatrix} G(R)\mathrm{d}s'\mathrm{d}s \\
&= Z_{mn}^{++} + Z_{mn}^{+-} + Z_{mn}^{-+} + Z_{mn}^{--},
\end{aligned}
\tag{10.33}
$$

其中，

$$
Z_{mn}^{++} = \frac{\mathrm{j}k\eta}{4\pi} \frac{l_m l_n}{4A_m^+ A_n^+} \int_{T_m^+} \int_{T_n^+} \left[\left(r - V_m^+\right) \cdot \left(r' - V_n^+\right) - \frac{4}{k^2} \right] \frac{\mathrm{e}^{-\mathrm{j}kR}}{R} \mathrm{d}s'\mathrm{d}s, \tag{10.34}
$$

$$
Z_{mn}^{+-} = -\frac{\mathrm{j}k\eta}{4\pi} \frac{l_m l_n}{4A_m^+ A_n^-} \int_{T_m^+} \int_{T_n^-} \left[\left(r - V_m^+\right) \cdot \left(r' - V_n^-\right) - \frac{4}{k^2} \right] \frac{\mathrm{e}^{-\mathrm{j}kR}}{R} \mathrm{d}s'\mathrm{d}s, \tag{10.35}
$$

$$
Z_{mn}^{-+} = -\frac{\mathrm{j}k\eta}{4\pi} \frac{l_m l_n}{4A_m^- A_n^+} \int_{T_m^-} \int_{T_n^+} \left[\left(r - V_m^-\right) \cdot \left(r' - V_n^+\right) - \frac{4}{k^2} \right] \frac{\mathrm{e}^{-\mathrm{j}kR}}{R} \mathrm{d}s'\mathrm{d}s, \tag{10.36}
$$

$$
Z_{mn}^{--} = \frac{\mathrm{j}k\eta}{4\pi} \frac{l_m l_n}{4A_m^- A_n^-} \int_{T_m^-} \int_{T_n^-} \left[\left(r - V_m^-\right) \cdot \left(r' - V_n^-\right) - \frac{4}{k^2} \right] \frac{\mathrm{e}^{-\mathrm{j}kR}}{R} \mathrm{d}s'\mathrm{d}s, \tag{10.37}
$$

r' 表示源点，r 表示配点，$V^{\pm}$ 每对表示三角形贴片中和公共边对应的顶点坐标。

10.3.2 磁场积分方程

考虑磁场积分方程：

$$
\hat{n} \times [K\,(J) + H_{\mathrm{inc}}] = J, \tag{10.38}
$$

其中，H_{inc} 表示入射磁场。算子 $K\,(J)$ 记为

$$
\begin{aligned}
K\,(J) &= -\int_V J\,(r') \times \nabla G\,(R)\,\mathrm{d}v' \\
&= -\frac{k^2}{4\pi} \int_V J(r') \times \hat{R} \left[\frac{1}{\mathrm{j}kR} + \frac{1}{(\mathrm{j}kR)^2} \right] \mathrm{e}^{-\mathrm{j}kR} \mathrm{d}v'.
\end{aligned}
\tag{10.39}
$$

当 RWG 矢量基函数被同时用作基函数和试函数时，得到

$$
\left\langle f_m(r), \sum_{n=1}^{N} I_n\,[f_n - \hat{n} \times K\,(f_n\,(r'))] \right\rangle = \langle f_m\,(r), \hat{n} \times H_{\mathrm{inc}} \rangle. \tag{10.40}
$$

将式 (10.40) 进一步改写为如下形式：

$$
ZI = V, \tag{10.41}
$$

其中,

$$
\begin{aligned}
Z_{mn} &= \frac{1}{2} \int_{T_m^+ + T_m^-} f_m\left(r\right) \cdot f_n\left(r'\right) \mathrm{d}s \\
&\quad + \int_{T_m^+ + T_m^-} f_m\left(r\right) \cdot \left[\hat{n} \times \int_{T_n^+ + T_n^-} f_n\left(r'\right) \times \nabla G\left(R\right) \mathrm{d}s'\right] \mathrm{d}s \\
&= Z_{mn}^{++} + Z_{mn}^{+-} + Z_{mn}^{-+} + Z_{mn}^{--},
\end{aligned}
\tag{10.42}
$$

$$
V_m = \int_{T_m^+ + T_m^-} f_m\left(r\right) \cdot \left(\hat{n} \times H_{\mathrm{inc}}\right) \mathrm{d}s,
\tag{10.43}
$$

其中,

$$
\begin{aligned}
Z_{mn}^{++} &= \frac{l_m l_n}{8 A_m^+ A_n^+} \int_{T_m^+} \left(r - V_m^+\right) \cdot \left(r' - V_n^+\right) \mathrm{d}s \\
&\quad + \frac{l_m l_n}{4 A_m^+ A_n^+} \int_{T_m^+} \left(r - V_m^+\right) \\
&\quad \cdot \left[\hat{n} \times \int_{T_n^+} \left(r' - V_n^+\right) \times \left(r' - r\right) \frac{\left(1 + \mathrm{j}kR\right) \mathrm{e}^{-\mathrm{j}kR}}{4\pi R^3} \mathrm{d}s'\right] \mathrm{d}s,
\end{aligned}
\tag{10.44}
$$

$$
\begin{aligned}
Z_{mn}^{+-} &= -\frac{l_m l_n}{8 A_m^+ A_n^-} \int_{T_m^+} \left(r - V_m^+\right) \cdot \left(r' - V_n^-\right) \mathrm{d}s \\
&\quad - \frac{l_m l_n}{4 A_m^+ A_n^-} \int_{T_m^+} \left(r - V_m^+\right) \\
&\quad \cdot \left[\hat{n} \times \int_{T_n^-} \left(r' - V_n^-\right) \times \left(r' - r\right) \frac{\left(1 + \mathrm{j}kR\right) \mathrm{e}^{-\mathrm{j}kR}}{4\pi R^3} \mathrm{d}s'\right] \mathrm{d}s,
\end{aligned}
\tag{10.45}
$$

$$
\begin{aligned}
Z_{mn}^{-+} &= -\frac{l_m l_n}{8 A_m^- A_n^+} \int_{T_m^-} \left(r - V_m^-\right) \cdot \left(r' - V_n^+\right) \mathrm{d}s \\
&\quad - \frac{l_m l_n}{4 A_m^- A_n^+} \int_{T_m^-} \left(r - V_m^-\right) \\
&\quad \cdot \left[\hat{n} \times \int_{T_n^+} \left(r' - V_n^+\right) \times \left(r' - r\right) \frac{\left(1 + \mathrm{j}kR\right) \mathrm{e}^{-\mathrm{j}kR}}{4\pi R^3} \mathrm{d}s'\right] \mathrm{d}s,
\end{aligned}
\tag{10.46}
$$

$$
\begin{aligned}
Z_{mn}^{--} &= \frac{l_m l_n}{8 A_m^- A_n^-} \int_{T_m^-} \left(r - V_m^-\right) \cdot \left(r' - V_n^-\right) \mathrm{d}s \\
&\quad + \frac{l_m l_n}{4 A_m^- A_n^-} \int_{T_m^-} \left(r - V_m^-\right) \\
&\quad \cdot \left[\hat{n} \times \int_{T_n^-} \left(r' - V_n^-\right) \times \left(r' - r\right) \frac{\left(1 + \mathrm{j}kR\right) \mathrm{e}^{-\mathrm{j}kR}}{4\pi R^3} \mathrm{d}s'\right] \mathrm{d}s.
\end{aligned}
\tag{10.47}
$$

10.3.3 混合场积分方程

由于在共振频率附近，电磁场不能由切向电场或切向磁场唯一确定，因此单纯基于电场积分方程或者磁场积分方程的矩量法会产生解的离散现象。不同于 10.2 节通过引入修正基本解的策略来避免共振频率附近解的非唯一现象，本节基于混合积分方程，推导一种 Burton-Miller 型正则化矩量法，规避共振频率附近解的非唯一现象。

当由前述推导，计算获得阻抗矩阵 Z_{TE}、Z_{TH} 和已知右端项 V_{TE}、V_{TH} 之后，未知等效电流可由下述混合插值公式计算获得

$$[\alpha Z_{\mathrm{TE}} + \eta (1-\alpha) Z_{\mathrm{TH}}] I = \alpha V_{\mathrm{TE}} + \eta (1-\alpha) V_{\mathrm{TH}}, \tag{10.48}$$

其中，下角标 TE 表示电场，TH 表示磁场。Z_{TE} 和 Z_{TH} 分别由式 (10.33) 和 (10.42) 计算获得。V_{TE} 和 V_{TH} 分别由式 (10.28) 和 (10.43) 计算获得。

当由式 (10.48) 计算得到未知等效电流后，远场散射电场和远场散射磁场可由式 (10.49) 和 (10.50) 分别计算得到。

$$E^S (r) \approx \frac{-\mathrm{j}k\eta \mathrm{e}^{-\mathrm{j}k|r|}}{4\pi |r|} \int_S J (r') \mathrm{e}^{\mathrm{j}k|r'| \cdot \hat{r}} \mathrm{d}S', \tag{10.49}$$

$$H^S = \frac{1}{\eta} \hat{r} \times E^S, \tag{10.50}$$

其中，$\hat{r} = \bar{r} - \bar{r}' / |\bar{r} - \bar{r}'| \approx \bar{r} / |\bar{r}|$。

10.3.4 奇异项和近奇异项计算

三维 Helmholtz 方程的基本解在 $r = 0$ 时遇到所谓的奇异性，当 $r \to 0$ 时，基本解出现所谓的近奇异性。注意到式 (10.33) 和 (10.42) 的奇异性和近奇异性均由表达式内的三维 Helmholtz 方程的基本解或其梯度引起，即 $G(R)$ 或 $\nabla G(R)$。因此，本书计算声学部分第 2 章中为声学计算设计的源点强度因子和近奇异因子可以直接用来代替式 (10.33) 和 (10.42) 中对应的奇异项和近奇异项。值得注意的是，当两个积分三角形重合时，只需要考虑基本解 $G(R)$ 的奇异性。

考虑下述边界积分方程

$$C(x) \phi(x) = \int_S \left[G(x, s) \frac{\partial \phi(s)}{\partial n(s)} - \frac{\partial G(x, s)}{\partial n(s)} \phi(s) \right] \mathrm{d}S(s), \tag{10.51}$$

$$C(x) \frac{\partial \phi(x)}{\partial l(x)} = \int_S \left[\frac{\partial G(x, s)}{\partial l(x)} \frac{\partial \phi(s)}{\partial n(s)} - \frac{\partial^2 G(x, s)}{\partial n(s) \partial l(x)} \phi(s) \right] \mathrm{d}S(s). \tag{10.52}$$

构造 Helmholtz 方程的一般解

$$\phi\left(s_{j}\right)=\sum_{n=1}^{3}\sin\left(k\left(s_{n}^{j}-x_{n}^{i}\right)\right)n\left(x_{n}^{i}\right),\tag{10.53}$$

$$\frac{\partial\phi\left(s_{j}\right)}{\partial n\left(s_{j}\right)}=k\sum_{n=1}^{3}\cos\left(k\left(s_{n}^{j}-x_{n}^{i}\right)\right)n\left(x_{n}^{i}\right)n\left(s_{n}^{j}\right).\tag{10.54}$$

代入式 (10.51)。发现当 $x_{i}=s_{j}$ 时，$\phi\left(s_{j}\right)=0$，$\dfrac{\partial\phi\left(s_{j}\right)}{\partial n\left(s_{j}\right)}=k$。因此得到基本解 $G(R)$ 在源点处的源点强度因子，

$$G\left(x_{i},s_{i}\right)$$
$$=\frac{1}{kS_{i}}\left\{\sum_{j=1\neq i}^{N}\left[\begin{array}{l}\dfrac{\partial G\left(x_{i},s_{j}\right)}{\partial n\left(s_{j}\right)}\displaystyle\sum_{n=1}^{3}\sin\left(k\left(s_{n}^{j}-x_{n}^{i}\right)\right)n\left(x_{n}^{i}\right)\\[2mm]-kG\left(x_{i},s_{j}\right)\displaystyle\sum_{n=1}^{3}\cos\left(k\left(s_{n}^{j}-x_{n}^{i}\right)\right)n\left(x_{n}^{i}\right)n\left(s_{n}^{j}\right)\end{array}\right]S_{j}+C\left(x_{i}\right)\phi\left(x_{i}\right)\right\}.\tag{10.55}$$

类似地，构造下述 Helmholtz 方程的一般解

$$\phi\left(s_{j}\right)=\sum_{n=1}^{3}\sin\left(k\left(s_{n}^{j}-s_{n}^{m}\right)\right)n\left(s_{n}^{m}\right),\tag{10.56}$$

$$\frac{\partial\phi\left(s_{j}\right)}{\partial n\left(s_{j}\right)}=k\sum_{n=1}^{3}\cos\left(k\left(s_{n}^{j}-s_{n}^{m}\right)\right)n\left(s_{n}^{m}\right)n\left(s_{n}^{j}\right),\tag{10.57}$$

代入式 (10.51) 和 (10.52)。注意到当 $s_{j}=s_{m}$ 时，$\phi\left(s_{j}\right)=0$，$q\left(s_{j}\right)=k$。因此，基本解 $G(R)$ 和其梯度 $\nabla G(R)$ 的近奇异因子可表示为

$$G\left(\hat{x},s_{m}\right)=\frac{1}{kS_{m}}\left\{\begin{array}{l}\displaystyle\sum_{j=1\neq m}^{N}\left[\begin{array}{l}\dfrac{\partial G\left(\hat{x},s_{j}\right)}{\partial n\left(s_{j}\right)}\displaystyle\sum_{n=1}^{3}\sin\left(k\left(s_{n}^{j}-s_{n}^{m}\right)\right)n\left(s_{n}^{m}\right)\\[2mm]-kG\left(\hat{x},s_{j}\right)\displaystyle\sum_{n=1}^{3}\cos\left(k\left(s_{n}^{j}-s_{n}^{m}\right)\right)n\left(s_{n}^{m}\right)n\left(s_{n}^{j}\right)\end{array}\right]S_{j}\\[4mm]+C\left(\hat{x}\right)\phi\left(\hat{x}\right)\end{array}\right\},\tag{10.58}$$

$$\frac{\partial G\left(\hat{x}, s_m\right)}{\partial l\left(\hat{x}\right)}=\frac{1}{kS_m}\left\{\sum_{j=1\neq m}^{N}\left[\begin{array}{l}\dfrac{\partial G^2\left(\hat{x}, s_j\right)}{\partial n\left(s_j\right)\partial l\left(\hat{x}\right)}\sum_{n=1}^{3}\sin\left(k\left(s_n^j-s_n^m\right)\right)n\left(s_n^m\right)\\-k\dfrac{\partial G\left(\hat{x}, s_j\right)}{\partial l\left(\hat{x}\right)}\sum_{n=1}^{3}\cos\left(k\left(s_n^j-s_n^m\right)\right)n\left(s_n^m\right)n\left(s_n^j\right)\end{array}\right]S_j\right\},$$
$$+C\left(\hat{x}\right)\frac{\partial\phi\left(\hat{x}\right)}{\partial l\left(\hat{x}\right)}$$

$$(10.59)$$

式 (10.57)、(10.58) 和 (10.59) 的详细推导过程参见 2.2 节和 2.3 节。在实际计算中,式 (10.33) 和 (10.42) 中的奇异项和近奇异项可以使用奇异工具箱中的相应函数直接计算。奇异工具箱基于奇异边界法,使用源点强度因子和近奇异因子技术快速计算基本解的奇异性和近奇异性。奇点工具箱的详细说明在 2.5 节中给出。读者可在以下网站下载本工具箱:https://doi.org/10.13140/RG.2.2.13247.00162。

10.4　快速近场近似预调节方法

正则化矩量法由于全局支撑的离散结构,会导致一个在计算上极难求解的高病态稠密矩阵。一般的迭代型求解器需耦合预调节器才可有效求解此类矩阵。常用的预调节方法如 Tikhonov 正则化方法、奇异值分解 [129] 等,虽可有效降低 GMRES 求解器迭代次数,但也会大幅增加算法的计算和存储复杂度,无法适用于大规模问题。基于近场近似原理,本节构造一种快速近场近似预调节方法,在不显著增加算法计算和存储复杂度的前提下,高效预调节待求解高病态稠密矩阵。

首先,考虑下述添加预调节矩阵 P^{-1} 后的待求解线性方程组 (10.12)

$$ZP^{-1}x = V, \tag{10.60}$$

$$I = P^{-1}x. \tag{10.61}$$

相较于原待求解线性方程组 (10.12),添加预调节矩阵后,方程组 (10.60) 条件数更小,更易被 GMRES 求解器求解。因此,如何构造恰当的预调节矩阵,直接决定了预调节方法的效果。从数学的观点考虑,添加预调节矩阵后,迭代次数下降的原因是,ZP^{-1} 具有更小的条件数,更易被 GMRES 求解器求解。从物理的观点考虑,矩阵的求解过程可看作在线性映射算子 Z 的映射规则下,将向量 V 逆映射回 I 的过程。因此,线性映射规则越简单,方程求解便越容易。因此,预调节矩阵 P 的作用即可看作减少方程映射算子的复杂性。故预调节矩阵 P 应和插值矩阵 Z 足够相似,才可达到理想的预调节效果。一种极端的情况便是 $P = Z$,此时,ZP^{-1} 蜕化为单位矩阵,故 $I = P^{-1}V$。

对于观察点，考虑到近场贡献构成了电磁场的主要贡献，因此，为了快速构造和插值矩阵 Z 足够相似的预调节矩阵 P，自然联想到，是否可以仅使用电磁场的近场贡献作为预调节矩阵，从而大幅度减小 GMRES 求解器的迭代次数，即

$$P_{mn} = \begin{cases} Z_{mn}, & R_{mn} \leqslant R_0, \\ 0, & R_{mn} > R_0, \end{cases} \tag{10.62}$$

其中，R_{mn} 表示第 m 条边和第 n 条边之间的特征距离；$R_0 = \beta\lambda$ 表示近场影响域半径，β 表示正则化系数，λ 表示波长。

为了进一步减小计算负载，避免直接求解 P^{-1}，本节构造一个具有特定稀疏模式的稀疏近似逆矩阵 $\tilde{P}^{-1}$，其基于 MATLAB 的程序代码参见附录 D。稀疏近似逆矩阵满足使得残差矩阵 $\tilde{I} - Z\tilde{P}^{-1}$ 的 Frobenius 范数极小，即

$$F\left(\tilde{P}^{-1}\right) = \min\left\|\tilde{I} - Z\tilde{P}^{-1}\right\|_F^2, \tag{10.63}$$

其中，$\tilde{I}$ 表示单位矩阵，式 (10.65) 可解耦为残差矩阵 $\tilde{I} - Z\tilde{P}^{-1}$ 各列的 2 范数之和，即等价于求解下述 N 个独立的最小二乘问题，

$$F\left(\tilde{P}^{-1}\right) = \min\left\|I - Z\tilde{P}^{-1}\right\|_F^2 = \sum_{j=1}^{N} \min\|n_j - Zm_j\|_2^2, \tag{10.64}$$

其中 n_j 和 m_j 分别表示单位矩阵和 $\tilde{P}^{-1}$ 的第 j 列。可以发现，稀疏近似逆矩阵 $\tilde{P}^{-1}$ 每一列的构造等价于一个最小二乘问题的求解，

$$f_j(m) = \|n_j - Zm_j\|_2^2, \quad j = 1, 2, \cdots, n. \tag{10.65}$$

假定 $\tilde{P}^{-1}$ 具有和 P 相同的稀疏模式，即

$$NZ(P) = NZ\left(\tilde{P}^{-1}\right) = \{(i, j) \,|\, m_{ij} \neq 0\}, \tag{10.66}$$

则 $\tilde{P}^{-1}$ 的第 j 列的非零模式就可以表示为

$$J = \left\{i \in [1, N] \,\Big|\, (i, j) \in NZ\left(\tilde{C}^{-1}\right)\right\}, \tag{10.67}$$

其意味着 m_j 的部分元素被允许为非 0，而其他元素则被强制为 0。假定 n_2 是 m_j 中非零元素的个数，则 m_j 的非零模式记为 $\hat{m}_j = m_j(J)$。矩阵 Z 中与 $\tilde{m}_j$ 对应的 n_2 列记为 $Z(:, J)$。由于矩阵 Z 是稀疏的，故子矩阵 $Z(:, J)$ 有很多零行，而

这些零行的存在, 并不会影响最小二乘问题式 (10.24) 的求解。假定 $Z(:,J)$ 中非零行的标号集合可以用 K 表示, 删除 $Z(:,J)$ 中的零行后, 得到一个缩小的具有 n_1 行、n_2 列的约化矩阵 $\hat{Z} = Z(K, J)$, 其中 n_1 表示 $Z(:,J)$ 中非零行的个数。因此, 式 (10.65) 等价于下述约化形式,

$$\min_{\tilde{m}_j} \left\| \hat{n}_j - \hat{Z}\hat{m}_j \right\|_2, \quad j = 1, 2, \cdots, n, \tag{10.68}$$

其中, $\hat{n}_j = n_j(J)$。

通常情况下, $\hat{Z}$ 是一个具有 $n_1 \times n_2$ 阶的小规模长方形矩阵。因此, 由式 (10.68) 所定义的最小二乘问题的计算规模要远小于由式 (10.65) 所定义的最小二乘问题的计算规模。当计算得到 $\tilde{P}^{-1}$ 后, 则待求解线性方程组 (10.12) 可由下式计算求解:

$$Z\tilde{P}^{-1}x = V, \tag{10.69}$$

$$I = \tilde{P}^{-1}x. \tag{10.70}$$

附录 D 中给出了基于 MATLAB 的稀疏近似逆矩阵代码。相较于传统的正则化方法, 快速近场近似预调节方法最大的优点是可在不显著增加算法计算和存储复杂度的前提下, 达到显著的预调节效果。应用近场近似预调节方法获得的预调节矩阵主要具有以下优点:

(1) 基于 kd-tree 技术和稀疏近似逆矩阵技术 [208,209], 稀疏近似逆矩阵 $\tilde{P}^{-1}$ 可被快速构造;

(2) 稀疏近似逆矩阵 $\tilde{P}^{-1}$ 是稀疏矩阵;

(3) 稀疏近似逆矩阵 $\tilde{P}^{-1}$ 的预调节作用可根据所计算问题由正则化系数灵活调节。

10.5 数 值 算 例

散射体的雷达散射截面 (RCS) 可由下式计算获得

$$\sigma_{3\mathrm{D}} = \lim_{r \to \infty} 4\pi r^2 \left| \bar{E}^S \right|^2 \Big/ \left| \bar{E}^I \right|^2 \,(\mathrm{m}^2) \tag{10.71}$$

或

$$\sigma_{\mathrm{dBsm}} = 10 \lg (\sigma_{3-D}) \,(\mathrm{dB}). \tag{10.72}$$

数值算法的平均相对误差由式 (10.73) 评价

$$\mathrm{Error} = \sqrt{\sum_{i=1}^{NT} \left| \sigma(x_i) - \bar{\sigma}(x_i) \right|^2 \Big/ \sum_{i=1}^{NT} \left| \bar{\sigma}(x_i) \right|^2}. \tag{10.73}$$

算例 10.1   考虑一个单位谐振球, 在谐振频率附近, 矩量法会出现解的离散现象, 产生非唯一解。依据文献 [210], 谐振球的第一个谐振频率在 $ka=2.768$ 附近, 第二个谐振频率在 $ka=4.518$ 附近。假设有一束沿 $+z$ 方向入射的沿 $+x$ 方向极化的电磁波射向谐振球。

首先, 使用正则化矩量法 (RMOM) 计算谐振球在谐振频率 $ka=2.768$ 和 $ka=4.518$ 处的 RCS, 并和电场积分方程 (EFIE) 和混合积分方程 (CFIE) 结果进行比较, 如表 10.1 所示, 其中, 设置三角形贴片 3216 个, $R_0 = 0.1\lambda$, Tol $= 1 \times 10^{-6}$。可以看到, 基于 EFIE 的矩量法在谐振频率处已完全离散, 当采用 CFIE 后, 矩量法的解和精确解保持贴合。而正则化矩量法的解在谐振频率处可观察到始终和精确解保持高度贴合, 未发生解的离散现象。

表 10.1   谐振球单站 RCS(σ_{3-D}/λ^2)

ka	精确解	RMOM ($\alpha = 0.5$)	EFIE[210]	CFIE[210] ($\alpha = 0.5$)
2.768	-2.88	-2.84	-12.48	-3.07
4.518	2.68	2.63	5.53	2.66

其次, 设置 Tol $= 1 \times 10^{-3}$, $R_0 = 0.1\lambda$, 使用正则化矩量法计算入射波频率为 100MHz 时的自由度扫描表, 如表 10.2 所示。设置 Tol $= 1 \times 10^{-3}$, $R_0 = 0.1\lambda$, 使用正则化矩量法计算三角形贴片为 5010 时的频率扫描表, 如表 10.3 所示。由表 10.2 可以发现, 当正则化参数和频率固定时, 一个有趣的现象是正则化矩量法的迭代次数会随着自由度增加而减小。产生这一现象的原因是当预调节矩阵的稀疏率固定不变时, 预调节矩阵的预调节作用会随着自由度的增加而增强, 因此迭代次数反而会随着自由度的增加而减小。由表 10.3 可以发现, 当正则化参数和频率固定时, 正则化矩量法的 CPU 计算时间随着频率的增加而减小。这一现象的产生原因是随着频率的增加, 预调节矩阵的稀疏率逐渐下降, 其预调节作用持续减弱, 因此总的迭代次数随着频率增加而不断增加。但由于预调节矩阵稀疏率不断下降, 其求解耗费时也不断下降, 故总的 CPU 计算时间反而会随着频率增加而下降。

表 10.2   100MHz 时自由度扫描表 ($R_0 = 0.1\lambda$)

自由度	Error	CPU 时间 /s	预调节矩阵 P 大小/Mb	迭代次数
2794	3.37%	19.8	5.96	42
5010	1.77%	68.0	19.2	30
11160	0.70%	402.3	96.3	23

最后, 设置三角形贴片 5010, 绘制正则化矩量法在 300MHz 时的迭代收敛图, 如图 10.2 所示。比较当未使用预调节器时的正则化矩量法 ($R_0 = 0\lambda$) 和使用

预调节器后的收敛曲线可以观察到, 当使用预调节器后, 正则化矩量法的收敛速率明显加快。随着正则化参数的变大, 预调节器的预调节作用持续增强, 迭代收敛速率持续增加。当选用不同的正则化参数时可以观察到, 正则化矩量法均在 40 次迭代内便收敛至 1×10^{-6} 以下。

表 10.3   频率扫描表 5010($R_0 = 0.1\lambda$)

f/MHz	Error	CPU 时间/s	预调节矩阵 P 稀疏率	迭代次数
50	0.15 %	141.45	91.00%	15
100	1.77%	63.3	97.74%	30
300	2.17%	24.47	99.75%	79

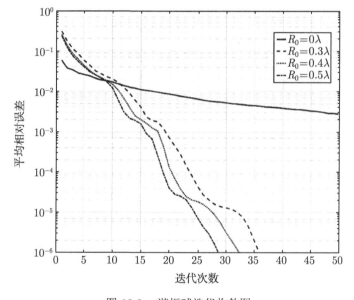

图 10.2   谐振球迭代收敛图

算例 10.2   如图 10.3 所示的杏仁核模型是 NASA 测试各种不同数值算法计算效果的标准散射体。其曲线方程 [211] 如下所述。

当 $-0.41667 < t < 0$ 并且 $-\pi < \psi < \pi$ 时,

$$\begin{cases} x = dt, \\ y = 0.193333d\sqrt{1 - \left(\dfrac{t}{0.416667}\right)^2} \cos\psi, \\ z = 0.064444d\sqrt{1 - \left(\dfrac{t}{0.416667}\right)^2} \sin\psi, \end{cases} \tag{10.74}$$

当 $0 < t < 0.58333$ 并且 $-\pi < \psi < \pi$ 时,

$$
\begin{cases}
x = dt, \\[2mm]
y = 4.83345d\left[\sqrt{1 - \left(\dfrac{t}{2.08335}\right)^2} - 0.96\right]\cos\psi, \\[4mm]
z = 1.61115d\left[\sqrt{1 - \left(\dfrac{t}{2.08335}\right)^2} - 0.96\right]\sin\psi,
\end{cases}
\tag{10.75}
$$

其中,d=0.25237m。

图 10.3   NASA 标准散射体杏仁核模型

考虑一束在 xy 平面上入射的电磁波,杏仁核尖端方向设为 $0°$ 入射方向,当入射波频率 $f = 1.19\text{GHz}$ 时,杏仁核长度刚好近似为一个波长。设置 Tol $= 1\times10^{-3}$,$R_0 = 0\lambda$,使用 5062 个三角形贴片,基于正则化矩量法 (RMOM) 计算杏仁核的单站 RCS,并和文献 [212] 中的 GH(high-order spectral algorithm) 方法以及测量结果[211] 进行比较,其中,HH 表示水平极化,VV 表示垂直极化。可以发现,图 10.4 中,正则化矩量法和 GH 方法的计算结果高度贴合,与测量结果在趋势上基本保持一致。

其后,使用 5062 个三角形贴片,设置入射波频率 $f = 5\text{GHz}$,沿 $\varphi = 180°$ 方向照射杏仁核模型,计算垂直极化 RCS,做正则化矩量法的迭代收敛图,如图 10.5 所示。经对比观察可以发现,当不使用预调节器时,正则化矩量法收敛缓慢。添加本节所构造的近场近似预调节器后,正则化矩量法收敛速度提升明显,对于不同正则化参数,数值解均在大约 50 次迭代内收敛至 1×10^{-6} 以内。近场近似预调节器的预调节效果非常显著。

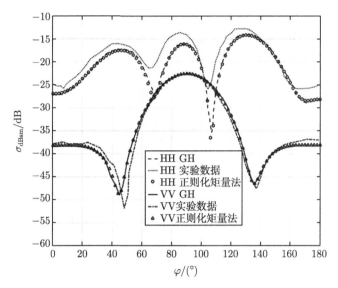

图 10.4   杏仁核模型水平和垂直极化 RCS

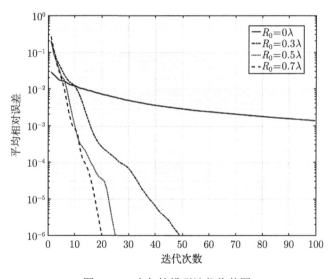

图 10.5   杏仁核模型迭代收敛图

算例 10.3   考虑如图 10.6 所示的真实人头电磁散射模型。入射电场和入射磁场记分别为

$$E^i\left(r\right) = \left(\cos\alpha\hat{\theta} + \sin\alpha\hat{\phi}\right)\mathrm{e}^{-\mathrm{j}k^i \cdot r}, \tag{10.76}$$

$$H^i\left(r\right) = \frac{1}{\eta}\hat{k}^i \times E^i\left(r\right). \tag{10.77}$$

其中，$\hat{\theta} = \pi/2$，$\hat{\phi} = \pi/2$。$\theta^i = \pi$，$\mathrm{Tol} = 1 \times 10^{-3}$，$R_0 = 0.03$。COMSOL 被用作生成参考解，其计算模型如图 10.7 所示。当入射波为 3GHz 时，正则化矩量法和 COMSOL 的计算结果列于表 10.4 中。

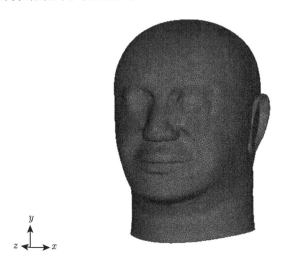

图 10.6　真实人头电磁散射模型

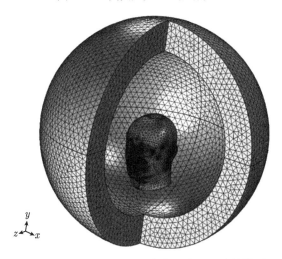

图 10.7　COMSOL 计算真实人头电磁散射模型

表 10.4　3GHz 时频率扫描表

方法	项目				
	自由度	CPU 时间/s	预调节矩阵大小/Mb	预调节矩阵稀疏率	迭代次数
正则化矩量法	7938	352.67	77.5	96.45%	32
COMSOL	4844402	3250	—	—	—

由表 10.4 可以发现，正则化矩量法仅使用相当于 COMSOL 0.16%的自由度和 10.85%的 CPU 时间即可生成相似精度的数值解。图 10.8 和图 10.9 绘制了真实人头模型在 xz 平面和 yz 平面上的双站 RCS。计算报告显示，当使用 COMSOL 解作为参考解时，正则化矩量法在图 10.8 和图 10.9 中的平均相对误差分别是 0.48%和 2.02%。

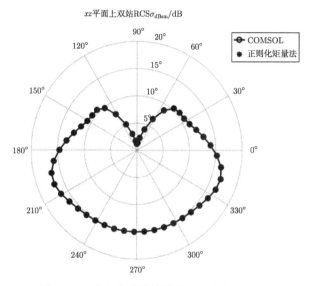

图 10.8　人头电磁散射模型 xz 平面双站 RCS

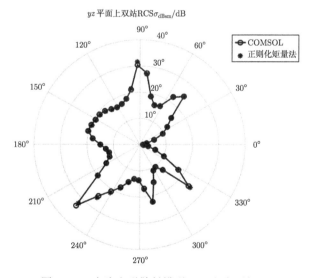

图 10.9　人头电磁散射模型 yz 平面双站 RCS

10.6　本章小结

本章将半解析边界配点法由声场计算向电磁计算延伸。着力于解决声场计算和电磁计算中的一些诸如非唯一性问题、奇异性问题、预条件问题等计算共性问题。基于本书声场计算部分所述半解析边界配点法理论，本章构造了一种高精度计算复杂目标电磁散射的正则化矩量法。通过引入 Helmholtz 方程修正基本解的概念，正则化矩量法在不增加计算和存储复杂度的前提下，规避了矩量法在共振频率附近出现的解的非唯一现象。进一步地，正则化矩量法使用源点强度因子技术处理 Helmholtz 方程基本解在源点处的奇异性问题，避免了复杂的奇异积分，大幅降低了算法的计算复杂度。此外，作为补充，本章推导了一种基于混合积分方程的 Burton-Miller 型正则化矩量法。最后，基于近场近似原理，本章构造了一种近场近似预调节方法。谐振球散射实验和 NASA 杏仁核散射实验显示，当正则化矩量法耦合近场近似预调节器后，GMRES 求解器的迭代次数大幅下降，收敛速率大幅提升，而正则化矩量法的计算复杂度和存储复杂度没有受到显著影响。值得指出的是，本章所构造的近场近似预调节器也可普遍适用于其他波传播计算，对其所产生的高病态稠密矩阵进行高效预调节。

第 11 章　复杂目标电磁散射高精度计算的正则化快速多极矩量法

11.1　引　　言

电大尺寸复杂目标矢量电磁散射的高精度计算在诸如飞行器外形辅助设计、雷达系统设计及目标识别等军事、工程领域具有重要的科学意义和迫切的现实需求。其中，隐身飞机设计对此需求最为迫切，也最为严格。外形隐身设计是飞行器隐身设计的基础，在所有隐身措施中，赋形和布局的效果占 85% 以上。因此，如何高精度计算具有复杂几何形状、复杂材料构造、处于复杂环境中的三维电大尺寸目标的雷达散射截面，是从事雷达总体设计、飞行器外形设计研究的学者及工程技术人员所共同关心的问题。

作为一种数学方法，矩量法已诞生了很长时间。Harrington 系统地研究了如何将矩量法应用于计算电磁学。他在专著 *Field Computation by Moment Methods* 中详细介绍了矩量法在计算电磁学中的应用 [216]。相较于微分方程法，如有限元方法和有限差分法等，矩量法仅需边界离散，计算维度可降低一维，由于使用可自动满足无限远处辐射边界条件的 Helmholtz 方程基本解作为基函数，因此在计算波散射时可避免对无限域边界的复杂处理。当使用三角形贴片，应用屋脊基函数 [204] 和伽辽金匹配计算理想导体电磁散射场时，矩量法仅需计算基本解在源点处的弱奇异性，规避了对基本解在源点处高阶奇异性的复杂处理。因此，在计算电磁散射问题上，矩量法具有显著的先天优势。然而，与上述优点并存，矩量法也存在一些不足尚待探究，如第 10 章中着重探讨的矩量法存在的非唯一性问题、奇异性问题和预条件问题。除了上述不足，矩量法使用单元间的距离刻画不同单元间的相互作用关系。相较有限元法基于网格，间接传递单元间的相互作用，矩量法全局支撑的离散结构在避免色散误差，带来高精度的同时，也会导致一个难于求解和存储的大规模线性系统。而计算机仅存储这样一个具有 5 万自由度的满阵，即需要 20GB 内存。而当矩阵求逆时，则需要耗费 $O(N^3)$ 的计算量和 $O(N^2)$ 的存储量。因此，传统的矩量法只能对低频或谐振区目标进行计算分析。为了克服这一弊端，诸如快速多极子算法 [37,38]、快速傅里叶变换法 [19] 等快速算法应运而生。基于快速多极子算法 [217]，矩量法的存储量和计算量已可降至 $O(N^{1.5})$ 水平，当耦合多层快速多极子算法 [218] 后，计算量和存储量可进一步降至 $O(N\log N)$

量级。快速算法的引入大幅减少了稠密矩阵所造成的高计算量和高存储量，使对复杂目标特别是电大尺寸目标的电磁散射计算成为了可能。尤其是美国伊利诺伊大学 W. C. Chew 开发的 Fast Illinois Solver Code 软件 [207]，据称已能在高性能工作站上求解百亿量级、数万波长的超电大金属目标电磁散射。

近年来，在计算力学领域，半解析边界配点法 [102,109,194] 发展迅速，诸多颇具启发性的新方法、新思路层出不穷。一系列新颖的半解析边界配点法，如双层奇异边界法 [94]、修正奇异边界法 [93]、双层快速多极边界元方法 [96]、修正多层快速多极子算法 [218] 等，在声场计算领域取得了突破性进展。然而，半解析边界配点法起源于计算数学领域，目前所取得的成果也多局限于对理论性的、简单数学问题的计算求解。因此，如何将半解析边界配点法发端于计算数学领域的最新研究成果，进一步拓展至实际应用需求更迫切的电磁计算，便是一项极具科研价值和科学探索意义的研究命题。比较电磁散射计算和声场散射计算，两者有诸多相似之处，但又区别明显。其相似之处主要体现在，计算声场散射同样需要处理非唯一性问题、奇异性问题、大规模问题和预条件问题这四个研究命题。其不同之处主要体现在，频域条件下的声场计算主要关注对三维 Helmholtz 方程的高效求解，属于标量波计算。而电磁散射计算涉及的电磁波则为矢量波，需要求解 Maxwell方程组。相比声场计算，电磁计算更加复杂，目前为声场计算所开发的数值技术并不能直接用于矢量电磁散射计算。因此，如何将基于半解析边界配点法的最新研究成果拓展至电磁计算，开发可高精度计算三维复杂目标矢量电磁散射的数值计算方法，探索突破目前制约电磁计算发展瓶颈的新思路、新方法，从而满足实际工程中飞行器外形隐身效能评估的时效性需求。并通过耦合前、后处理系统，开发可高精度计算三维复杂目标矢量电磁散射的高性能计算软件，辅助诸如飞机外形设计、雷达目标识别等军事、工程问题，使计算数学、计算力学领域近年来最新的研究成果进一步走向实际工业应用，完成基础研究成果向实际工业生产的技术转化，便具有重要的科学意义与迫切的现实需求。

11.2　声场计算与电磁计算的联系与区别

在具体的波传播与仿真领域，本书声场计算理论部分记述了诸如修正奇异边界法、双层奇异边界法、双层快速多极边界元方法等新颖数值技术。有效解决了声场计算中面临的下述瓶颈问题：

(1) 如何降低大规模满阵所造成的高存储量和高计算量；

(2) 如何求解高振荡、高秩、高病态矩阵；

(3) 如何在极低采样频率下稳定地模拟高频波传播。

相应地，本书声场计算理论部分针对性地提出了解决非唯一性问题的修正基本解技术; 解决奇异性和近奇异性问题的源点强度因子技术和近奇异因子技术; 解决大规模计算问题的修正多层快速多极子技术。值得强调的是, 声场计算与矢量电磁散射计算既有相似之处, 又区别明显。首先, 二者同属波传播仿真, 均以三维 Helmholtz 方程基本解作为插值基函数, 奇异边界法与矩量法同属边界型离散方法。在具体计算过程中, 均会面临共振频率附近的非唯一性问题; 基本解在源点处的奇异性问题和近源点处的近奇异性问题; 大规模满阵所产生的高计算量与高存储量问题; GMRES 求解器难以有效求解高病态、稠密线性系统的预条件问题。因此, 本书为声场计算所开发的数值技术具有拓展至矢量电磁散射计算的潜力。

对比声场计算与电磁计算, 它们虽有联系, 但区别也是明显的。首先, 两者控制方程不同, 频域条件下的声场计算主要针对三维 Helmholtz 方程的高效求解展开, 属于标量波计算。在计算过程中仅需处理基本解的弱奇异性与边界法向方向的强奇异性。而矢量电磁散射计算的控制方程为 Maxwell 方程组, 在具体计算过程中不仅要处理电场与磁场的复杂耦合关系, 还需要处理基本解沿边界切线方向的高阶奇异性与近奇异性。因此, 首先, 针对声场计算所构造的 Helmholtz 方程修正基本解与源点强度因子技术和近奇异因子技术并不能直接用于矢量电磁散射计算。第 10 章针对上述奇异性问题已做了详细介绍。其次, 两者所采用的基础算法不同, 声场计算主要采用基于边界配点结构的奇异边界法, 其计算复杂度和存储复杂度相当于点匹配的矩量法。而电磁计算主要采用基于 RWG 屋脊基函数和线匹配的矩量法。本书声场计算部分针对边界配点型方法开发的快速多极子方法 [219] 并不能直接用于加速线匹配型矩量法。如何将针对声场计算, 基于点匹配型算法所开发的快速多极子技术进一步改进, 使其可用于加速基于线匹配的矩量法, 开发可快速计算三维复杂目标矢量电磁散射的正则化快速多极矩量法, 是本章的核心研究内容。

11.3 正则化快速多极矩量法

本节基于第 6 章讨论的快速多极子技术, 对其进行必要的修改后耦合正则化矩量法, 构造可快速计算电大尺寸复杂目标电磁散射的正则化快速多极矩量法。首先考虑使用快速多极子技术加速式 (11.1) 的矩阵-向量乘法过程:

$$\int_{\Delta S_j} G(x, y) q_j \mathrm{d}S(y) \approx \sum_{j=1}^{N_0} \beta_j G(x, y_j). \tag{11.1}$$

三维 Helmholtz 方程基本解的多极扩展可表示为

$$G(x, y) = \mathrm{i}k \sum_{n=0}^{\infty} (2n+1) \sum_{m=-n}^{n} \overline{I}_n^m (k, y - y_c) O_n^m (k, x - y_c), \tag{11.2}$$

其中，y_c 表示扩展中心。$\bar{I}_n^m$ 和 O_n^m 表示内外函数。因此式 (11.1) 的远场部分可以被下式快速计算：

$$\sum_{j=1}^{N_0} \beta_j G(x, y_j) = \mathrm{i}k \sum_{n=0}^{\infty} (2n+1) \sum_{m=-n}^{n} M_{n,m}(k, y_c) O_n^m (k, x - y_c), \tag{11.3}$$

其中，N_0 表示远场节点的数目，

$$M_{n,m}(k, y_c) = \sum_{j=1}^{N_0} \beta_j \bar{I}_n^m (k, y_j - y_c). \tag{11.4}$$

M2M 传递满足：

$$M_n^m (k, y_{c'})$$
$$= \sum_{n'=0}^{\infty} \sum_{m'=-n'}^{n'} \sum_{\substack{l=|n-n'| \\ n+n'-l:\ \text{even}}}^{n+n'} (2n'+1)(-1)^{m'} W_{n,n',m,m',l} \times I_l^{-m-m'} (k, y_c - y_{c'}) M_{n',-m'}(k, y_c).$$

$$\tag{11.5}$$

因此，式 (11.1) 的局部扩展可以表示为

$$\sum_{j=1}^{N_0} \beta_j G(x, y_j) = \mathrm{i}k \sum_{n=0}^{\infty} (2n+1) \sum_{m=-n}^{n} L_{n,m}(k, x_L) \bar{I}_n^m (k, x - x_L), \tag{11.6}$$

其中，局部扩展系数可由 M2L 传递获得

$$L_{n,m}(k, x_L)$$
$$= \sum_{n'=0}^{\infty} (2n'+1) \sum_{m'=-n'}^{n'} \sum_{\substack{l=|n-n'| \\ n+n'-l:\ \text{even}}}^{n+n'} W_{n',n,m',m,l} \tilde{O}_l^{-m-m'} (k, x_L - y_c) \times M_{n',m'}(k, y_c),$$

$$\tag{11.7}$$

其中，x_L 表示局部扩展中心。L2L 传递可表示为

$$L_{n,m}(k, x_{L'})$$
$$= \sum_{n'=0}^{\infty} \sum_{m'=-n'}^{n'} \sum_{\substack{l=|n-n'| \\ n+n'-l:\ \text{even}}}^{n+n'} (2n'+1)(-1)^{m} W_{n',n,m',-m,l} \times I_l^{m-m'} (k, x_{L'} - x_L) L_{n',m'}(k, x_L).$$

$$\tag{11.8}$$

因此式 (11.1) 中的远场贡献就可以被下式快速计算：

$$\sum_{j=1}^{N_0} \beta_j G(x_i, y_j) = \mathrm{i}k \sum_{n=0}^{\infty} (2n+1) \sum_{m=-n}^{n} L_{n,m}(k, x_L) \bar{I}_n^m (k, x_i - x_L). \tag{11.9}$$

其次，考虑如何使用式 (11.9) 加速正则化矩量法的矩阵-向量乘法过程。当使用迭代求解器时，需要 $O\left(N^2\right)$ 次操作来计算式 (11.10)

$$V^{(\mathrm{itr})} = Z I^{(\mathrm{itr})},\tag{11.10}$$

其中，$()^{(\mathrm{itr})}$ 表示迭代次数，式 (11.10) 可以被进一步写为

$$V_m^{(\mathrm{itr})} = \bar{Z}_m \cdot I^{(\mathrm{itr})} = -\mathrm{i}\omega \left[\begin{array}{c} \left\langle \bar{A}\left(\bar{r}_m^{c+}\right) \cdot \dfrac{\bar{\rho}_m^{c+}}{2} \right\rangle \\[2mm] + \left\langle \bar{A}\left(\bar{r}_m^{c-}\right) \cdot \dfrac{\bar{\rho}_m^{c-}}{2} \right\rangle \end{array} \right] + \varPhi\left(\bar{r}_m^{c-}\right) - \varPhi\left(\bar{r}_m^{c+}\right),\tag{11.11}$$

其中，$V_m^{(\mathrm{itr})}$ 表示 $V^{(\mathrm{itr})}$ 的第 m 个元素。$\bar{Z}_m$ 表示矩阵 Z 的第 m 行。

$$
\begin{aligned}
\bar{A}\left(\bar{r}_m^{c\pm}\right) \cdot \frac{\bar{\rho}_m^{c\pm}}{2} &= \left\langle \left(\frac{\mu}{4\pi} \int_S \bar{J}\left(\bar{r}'\right) M_m^{\pm}\left(\bar{r}'\right) \mathrm{d}S' \right) \cdot \frac{\bar{\rho}_m^{c\pm}}{2} \right\rangle \\
&= [\alpha - (1-\alpha)\,\mathrm{i}] \frac{\mu}{4\pi} \left\langle \sum_{j=1}^{Nd} \left[\left(\sum_{n=1}^{Nl} I_n^{(\mathrm{itr})} \bar{f}_n\left(\bar{r}_j^{c'}\right) A_j \right) G\left(\bar{r}_m^{c\pm}, \bar{r}_j^{c'}\right) \right] \cdot \frac{\bar{\rho}_m^{c\pm}}{2} \right\rangle,
\end{aligned}
\tag{11.12}
$$

$$
\begin{aligned}
\varPhi\left(\bar{r}_m^{c\pm}\right) &= \frac{1}{4\pi\mathrm{i}\omega\varepsilon} \int_S \nabla_S' \cdot \bar{J}\left(\bar{r}'\right) M_m^{\pm}\left(\bar{r}'\right) \mathrm{d}S' \\
&= \frac{[\alpha - (1-\alpha)\,\mathrm{i}]}{4\pi\mathrm{i}\omega\varepsilon} \sum_{j=1}^{Nd} \left[\left(\sum_{n=1}^{Nl} I_n^{(\mathrm{itr})} A_j \nabla_S \bar{f}_n\left(\bar{r}_j^{c'}\right) \right) G\left(\bar{r}_m^{c\pm}, \bar{r}_j^{c'}\right) \right].
\end{aligned}
\tag{11.13}
$$

将式 (11.12) 和 (11.13) 代入式 (11.11)，得到

$$
\begin{aligned}
\bar{Z}_m \cdot I^{(\mathrm{itr})} = &-[\alpha - (1-\alpha)\,\mathrm{i}] \\
&\cdot \left\{ \begin{array}{l} \dfrac{\mu\mathrm{i}\omega}{4\pi} \left\{ \begin{array}{l} \left\langle \displaystyle\sum_{j=1}^{Nd} \left[\left(\displaystyle\sum_{n=1}^{Nl} I_n^{(\mathrm{itr})} \bar{f}_n\left(\bar{r}_j^{c'}\right) A_j \right) G\left(\bar{r}_m^{c+}, \bar{r}_j^{c'}\right) \right] \cdot \dfrac{\bar{\rho}_m^{c+}}{2} \right\rangle \\[4mm] + \left\langle \displaystyle\sum_{j=1}^{Nd} \left[\left(\displaystyle\sum_{n=1}^{Nl} I_n^{(\mathrm{itr})} \bar{f}_n\left(\bar{r}_j^{c'}\right) A_j \right) G\left(\bar{r}_m^{c-}, \bar{r}_j^{c'}\right) \right] \cdot \dfrac{\bar{\rho}_m^{c-}}{2} \right\rangle \end{array} \right\} \\[8mm] + \dfrac{1}{4\pi\mathrm{i}\omega\varepsilon} \left\{ \begin{array}{l} \displaystyle\sum_{j=1}^{Nd} \left[\left(\displaystyle\sum_{n=1}^{Nl} I_n^{(\mathrm{itr})} A_j \nabla_S' \cdot \bar{f}_n\left(\bar{r}_j^{c'}\right) \right) G\left(\bar{r}_m^{c+}, \bar{r}_j^{c'}\right) \right] \\[4mm] - \displaystyle\sum_{j=1}^{Nd} \left[\left(\displaystyle\sum_{n=1}^{Nl} I_n^{(\mathrm{itr})} A_j \nabla_S' \cdot \bar{f}_n\left(\bar{r}_j^{c'}\right) \right) G\left(\bar{r}_m^{c-}, \bar{r}_j^{c'}\right) \right] \end{array} \right\} \end{array} \right\}.
\end{aligned}
\tag{11.14}
$$

其后，本节展示如何使用上述讨论的快速多极子技术加速计算式 (11.14)。注

意到，式 (11.15) 和 (11.16) 可以被式 (11.9) 直接加速计算，即

$$\bar{\lambda}_i = \sum_{j=1}^{Nd} \left[\left(\sum_{n=1}^{Nl} I_n^{(\mathrm{itr})} \bar{f}_n \left(\bar{r}_j^{c'} \right) A_j \right) G \left(\bar{r}_i^c, \bar{r}_j^{c'} \right) \right], \quad i = 1, 2, \cdots, Nd, \qquad (11.15)$$

$$\eta_i = \sum_{j=1}^{Nd} \left[\left(\sum_{n=1}^{Nl} I_n^{(\mathrm{itr})} A_j \nabla_s' \cdot \bar{f}_n \left(\bar{r}_j^{c'} \right) \right) G \left(\bar{r}_i^c, \bar{r}_j^{c'} \right) \right], \quad i = 1, 2, \cdots, Nd, \quad (11.16)$$

其中，$\bar{r}^c$ 和 $\bar{r}^{c'}$ 分别表示配点和源点。因此可以快速计算获得向量 $\bar{\lambda}$ 和 η。考虑在式 (11.14) 中的下述计算项，

$$\sum_{j=1}^{Nd} \left[\left(\sum_{n=1}^{Nl} I_n^{(\mathrm{itr})} \bar{f}_n \left(\bar{r}_j^{c'} \right) A_j \right) G \left(\bar{r}_m^{c\pm}, \bar{r}_j^{c'} \right) \right], \qquad (11.17)$$

$$\sum_{j=1}^{Nd} \left[\left(\sum_{n=1}^{Nl} I_n^{(\mathrm{itr})} A_j \nabla_s' \cdot \bar{f}_n \left(\bar{r}_j^{c'} \right) \right) G \left(\bar{r}_m^{c\pm}, \bar{r}_j^{c'} \right) \right]. \qquad (11.18)$$

可以发现，式 (11.17) 和 (11.18) 的值已包含在向量 $\bar{\lambda}$ 和 η 中。因此，可以通过调用 $\bar{\lambda}$ 和 η 中的相应值来快速获得式 (11.14) 的值。至此，正则化快速多极矩量法的矩阵-向量乘法过程被快速多极子算法成功加速了。

在实际计算中，使用 MATLAB® 的内置函数来求解正则化快速多极矩量法得到大规模线性方程组 $ZI = V$，

$$I = \mathrm{gmres} \left(@\mathrm{afun} \left(x \right), V, \mathrm{restart}, \mathrm{tol}, \mathrm{maxit}, @\mathrm{mfun} \left(x \right) \right), \qquad (11.19)$$

其中，$@\mathrm{afun}(x)$ 表示句柄函数 $y = \mathrm{afun}(x)$，其作用是返回矩阵-向量乘法运算 Zx 的值，该步骤可被本节所讨论快速多极子技术加速计算。restart 表示内循环重启参数。tol 表示收敛容差。maxit 表示外循环最大迭代次数。正则化快速多极矩量法使用第 10 章中所介绍稀疏近似逆矩阵技术对待求解线性方程组进行预调节。$@\mathrm{mfun}(x)$ 表示句柄函数 $y = \mathrm{mfun}(x)$，其表示稀疏近似逆矩阵和未知系数的矩阵-向量乘法运算 $\tilde{P}^{-1}x$。

11.4　数值算例

RCS 满足

$$\sigma_{3-D} = \lim_{r \to \infty} 4\pi r^2 \left| \bar{E}^S \right|^2 \Big/ \left| \bar{E}^I \right|^2 \; (\mathrm{m}^2), \qquad (11.20)$$

或

$$\sigma_{\text{dBsm}} = 10 \lg \left(\sigma_{3-D} \right) \text{(dB)}. \tag{11.21}$$

本章的快速多极子技术容差设置为 5×10^{-4}。局部平均相对误差被用来衡量 GMRES 的收敛情况

$$\text{Lerr} = \sqrt{\sum_{i=1}^{Nl} \left| V_i - \sum_{j=1}^{Nl} Z_{ij} I_j \right|^2 \bigg/ \sum_{i=1}^{Nl} |V_i|^2}, \tag{11.22}$$

其中，默认收敛容差设置为 1×10^{-3}，默认最大迭代次数设置为 100 次。全局平均相对误差被用来衡量算法的整体收敛情况

$$\text{Error} = \sqrt{\sum_{i=1}^{NT} \left| \sigma\left(x_i \right) - \overline{\sigma}\left(x_i \right) \right|^2 \bigg/ \sum_{i=1}^{NT} \left| \overline{\sigma}\left(x_i \right) \right|^2}. \tag{11.23}$$

算例 11.1 考虑一束沿 $+x$ 方向入射，$+z$ 方向极化，射向一个具有 PEC(理想电导体) 边界的单位散射球的平面电磁波。依据文献 [210]，单位散射球的第二个共振频率发生在 $ka = 4.518$。在本算例中，三角形铁片被设置为 5010，自由度数目为 7515，正则化参数设置为 $R_0 = 0.1\lambda$。图 11.1 和图 11.2 分别绘制了在 xy 平面和 xz 平面，当 $ka = 4.518$ 时的双站 RCS 计算图。可以发现，正则化快速多极矩量法的计算结果和有限元计算结果拟合良好，而 EFIE 的计算结果则在共振频率处出现了明显的振荡，并且偏离了解析解。

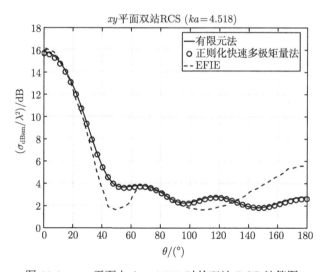

图 11.1 xy 平面上 ka=4.518 时的双站 RCS 计算图

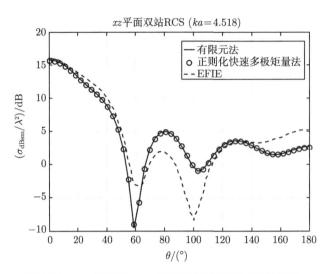

图 11.2　xz 平面上 $ka=4.518$ 时的双站 RCS 计算图

其后，设置入射电磁波频率为 0.318GHz，图 11.3 绘制了当使用不同正则化参数时，正则化快速多极矩量法的收敛情况。

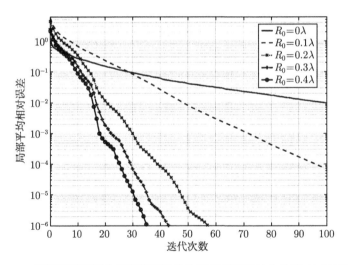

图 11.3　配置不同正则化参数时正则化快速多极矩量法收敛图 (0.318GHz)

可以发现，随着正则化参数的增大，其对正则化快速多极矩量法的预调节作用逐渐增大。一个有趣的现象是，随着正则化参数的逐渐增大，正则化快速多极矩量法收敛至预定容差所需的 CPU 时间先减小后增大。出现这种现象是因为，虽然正则化快速多极矩量法收敛至预定容差所需的迭代次数随着正则化参数的增大而迅速减小，但计算稀疏近似逆矩阵所需的 CPU 时间也相应增加。宏观上，整体所耗费的 CPU 时间先减小后增大。一般情况下，$R_0 = 0.1\lambda$ 即可满足大部分预调节需求。

算例 11.2 考虑一束沿 $+x$ 方向入射，$+y$ 方向极化，射向一个具有 PEC 边界的如图 10.3 所示的 NASA 标准杏仁核散射体的平面电磁波。正则化快速多极矩量法的三角形贴片被设置为 5062，自由度数目为 7593，正则化参数取为 $R_0 = 0.1\lambda$。图 11.4 绘制了在 xy 平面上，当入射波频率为 $f = 3\mathrm{GHz}$ 时的水平和垂直极化单站 RCS。杏仁核的尖端对应 $0°$ 方向，水平和垂直极化 RCS 分别记为 HH 和 VV。杂交有限边界元法 (FEIE) [220] 和 CARLOS 计算结果被用作参考解，可以观察到，正则化快速多极矩量法的计算结果和上述两种方法拟合良好。

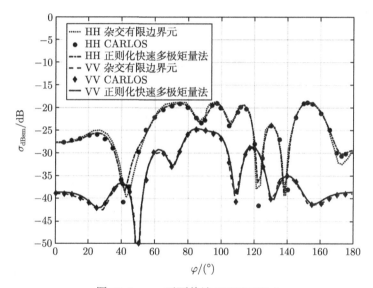

图 11.4 xy 平面单站 RCS(3GHz)

算例 11.3 本算例计算一个如图 11.5 所示的缩比例隐身战斗机的双站 RCS，其中，机长 1.89m，翼展 1.365m，机高 0.508m。考虑一束沿 $+x$ 方向入射，沿 $+z$ 方向极化的平面电磁波。COMSOL Multiphysics® 被用来计算参考解，其在 COMSOL 中的计算模型如图 11.6 所示。

图 11.7 绘制了当入射波频率在 238.73MHz 时，xy 平面和 xz 平面上的双站 RCS。正则化矩量法的正则化参数取为 $R_0 = 0.1\lambda$，三角形贴片取为 20298 个，相应的自由度数目为 30447。COMSOL 的采样频率取为 10，相应的自由度数目为 1495836。可以观察到，正则化快速多极矩量法的计算结果和 COMSOL 计算结果拟合良好。正则化快速多极矩量法仅使用相当于 COMSOL 自由度的 2.04% 就得到了类似的计算结果。

图 11.5　缩比例隐身战斗机

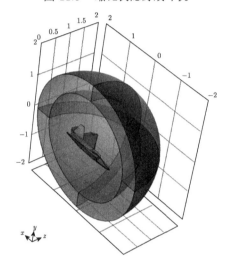

图 11.6　COMSOL 计算模型 (单位：m)

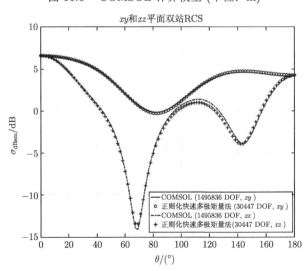

图 11.7　xy 平面和 xz 平面双站 RCS(238.73MHz)

11.5 本章小结

本章将基于半解析边界配点法的最新研究成果拓展至计算电磁学。解决了正则化矩量法在计算电大尺寸复杂目标电磁散射时遇到的巨额存储量和计算量的瓶颈，提出了一种正则化快速多极矩量法快速计算理想电导体的 RCS。正则化快速多极矩量法采用 Helmholtz 方程修正基本解作为基函数，因此避免了内部共振的非唯一性；采用快速多极子技术加速矩阵-向量乘法过程，因此存储量和计算量均大幅降低；采用源点强度因子技术处理修正基本解在源点处的奇异性，因此规避了耗时的奇异积分；耦合了稀疏近似逆矩阵技术，因此大幅降低了 GMRES 的迭代次数。

综上所述，正则化快速多极矩量法主要有以下技术创新：

(1) 使用修正基本解来避免非唯一性问题；

(2) 采用源点强度因子技术规避耗时的奇异积分；

(3) 采用基于边界配点法的快速多极子技术加快矩阵-向量乘法运算；

(4) 引入稀疏近似逆矩阵技术解决 GMRES 过度迭代问题。

第 12 章　快速预报大尺度复杂目标宽频声散射特性的双层快速直接求解器

12.1　引　　言

半解析边界配点法[221]作为一种新颖的强式无网格方法[109],在工程计算中具有广泛的应用前景。针对半解析边界配点法在实际工程应用中遇到的高存储量和高计算量问题,第 5 章介绍了一种基于双层网格结构的修正双层算法。修正双层算法[94]将半解析边界配点法完全稠密的插值矩阵拆分为小规模粗网格满阵和大规模细网格稀疏矩阵,大幅降低了算法的计算和存储复杂度。然而,修正双层算法只能在降低算法存储和计算复杂度方面发挥作用,最终仍需求解一个高度病态的大规模线性方程组。本章基于修正双层算法和稀疏近似逆矩阵技术[214]开发了一种双层快速直接求解器[222],用于有效求解半解析边界配点法的稠密线性矩阵。双层快速直接求解器使用修正双层算法作为基本架构以大幅降低存储和计算复杂度。双层快速直接求解器的核心思想是构造一个稀疏近似逆矩阵来近似细网格大规模稀疏矩阵的逆。其主要创新在于可以完全避免直接求解半解析边界配点法导致的大规模稠密矩阵。半解析边界配点法的解是通过粗网格和细网格之间的校正过程和平滑过程间接逼近的。需要求解的矩阵仅包括一个小规模的粗网格矩阵和一系列小规模的最小二乘问题。值得注意的是,双层快速直接求解器是一种独立于特定算法的独立数值求解器,可求解不同半解析边界配点法获得的大规模稠密线性方程组,如奇异边界法[94]、边界元法[108]等。

作为本书基于半解析边界配点法计算实际工程问题的一个具体应用,本章将奇异边界法与双层快速直接求解器耦合,快速预报大尺度复杂目标宽频声散射特性。在贴近实际工程背景条件下,分析了 A-320 客机空中声散射强度和人头模型声散射强度案例。为实际工程应用中的飞行器构型设计和人耳降噪仿生设计提供了数值仿真基础。

12.2　双层快速直接求解器

在频域范围,声场控制方程表述为下述三维 Helmholtz 方程:

$$\nabla^2 U + k^2 U = 0. \tag{12.1}$$

当散射体表面被当作绝对软边界时，散射体表面的总声压强度为 0，边界条件满足：

$$U_I + U_S = 0. \tag{12.2}$$

当散射体表面被当作绝对硬边界，散射体表面的总声压梯度为 0 时，边界条件满足：

$$\frac{\partial U_S}{\partial n} + \frac{\partial U_I}{\partial n} = 0. \tag{12.3}$$

本节使用奇异边界法作为基础算法计算声散射，有关奇异边界法的详细插值公式，参见第 2 章。奇异边界法的技术核心在于使用源点强度因子替代插值矩阵的奇异项，其插值矩阵可表述为

$$b(x_i) = \sum_{j=1 \neq i}^{N} \nu_j A(x_i, s_j) + \nu_i A(x_i, s_i). \tag{12.4}$$

当使用式 (12.4) 计算得到未知系数向量时，散射体的散射声场可由下述基函数与未知系数向量的线性组合近似

$$U_S = \sum_{j=1}^{N} \nu_j A(x_i, s_j). \tag{12.5}$$

表 12.1 列出了奇异边界法中的相关变量名称。使用奇异边界法计算复杂目标声散射强度的核心技术难点在于求解大规模稠密线性方程组 (12.4)。本节耦合修正双层算法和稀疏近似逆矩阵技术构造一种双层快速直接求解器，快速求解大规模稠密线性方程组 (12.4)。双层快速直接求解器的逻辑步骤如下。

表 12.1　奇异边界法变量命名表

U	总声压	∇^2	Laplace 算符
U_I	入射声压	N	自由度数目
U_S	散射声压	x	配点
S	源点	k	波数
b	已知右端项	v	未知系数向量
$A(x_i, s_i)$	源点强度因子	$A(x_i, s_j)$	基函数

步骤 1　细网格上的平滑过程。

首先，考虑定义在细网格 Ω^h 上的线性方程组

$$A_h \nu_h = b_h. \tag{12.6}$$

其中，A_h 表示细网格插值矩阵。如果给定一组初始迭代近似向量 $u_h^{\eta-1}$，可以计算得到残差向量

$$r_h^{\eta-1} = b_h - A_h u_h^{\eta-1}, \tag{12.7}$$

其中，上标 η 表示双层快速直接求解器的第 η 次迭代。在双层快速直接求解器中，使用下述残差方程计算迭代误差 e_h，

$$C_h^{ij} e_h^{\eta-1} = r_h^{\eta-1}. \tag{12.8}$$

其中，

$$C_h^{ij} = \begin{cases} A_h^{ij}, & \left| A_h^{ij} \right| \geqslant \varepsilon_0, \\ 0, & \left| A_h^{ij} \right| < \varepsilon_0 \end{cases} \tag{12.9}$$

被定义为近场近似矩阵，A_h^{ij} 表示 A_h 的第 (i,j) 个元素，ε_0 表示界定近场区间的临界值。本节取 $\varepsilon_0 = \mathrm{e}^{-\mathrm{j}kR_0}/(4\pi R_0)$，$R_0 = \sqrt{S_H}$，$R_0$ 表示近场区域的特征半径，S_H 表示平均粗网格影响域面积。

在双层快速直接求解器中，使用 10.4 节所介绍稀疏近似逆矩阵技术求得 C_h 的稀疏近似逆矩阵 $\overline{C}_h^{-1}$。由于近场近似矩阵 C_h 为对称矩阵，因此，它满足下述关系：

$$\left\| I - \overline{C}_h^{-1} C_h \right\|_F^2 = \left\| I - C_h \left(\overline{C}_h^{-1} \right)^{\mathrm{T}} \right\|_F^2 = \left\| I - C_h \overline{C}_h^{-1} \right\|_F^2. \tag{12.10}$$

故迭代误差可被下式近似计算：

$$e_h^{\eta-1} \approx \overline{C}_h^{-1} C_h e_h^{\eta-1} = \overline{C}_h^{-1} r_h^{\eta-1}. \tag{12.11}$$

第 η 次迭代精确解可被更新为

$$\nu_h^{\eta} \leftarrow u_h^{\eta-1} + e_h^{\eta-1}. \tag{12.12}$$

双层快速直接求解器的粗细网格间循环条件满足：

$$\zeta_h^{\eta} = b_h - A_h \nu_h^{\eta}. \tag{12.13}$$

如果 $\|\zeta_h^{\eta}\| > \mathrm{Tol}$，启动粗网格校正过程，否则，$\nu_h = v_h^{\eta}$，其中 Tol 表示预设收敛容差。

步骤 2　粗网格校正过程。

其后，建立一个粗网格 Ω^H 来校正由于在细网格上忽略远场贡献残差导致的模型误差。通常情况下，可以使用 Hypermesh® 通过设置不同的粗、细网格自由度数目自动生成粗网格和细网格。构建相应的粗网格残差方程

$$A_H e_H^{\eta} = r_H^{\eta}, \tag{12.14}$$

其中，A_H 表示粗网格系数矩阵，e_H 表示粗网格迭代误差。$r_H = R\zeta_h^\eta$ 定义为粗网格残差，$R: \Omega^h \to \Omega^H$ 表示从细网格到粗网格的逆投影算符。假设每个粗网格节点 s_H^i 对应 M^i 个细网格节点 $\{s_h^1, s_h^2, \cdots, s_h^{M^i}\}$，这些细网格节点被粗网格节点 s_H^i 的影响域覆盖。那么，粗网格节点 s_H^i 称作细网格节点 $\{s_h^1, s_h^2, \cdots, s_h^{M^i}\}$ 的父节点。相应地，$\{s_h^1, s_h^2, \cdots, s_h^{M^i}\}$ 称作 s_H^i 的子节点。本节中，$r_H^i = \sum\limits_{i=1}^{M^i} (\zeta_h^\eta)^i \Big/ M^i$。

因此，可由式 (12.15) 计算粗网格迭代误差

$$e_H^\eta = A_H^{-1} R\zeta_h^\eta, \tag{12.15}$$

其中，A_H^{-1} 表示 A_H 的逆矩阵。需要特别注意的是，当使用 GMRES 求解器时，式 (12.15) 的矩阵-向量乘法过程可使用快速多极子技术加速计算，具体技术细节可参考第 6 章。

其后，将 e_H 投影至细网格更新近似精确解以启动细网格上的第 η 次平滑过程，

$$u_h^\eta \leftarrow u_h^{\eta-1} + Pe_H^\eta, \tag{12.16}$$

其中，$P: \Omega^H \to \Omega^h$ 表示从粗网格到细网格的正投影算子，本节中，$P(e_H^\eta)^i = (e_H^\eta)^i \Big/ M^i$。

双层快速直接求解器的伪代码框图，如图 12.1 所示。很明显，双层快速直接求解器仅需求解一个小规模粗网格线性方程组 (12.14) 和一个细网格上的稀疏近似逆矩阵 $\overline{C}_h^{-1}$。相较于半解析边界配点法需要求解一个完全稠密、高度病态的大规模线性方程组，双层快速直接求解器克服了半解析边界配点法在计算大规模复杂目标声散射强度时面临的高存储量、高计算量、GMRES 求解器迭代收敛慢等计算瓶颈。

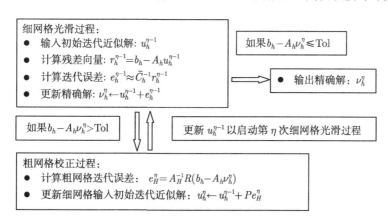

图 12.1　双层快速直接求解器的伪代码框图

12.3 数 值 算 例

本节中, 局部平均相对误差 (Lerr) 记作

$$\text{Lerr} = \sqrt{\sum_{m=1}^{N}\left(b_m - \sum_{n=1}^{N} A_{mn}\nu_n\right)^2 \bigg/ \sum_{m=1}^{N} b_m^2}. \tag{12.17}$$

平均相对误差 (Error) 记作

$$\text{Error} = \sqrt{\sum_{m=1}^{NT}\left(U_m - \overline{U}_m\right)^2 \bigg/ \sum_{m=1}^{NT} \overline{U}_m^2}. \tag{12.18}$$

声压级强度记作

$$\sigma = 20\lg\left[U/U_0\right], \tag{12.19}$$

其中, U_0 为参考声压, 本节中, 声速取为声波在空气中的传播速度 343m/s, $U_0 = 2\times 10^{-5}$Pa。COMSOL Multiphysics® 被用于生成参考解。

算例 12.1 本算例使用双层快速直接求解器计算硬边界 A-320 客机的空中声散射强度。COMSOL 被用来计算参考解, 相应的计算模型如图 12.2 所示。入射波为 $U_I = \mathrm{e}^{-\mathrm{i}kz}$, 频率为 20Hz。

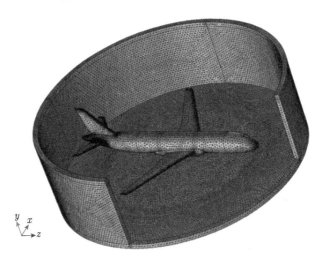

图 12.2 A-320 客机 COMSOL 计算模型

在第 6 章中, 基于双层快速多极边界元曾分析了 A-320 客机的声散射强度。表 12.2 列出了双层快速直接求解器、双层快速多极边界元、COMSOL 的相应计算数据。

表 12.2　　A-320 客机声散射强度计算数据

项目	方法		
	双层快速直接求解器	双层快速多极边界元	COMSOL
粗网格	2689	2689	—
细网格	30696	30696	—
总自由度	30696	30696	4562979
Lerr	8.07×10^{-5}	5.99×10^{-5}	—
Error	1.38%	2.29%	—
CPU 时间/s	158.70	1430	2554

　　需要注意的是双层快速直接求解器具有修正双层算法类似的算法架构，它们的主要区别在双层快速直接求解器使用稀疏近似逆矩阵近似计算细网格稀疏矩阵。稀疏近似逆矩阵在整个双层快速直接求解器的求解过程中仅需求解一次，而在修正双层算法中，细网格矩阵却需要被求解 N 次，N 为粗细网格间的迭代次数，因此，双层快速直接求解器的计算效率明显高于双层快速多极边界元。由表12.2 发现，双层快速直接求解器仅需 158.70s 就可以计算得到精确的声散射强度，而双层快速多极边界元则需要 1430s。图 12.3 绘制了在 xz 平面上的声散射强度曲线。由图观察到，三种数值方法的拟合度良好，即使未耦合快速多极子技术，双层快速直接求解器也仅需 COMSOL 约 6.21% 的 CPU 时间便可计算得到精确的声散射强度曲线。

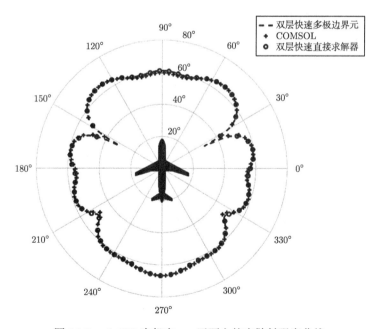

图 12.3　A-320 客机在 xz 平面上的声散射强度曲线

图 12.4 绘制了 xz 平面上 A-320 客机周围的总声压级强度云图。可以观察到，在机鼻和翼根处，总声压级明显增大，这一现象和实验结果贴合明显。

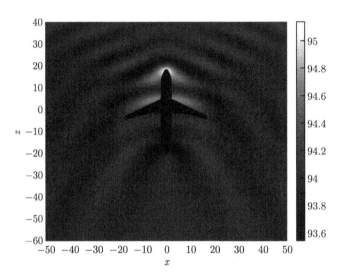

图 12.4　A-320 客机周围总声压级强度云图 (单位：dB)

算例 12.2　本算例使用双层快速直接求解器计算硬边界人头模型的声散射强度。COMSOL 被用来计算参考解，相应的计算模型如图 12.5 所示。入射波为 $U_I = \mathrm{e}^{-ikz}$，频率为 5000Hz。

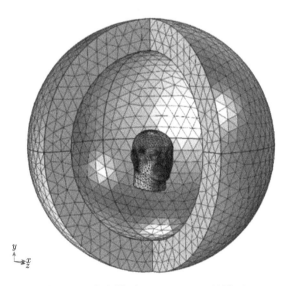

图 12.5　人头模型 COMSOL 计算模型

表 12.3 列出了双层快速直接求解器、修正双层算法、COMSOL 的相关计算数据，图 12.6 绘制了人头模型周围在 xz 平面上的散射声压级强度特性曲线。由表 12.3 中数据可发现，双层快速直接求解器仅需耗费修正双层算法 CPU 时间的约 39.3% 即可生成精确的计算结果。由于避免了直接求解大规模线性方程组，因此相较于修正双层算法，双层快速直接求解器具有更高的计算效率。

表 12.3 人头模型声散射强度计算数据

项目	方法		
	双层快速直接求解器	修正双层算法	COMSOL
粗网格	1631	1631	——
细网格	22286	22286	——
自由度	22286	22286	4734593
Lerr	8.57×10^{-5}	5.28×10^{-5}	——
Error	0.74%	0.38%	——
CPU 时间/s	147.00	373.72	1391

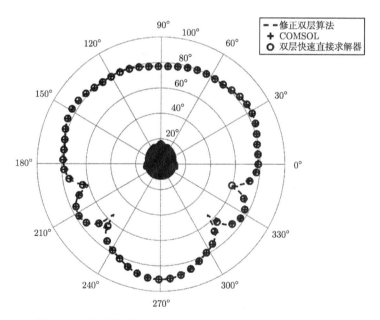

图 12.6 人头模型周围 xz 平面上散射声压级强度特性曲线

图 12.7 和图 12.8 可视化地比较了由 COMSOL 和双层快速直接求解器生成的 xz 平面上的人头模型周围的散射声压强度。可以观察到，计算云图图 12.7 和图 12.8 基本互相贴合，其中，COMSOL 需耗费 1391s 和 4734593 个自由度才能生成图 12.7，而双层快速直接求解器仅耗费 147s 和 22286 个自由度即可生成图 12.8。

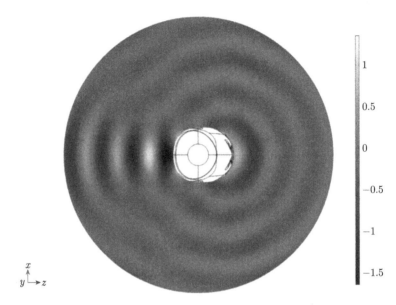

图 12.7   COMSOL 生成的人头周围散射声压强度云图

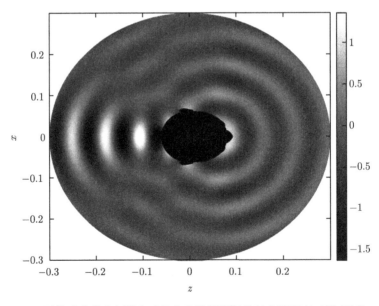

图 12.8   双层快速直接求解器生成的人头模型周围散射声压强度云图 (单位：Pa)

图 12.9 使用双层快速直接求解器绘制了在 xy 平面上人头模型周围的总声压级强度云图。由图 12.9 可观察到，在人头模型迎波方向的声压级强度明显增大，这和实验得到的结果基本吻合。

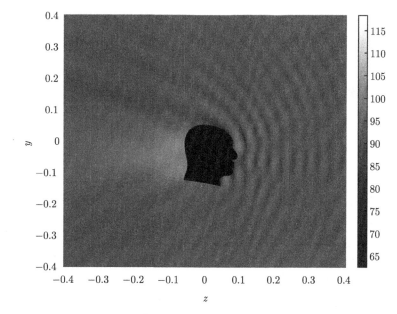

图 12.9　人头模型周围总声压级强度云图 (单位：dB)

12.4　本 章 小 结

　　本章耦合修正双层算法和稀疏近似逆矩阵技术构造了一款双层快速直接求解器。作为本书基于半解析边界配点法技术计算实际工程问题的一个具体应用，双层快速直接求解器解决了半解析边界配点法在计算实际工程问题时所面临的高存储量、高计算量和预条件的瓶颈。作为一款独立于特定算法的快速求解器，双层快速直接求解器可用于计算由边界元、奇异边界法等半解析边界配点法产生的大规模稠密线性方程组，并可用于声波、水波、弹性波等复杂波传播仿真。

　　综上所述，双层快速直接求解器主要具有下述创新优势：

　　(1) 双层快速直接求解器的求解过程包括细网格平滑过程和粗网格校正过程两个逻辑步骤。半解析边界配点法的大规模稠密矩阵被分解为小规模粗网格稠密矩阵和大规模细网格稀疏矩阵。因此，半解析边界配点法在计算实际工程问题时所面临的高存储量和高计算量瓶颈得以解决。

　　(2) 双层快速直接求解器避免了直接求解半解析边界配点法导致的大规模稠密线性方程组。其求解过程被转化为求解一个小规模粗网格稠密矩阵和一系列小规模最小二乘问题。因此，半解析边界配点法在计算实际工程问题时所面临的预条件问题得以解决。

第 13 章　近岸海洋动力环境高精度模拟的 奇异边界法

13.1　引　　言

海洋占据着地球表面的 70%，随着现代海洋技术发展的日益蓬勃，各类近岸海洋建筑物不断增多，如：海上石油勘探平台、海上风力发电机组、水下旅馆等。因此，对近岸海洋动力环境下海浪与建筑物相互作用的研究需求便日益迫切 [223,224]。本章基于奇异边界法分别模拟了水下旅馆在近岸海洋动力环境下的受力情况、海上风力发电机组与海浪的相互作用、椭圆桩柱水波绕流三个近岸海洋动力环境数值仿真案例。借助第 2 章中介绍的 "奇异工具箱" 中的水波仿真模块 (https://doi.org/10.13140/RG.2.2.13247.00162)，本章展示了半解析边界配点法在近岸海洋动力环境高精度模拟中的广泛应用。

13.2　水下旅馆近岸海洋动力环境模拟

迪拜的水下旅馆参照儒勒·凡尔纳撰写的《海底两万里》而建造，如图 13.1 所示。其是由迪拜世界旗下的造船公司迪拜干船坞世界建造的一座水下酒店，其水下部分位于水下 10m 深处，与水上的一个圆盘形状的建筑连通，整个建筑的形状则酷似外星飞船，旅客住在水下旅馆可与鱼群共眠，宛如童话世界。

图 13.1　迪拜水下旅馆概念图

13.2.1 水下旅馆数学建模

为了对如图 13.1 所示的水下旅馆在近岸海洋动力环境下的受力情况进行高精度仿真，在满足流体理想、无旋、无黏、不可压缩等条件下，可将其简化为如图 13.2 所示的数学模型 [105,119]。其表示一个在水深为 h 的近岸海底，受到与水平面夹角为 θ 的水波不断冲击的二维水下障碍物，其中，L 表示区域 Ⅱ 长度的一半，d 表示障碍物的高度，b 表示障碍物的宽度。

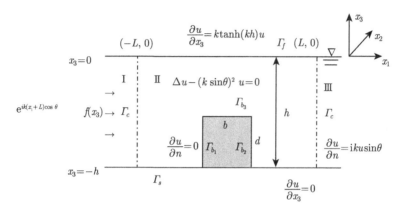

$$f(x_3) = \cosh(k(h + x_3))/\cosh(kh)$$

图 13.2   水下障碍物与水波相互作用简化数学模型

在线性波理想流体假设下，波场可由速度势函数 $\Phi(x_1, x_2, x_3, t)$ 表示，其满足 Laplace 方程

$$\nabla^2 \Phi(x_1, x_2, x_3, t) = 0. \tag{13.1}$$

基于简谐波假设，速度势函数可表示为

$$\Phi(x_1, x_2, x_3, t) = \phi(x_1, x_3) \mathrm{e}^{(\lambda x_2 - \omega t)\mathrm{i}}, \tag{13.2}$$

其中，$\lambda = k \sin(\theta)$，k 表示波数，其满足色散关系：

$$\omega^2 = gk \tanh(kh), \tag{13.3}$$

其中，g 表示重力加速度。将式 (13.2) 代入式 (13.1)，控制方程进一步简化为修正 Helmholtz 方程：

$$\nabla^2 \phi(x_1, x_3) - \lambda^2 \phi(x_1, x_3) = 0. \tag{13.4}$$

在计算域内，方程满足如下边界条件：

(1) 自由水面边界条件

$$\frac{\partial \phi\left(x_1, x_3\right)}{\partial x_3} - \frac{\omega^2 \phi\left(x_1, x_3\right)}{g} = 0, \quad \left(x_1, x_3\right) \in \Gamma_f. \tag{13.5}$$

(2) 洋底边界条件

$$\frac{\partial \phi\left(x_1, x_3\right)}{\partial x_3} = 0, \quad \left(x_1, x_3\right) \in \Gamma_s. \tag{13.6}$$

(3) 水下障碍物边界条件:

(3a) 刚性边界条件

$$\frac{\partial \phi\left(x_1, x_3\right)}{\partial x_1} = 0, \quad \left(x_1, x_3\right) \in \Gamma_{b_1}, \tag{13.7}$$

$$\frac{\partial \phi\left(x_1, x_3\right)}{\partial x_1} = 0, \quad \left(x_1, x_3\right) \in \Gamma_{b_2}, \tag{13.8}$$

$$\frac{\partial \phi\left(x_1, x_3\right)}{\partial x_3} = 0, \quad \left(x_1, x_3\right) \in \Gamma_{b_3}. \tag{13.9}$$

(3b) 吸收边界条件

$$\frac{\partial \phi\left(x_1, x_3\right)}{\partial x_1} = \mathrm{i}k G_1 \phi_1\left(x_1, x_3\right), \quad \left(x_1, x_3\right) \in \Gamma_{b_1}, \tag{13.10}$$

$$\frac{\partial \phi\left(x_1, x_3\right)}{\partial x_1} = \mathrm{i}k G_2 \phi_2\left(x_1, x_3\right), \quad \left(x_1, x_3\right) \in \Gamma_{b_2}, \tag{13.11}$$

$$\frac{\partial \phi\left(x_1, x_3\right)}{\partial x_3} = 0, \quad \left(x_1, x_3\right) \in \Gamma_{b_3}, \tag{13.12}$$

其中, G_1 和 G_2 分别表示水下障碍物前侧和后侧的吸收系数.

(4) 无限远处 Sommerfeld 辐射条件

$$\lim_{x \to \infty} x^{1/2} \left[\frac{\partial \phi\left(x_1, x_3\right)}{\partial x_1} - \mathrm{i}k \phi\left(x_1, x_3\right)\right] = 0. \tag{13.13}$$

为了将无限域问题进一步简化, 将计算区域划分为如图 13.2 所示的三个计算区域 I、II 和 III, 三个区域由虚拟边界 Γ_c 划分. 区域 I 的速度势可表示为

$$\phi^{(1)}\left(x_1, x_3\right) = \left[\mathrm{e}^{\mathrm{i}\eta(x_1+L)} + R\mathrm{e}^{-\mathrm{i}\eta(x_1+L)}\right] \frac{\cosh k\left(h+x_3\right)}{\cosh kh}, \tag{13.14}$$

其中，$\phi^{(1)}(x, y)$ 的角标 (1) 表示所属区域，R 为反射系数，$\eta = k \cos(\theta)$。区域 Ⅲ 的速度势可表示为

$$\phi^{(3)}(x_1, x_3) = T \mathrm{e}^{\mathrm{i}\eta(x_1-L)} \frac{\cosh k(h+x_3)}{\cosh kh}, \tag{13.15}$$

其中，T 表示传递系数。虚拟边界 Γ_c 上的连续性条件满足：

$$\phi^{(1)}(-L, x_3) = \phi^{(2)}(-L, x_3), \tag{13.16}$$

$$\frac{\partial \phi^{(1)}(-L, x_3)}{\partial x_1} = \frac{\partial \phi^{(2)}(-L, x_3)}{\partial x_1}, \tag{13.17}$$

$$\phi^{(2)}(L, x_3) = \phi^{(3)}(L, x_3), \tag{13.18}$$

$$\frac{\partial \phi^{(2)}(L, x_3)}{\partial x_1} = \frac{\partial \phi^{(3)}(L, x_3)}{\partial x_1}. \tag{13.19}$$

依据虚拟边界 $(x_1 = \pm L)$ 上的连续性条件，传递和反射系数可以分别表示为

$$R = -1 + n_0 \int_{-h}^{0} \phi^{(2)}(-L, x_3) \cosh(k(h+x_3)) \mathrm{d}x_3, \tag{13.20}$$

$$T = n_0 \int_{-h}^{0} \phi^{(2)}(L, x_3) \cosh(k(h+x_3)) \mathrm{d}x_3, \tag{13.21}$$

其中，$n_0 = \dfrac{2k \sinh(2kh)}{(2kh + \sinh(2kh)) \sin(kh)}$。传递系数越大，反射系数越小，表示水下障碍物对水波传播的阻碍作用越小。反之，表示水下障碍物对水波传播的阻碍作用越大。传递和反射系数可以在区域 Ⅱ 的速度势函数被求解后，由式 (13.20) 和 (13.21) 计算得到。因此，只需用奇异边界法计算有限区域 Ⅱ 的速度势函数。

13.2.2 奇异边界法计算二维修正 Helmholtz 方程

二维修正 Helmholtz 方程可以表示为

$$\nabla^2 \phi_S(x, y) - k^2 \phi_S(x, y) = 0, \quad (x, y) \in \Omega, \tag{13.22}$$

$$\phi_S(x, y) = -\phi_I(x, y), \quad \text{硬边界}, \tag{13.23}$$

$$\frac{\partial \phi_S(x, y)}{\partial n} = -\frac{\partial \phi_I(x, y)}{\partial n}, \quad \text{软边界}. \tag{13.24}$$

其中，∇^2 表示 Laplace 算符，k 表示波数，n 表示外法向量，x 表示配点，y 表示源点，Γ_D 和 Γ_N 分别表示 Dirichlet 和 Neumann 边界条件，Ω 表示计算区域。$\phi_I(x, y)$ 表示入射水波速度势，$\phi_S(x, y)$ 表示散射波速度势。

二维奇异边界法在边界上的插值格式可以表示为

$$\phi_S(x_i) = \sum_{j=1\neq i}^{N} \beta_j G(x_i, y_j) + \beta_i G(x_i, y_i), \quad x_i \in \Gamma_D, \tag{13.25}$$

$$\frac{\partial \phi_S(x_i)}{\partial n} = \sum_{j=1\neq i}^{N} \beta_j \frac{\partial G(x_i, y_j)}{\partial n(x_i)} + \beta_i \frac{\partial G(x_i, y_i)}{\partial n(x_i)}, \quad x_i \in \Gamma_N, \tag{13.26}$$

其中，

$$G(x_i, y_j) = \frac{1}{2\pi} K_0\left(k \|x_i - y_j\|_2\right) \tag{13.27}$$

表示二维修正 Helmholtz 方程的基本解，K_0 表示零阶第二类修正贝塞尔方程，$\|x_i - y_j\|_2$ 表示配点 x_i 和源点 y_j 的欧拉距离。$G(x_i, y_i)$ 和 $\dfrac{\partial G(x_i, y_i)}{\partial n(x_i)}$ 分别表示 Dirichlet 和 Neumann 边界条件下的源点强度因子[31]：

$$G(x_i, y_i) = -\frac{\ln(L_i/(2\pi))}{2\pi} - \frac{1}{2\pi}\left(\ln\left(\frac{k}{2}\right) + \gamma\right), \quad r \to 0, \tag{13.28}$$

$$\frac{\partial G(x_i, y_i)}{\partial n(x_i)} = \frac{1}{2L_i} - \frac{1}{4\pi \rho_i}, \quad r \to 0, \tag{13.29}$$

其中，$\gamma = 0.5772156649\cdots$；$L_j = \dfrac{\widehat{s_{j-1}s_{j+1}}}{2}$ 表示源点 y_j 的影响域长度，如图 13.3 所示；ρ_i 表示源点 y_i 处的曲率半径。

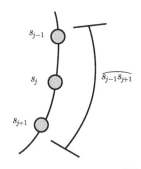

图 13.3 源点 y_j 及其影响域 $\widehat{s_{j-1}s_{j+1}}$ 示意图

由式 (13.25) 和 (13.26) 计算得到未知系数 β 后，区域 II 的速度势函数可由下式求解：

$$\phi\left(x_m\right) = \sum_{j=1}^{N} \beta_j G\left(x_m, y_j\right) + \phi_I\left(x_m\right), \quad x_m \in \Omega, \tag{13.30}$$

$$\frac{\partial\phi\left(x_m\right)}{\partial n} = \sum_{j=1}^{N} \beta_j \frac{\partial G\left(x_m, y_j\right)}{\partial n\left(x_m\right)} + \frac{\partial\phi_I\left(x_m\right)}{\partial n}, \quad x_m \in \Omega. \tag{13.31}$$

算例 13.1 Abul-Azm 在文献 [225] 中给出一个如图 13.4 所示的具有刚性边界的水下障碍物与水波相互作用的数值算例。其中，障碍物与水深的宽深比 b/h 设定为 1，障碍物与水深的高深比 d/h 设定为 0.75。

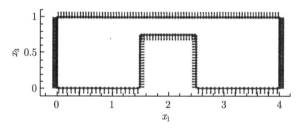

图 13.4　Abul-Azm 在文献 [225] 中给出的数学模型

图 13.5 绘制了由奇异边界法 [105]、正则化无网格法 [83]、特征函数展开法 [225] 分别计算得到的在 $kh = 1.5$，节点数为 300 时，传递与反射系数随入射水波角度变化的趋势图，可以观察到，几种不同方法得到的数值结果互相高度拟合。

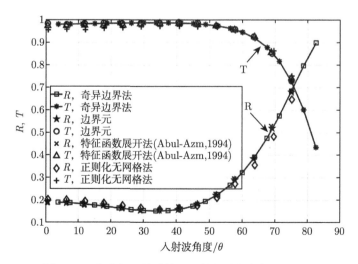

图 13.5　传递与反射系数随入射水波角度变化趋势图

算例 13.2　本算例使用"奇异工具箱"中的水波模块对水下障碍物在近岸海洋动力环境下的受力情况进行模拟。打开"奇异工具箱"水波模块中的水波-结构物相互作用界面 B，如图 13.6 所示。GUI 界面左侧是问题设置区域，包括问题类型选择、水下结构尺寸、入射波角度和吸收参数。右侧是输出数据区，包括输出图形、"重置"按钮和"导出结果"按钮。

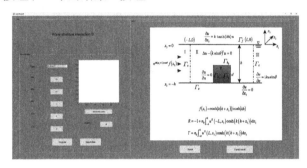

图 13.6　水波-结构物相互作用界面 B

操作步骤：

(1) 选择问题类型。选择随 kh 或者入射水波角度变化。

(2) 输入障碍物与水深的宽深比：b/h。

(3) 设置障碍物与水深的高深比：d/h。

(4) 设置入射水波无量纲波数：kh。

(5) 设置水下障碍物前侧吸收系数：G_1。

(6) 设置水下障碍物后侧吸收系数：G_2。

(7) 设置入射水波角度：angle。

(8) 单击按钮：Import data。此按钮功能为输入边界节点信息，输入文档形式为 txt 文档，如图 13.7 所示。

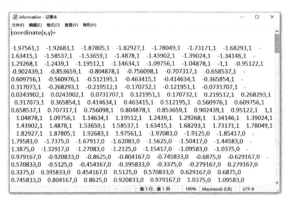

图 13.7　边界节点信息 txt 文档

(9) 单击按钮：Set boundary nodes，显示障碍物形状的俯视图。

(10) 单击按钮：Compute，开始计算，当各参数如图 13.8 所示设置时，得到计算结果，如图 13.8 所示。

(11) 单击按钮：Export results. 输出计算结果，包括无量纲波数 kh，反射系数 Rco，传递系数 Tco，平均相对误差，如图 13.9 所示。

(12) 单击按钮：Reset。重置 GUI 界面。

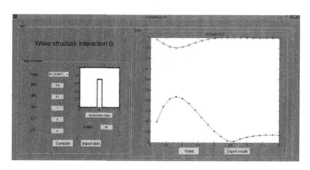

图 13.8　水下障碍物与水波相互作用计算结果图

number	kh	Rco	Tco	err1	err2
1	0.2	0.196169	0.980567	-2.763595e-01	-5.643916e-06
2	0.4	0.339213	0.9407	-9.600999e-01	-1.792993e-05
3	0.6	0.415903	0.909388	-1.676513e+00	-3.738124e-05
4	0.8	0.437787	0.899041	-1.999636e+00	-6.859179e-05
5	1	0.419462	0.907719	-1.702582e+00	-9.754591e-05
6	1.2	0.373155	0.927719	-9.466139e-01	-9.355780e-05
7	1.4	0.309765	0.95079	-2.224043e-01	-4.307233e-05
8	1.6	0.239472	0.970917	-1.186675e-02	2.572623e-05
9	1.8	0.170851	0.98533	-4.365942e-01	6.473673e-05
10	2	0.10973	0.993987	-1.201147e+00	5.084912e-05
11	2.2	0.0588827	0.998265	-1.833379e+00	5.905673e-07
12	2.4	0.0186346	0.999798	-1.984397e+00	-5.687994e-05
13	2.6	0.0122057	0.999868	-1.596559e+00	-1.148062e-04
14	2.8	0.0351956	0.999281	-8.962673e-01	-1.995968e-04
15	3	0.0519594	0.998474	-2.558082e-01	-3.507178e-04
16	3.2	0.0636286	0.99768	-1.080794e-02	-5.856712e-04
17	3.4	0.0709216	0.997041	-2.539883e-01	-8.786474e-04
18	3.6	0.0743516	0.996643	-8.811356e-01	-1.174836e-03
19	3.8	0.0745146	0.996502	-1.567079e+00	-1.431720e-03
20	4	0.072258	0.996558	-1.970430e+00	-1.651702e-03

图 13.9　输出计算结果 txt 文档

13.3　近岸椭圆桩柱水波绕流精确解及数值模拟

椭圆柱引起的平面波绕射问题在数学物理方程中也是一个比较经典的问题，但以水波为背景的研究却只能追溯到 Goda 和 Yoshimura(1971)[226,227]、Chen 和

Mei(1973)[228]、Williams(1985)[229] 和 Li 等 [31] 的工作。

本节在阐述椭圆柱绕流问题数学物理模型的基础上，整理各型马丢函数间的复杂关系，其后基于奇异边界法求解椭圆桩柱水波绕流问题，并与精确解比较。

13.3.1　椭圆桩柱水波绕流精确解

考虑如图 13.10 所示的椭圆柱引起的水波绕射问题，基于水波理论和理想流体假设，速度势可表述为 $\Phi = Re\left[\phi\left(x, y, z\right) \mathrm{e}^{-\mathrm{i}\omega t}\right]$，引入椭圆柱坐标：

$$\begin{cases} x = \mu \cosh \xi \cos \eta, \\ y = \mu \sinh \xi \sin \eta, \\ z = z. \end{cases} \tag{13.32}$$

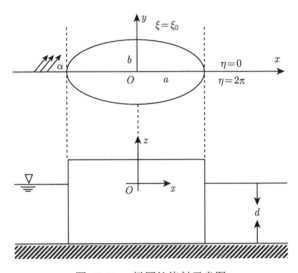

图 13.10　椭圆柱绕射示意图

代入连续性方程 $\Delta\phi = 0$，得

$$\frac{1}{\mu^2\left(\cosh^2\xi - \cos^2\eta\right)}\left(\frac{\partial^2\phi}{\partial\xi^2} + \frac{\partial^2\phi}{\partial\eta^2}\right) + \frac{\partial^2\phi}{\partial z^2} = 0. \tag{13.33}$$

分离变量 $\phi\left(\xi, \eta, z\right) = F\left(\xi\right) G\left(\eta\right) Z\left(z\right)$，有

$$\frac{\mathrm{d}^2 Z}{\mathrm{d}z^2} - k^2 Z = 0, \tag{13.34}$$

$$\frac{\mathrm{d}^2 G}{\mathrm{d}\eta^2} + (a - 2q \cos 2\eta)\, G = 0, \tag{13.35}$$

$$\frac{\mathrm{d}^2 F}{\mathrm{d}\xi^2} - (a - 2q\cosh 2\xi) F = 0, \tag{13.36}$$

其中，$q = \left(\dfrac{\mu k}{2}\right)^2$，$k$ 为波数，d 为水深。

方程在椭圆柱上满足边界条件：

$$\frac{\partial \phi}{\partial \xi}\Big|\xi = \xi_0 = 0. \tag{13.37}$$

在无穷远处满足 Sommerfeld 辐射条件：

$$\lim_{\xi \to \infty} \sqrt{\frac{\mu \mathrm{e}^\xi}{2}} \left(\frac{\partial \phi_S}{\partial \xi} - \mathrm{i}k\phi_S\right) = 0. \tag{13.38}$$

式 (13.34) 的解为

$$Z(z) = \frac{gA}{\omega} \cdot \frac{\cosh k(z+d)}{\cosh kd}, \tag{13.39}$$

其中，A 为波振幅，ω 为波频，k 是 $\omega^2 = gk\tanh kd$ 的实根，式 (13.35) 和 (13.36) 分别为马丢方程和变形马丢方程。令 $\phi(\xi, \eta) = F(\xi) G(\eta) = \phi_I + \phi_S$，其中 ϕ_I 表示入射势，ϕ_S 表示绕射势。其有精确解：

$$\begin{aligned}
\phi_I &= 2\sum_{n=0}^{\infty} a_n Ce_n(\xi, q) ce_n(\eta, q) \frac{ce_n(\alpha, q)}{ce_n(0, q)} \\
&\quad + 2\sum_{n=1}^{\infty} b_n Se_n(\xi, q) se_n(\eta, q) \frac{se_n(\alpha, q)}{se_n'(0, q)},
\end{aligned} \tag{13.40}$$

$$\begin{aligned}
\phi_S &= 2\sum_{n=0}^{\infty} C_n Me_n^1(\xi, q) ce_n(\eta, q) \frac{ce_n(\alpha, q)}{ce_n(0, q)} \\
&\quad + 2\sum_{n=1}^{\infty} D_n Ne_n^1(\xi, q) se_n(\eta, q) \frac{se_n(\alpha, q)}{se_n'(0, q)}.
\end{aligned} \tag{13.41}$$

系数项分别为

$$a_n = \begin{cases} \dfrac{A_0^{(n)}}{ce_n\left(\dfrac{\pi}{2}, q\right)}, & n\text{为偶数}, \\[4mm] -\mathrm{i}q^{1/2}\dfrac{A_1^{(n)}}{ce_1'\left(\dfrac{\pi}{2}, q\right)}, & n\text{为奇数}, \end{cases} \tag{13.42}$$

$$b_n = \begin{cases} \dfrac{qB_2^{(n)}}{Se_n'\left(\dfrac{\pi}{2}, q\right)}, & n\text{为偶数}, \\[4mm] \mathrm{i}q^{1/2}\dfrac{B_1^{(n)}}{se_n\left(\dfrac{\pi}{2}, q\right)}, & n\text{为奇数}, \end{cases} \tag{13.43}$$

$$C_n = -a_n \frac{Ce'_n(\xi_0, q)}{Me_n^{1'}(\xi_0, q)}, \tag{13.44}$$

$$D_n = -b_n \frac{Se'_n(\xi_0, q)}{Ne_n^{1'}(\xi_0, q)}. \tag{13.45}$$

因此得到水波绕射问题的精确解

$$\phi = 2 \sum_{n=0}^{\infty} a_n \left\{ Ce_n(\xi, q) - \frac{Ce'_n(\xi_0, q)}{Me_n^{1'}(\xi_0, q)} Me_n^1(\xi, q) \right\} ce_n(\eta, q) \frac{ce_n(\alpha, q)}{ce_n(0, q)}$$
$$+ 2 \sum_{n=1}^{\infty} b_n \left\{ Se_n(\xi, q) - \frac{Se'_n(\xi_0, q)}{Ne_n^{1'}(\xi_0, q)} Ne_n^1(\xi, q) \right\} se_n(\eta, q) \frac{se_n(\alpha, q)}{se'_n(0, q)}, \tag{13.46}$$

其中，$ce_n(\eta, q)$，$se_n(\eta, q)$ 表示马丢函数正型，为式 (13.35) 的解；$Ce_n(\xi, q)$，$Se_n(\xi, q)$ 为变形马丢函数第一种类型；$Me_n^1(\xi, q)$，$Ne_n^1(\xi, q)$ 为变形马丢函数第三种类型，是式 (13.36) 的解。上述每种类型马丢及变形马丢函数均包含奇数阶和偶数阶两种形式，当 n 为偶数时周期为 π，n 为奇数时周期为 2π。n 表示阶数，ξ_0 为椭圆柱坐标，α 为水波入射角，$'$ 表示求导，$A_n^{(m)}$ 和 $B_n^{(m)}$ 表示马丢函数展开式系数。$ce_n(\eta, q)$，$se_n(\eta, q)$ 表示马丢函数正型，为式 (13.35) 的解。

$$ce_{2n}(\eta, q) = \sum_{k=0}^{\infty} A_{2k}^{2n}(q) \cos 2k\eta, \tag{13.47}$$

$$ce_{2n+1}(\eta, q) = \sum_{k=0}^{\infty} A_{2k+1}^{2n+1}(q) \cos(2k+1)\eta, \tag{13.48}$$

$$se_{2n+1}(\eta, q) = \sum_{k=0}^{\infty} B_{2k+1}^{2n+1}(q) \sin(2k+1)\eta, \tag{13.49}$$

$$se_{2n+2}(\eta, q) = \sum_{k=0}^{\infty} B_{2k+2}^{2n+2}(q) \sin(2k+2)\eta. \tag{13.50}$$

$Ce_n(\xi, q)$ $Se_n(\xi, q)$ 为变形马丢函数第一种类型，为式 (13.36) 的解

$$Ce_{2n}(q, \xi) = \sum_{k=0}^{\infty} A_{2k}^{2n}(q) \cosh 2k\xi, \tag{13.51}$$

$$Ce_{2n+1}(q, \xi) = \sum_{k=0}^{\infty} A_{2k+1}^{2n+1}(q) \cosh(2k+1)\xi, \tag{13.52}$$

$$Se_{2n+1}(q,\xi) = \sum_{k=0}^{\infty} B_{2k+1}^{2n+1}(q) \sinh(2k+1)\xi, \tag{13.53}$$

$$Se_{2n+2}(q,\xi) = \sum_{k=0}^{\infty} B_{2k+2}^{2n+2}(q) \sinh(2k+2)\xi. \tag{13.54}$$

变形马丢函数第一种类型也可展开为贝塞尔函数级数:

$$Ce_{2n}(q,\xi) = \frac{ce_{2n}(\pi/2,q)}{A_0^{2n}(q)} \sum_{k=0}^{\infty} (-1)^k A_{2k}^{2n}(q) J_{2k}(2\sqrt{q}\cosh\xi), \tag{13.55}$$

$$Ce_{2n+1}(q,\xi) = \frac{ce'_{2n+1}(\pi/2,q)}{\sqrt{q}A_1^{2n+1}(q)} \sum_{k=0}^{\infty} (-1)^{k+1} A_{2k+1}^{2n+1}(q) J_{2k+1}(2\sqrt{q}\cosh\xi), \tag{13.56}$$

$$\begin{aligned} &Se_{2n+1}(q,\xi) \\ &= \frac{se_{2n+1}(\pi/2,q)}{\sqrt{q}B_1^{2n+1}(q)} \tanh\xi \sum_{k=0}^{\infty} (-1)^k (2k+1) B_{2k+1}^{2n+1}(q) J_{2k+1}(2\sqrt{q}\cosh\xi). \end{aligned} \tag{13.57}$$

$$\begin{aligned} &Se_{2n+2}(q,\xi) \\ &= \frac{se'_{2n+2}(\pi/2,q)}{\sqrt{q}B_2^{2n+2}(q)} \tanh\xi \sum_{k=0}^{\infty} (-1)^{k+1} (2k+2) B_{2k+2}^{2n+2}(q) J_{2k+2}(2\sqrt{q}\cosh\xi). \end{aligned} \tag{13.58}$$

同理, 变形马丢函数第二种类型也可展开为贝塞尔函数级数:

$$Fey_{2n}(q,\xi) = \frac{ce_{2n}(\pi/2,q)}{A_0^{2n}(q)} \sum_{k=0}^{\infty} (-1)^k A_{2k}^{2n}(q) Y_{2k}(2\sqrt{q}\cosh\xi), \tag{13.59}$$

$$Fey_{2n+1}(q,\xi) = \frac{ce'_{2n+1}(\pi/2,q)}{\sqrt{q}A_1^{2n+1}(q)} \sum_{k=0}^{\infty} (-1)^{k+1} A_{2k+1}^{2n+1}(q) Y_{2k+1}(2\sqrt{q}\cosh\xi), \tag{13.60}$$

$$\begin{aligned} &Gey_{2n+1}(q,\xi) \\ &= \frac{se_{2n+1}(\pi/2,q)}{\sqrt{q}B_1^{2n+1}(q)} \tanh\xi \sum_{k=0}^{\infty} (-1)^k (2k+1) B_{2k+1}^{2n+1}(q) Y_{2k+1}(2\sqrt{q}\cosh\xi), \end{aligned} \tag{13.61}$$

$$\begin{aligned} &Gey_{2n+2}(q,\xi) \\ &= \frac{se'_{2n+2}(\pi/2,q)}{\sqrt{q}B_2^{2n+2}(q)} \tanh\xi \sum_{k=0}^{\infty} (-1)^{k+1} (2k+2) B_{2k+2}^{2n+2}(q) Y_{2k+2}(2\sqrt{q}\cosh\xi). \end{aligned} \tag{13.62}$$

考虑到在无穷远处满足 Sommerfeld 辐射条件, 应用 $Me_n^1(\xi, q)$, $Ne_n^1(\xi, q)$, 其为变形马丢函数第三种类型。

$$Me_n^1(\xi, q) = Ce_n(\xi, q) + \mathrm{i}Fey_n(\xi, q), \tag{13.63}$$

$$Ne_n^1(\xi, q) = Se_n(\xi, q) + \mathrm{i}Gey_n(\xi, q). \tag{13.64}$$

13.3.2　奇异边界法计算二维 Helmholtz 方程

基于理想流体和线性波假设, 椭圆柱绕流问题可简化为求解 Helmholtz 方程:

$$\nabla^2 \phi_S(x, y) + k^2 \phi_S(x, y) = 0, \quad (x, y) \in \Omega, \tag{13.65}$$

$$\phi_S(x, y) = -\phi_I(x, y), \quad \text{硬边界}, \tag{13.66}$$

$$\frac{\partial \phi_S(x, y)}{\partial n} = -\frac{\partial \phi_I(x, y)}{\partial n}, \quad \text{软边界}. \tag{13.67}$$

参照 13.2.2 节奇异边界法求解二维修正 Helmholtz 方程的插值格式, 奇异边界法求解二维 Helmholtz 方程的插值格式可表示为

$$\phi_s(x_i) = \sum_{j=1 \neq i}^{N} \beta_j G_1(x_i, y_j) + \beta_i G_1(x_i, y_i), \quad x_i \in \Gamma_D, \tag{13.68}$$

$$\frac{\partial \phi_s(x_i)}{\partial n} = \sum_{j=1 \neq i}^{N} \beta_j \frac{\partial G_1(x_i, y_j)}{\partial n(x_i)} + \beta_i \frac{\partial G_1(x_i, y_i)}{\partial n(x_i)}, \quad x_i \in \Gamma_N. \tag{13.69}$$

二维 Helmholtz 方程的基本解为 $G_1(x_m, y_j) = \dfrac{\mathrm{i}}{4} H_0^{(1)}(kr_{mj})$, 此处 $H_n^{(1)}$ 表示 n 阶第一类汉克尔函数, $r_{mj} = \|x_m - y_j\|_2$ 是配点 x_m 和源点 y_j 之间的欧几里得距离。二维 Helmholtz 方程的源点强度因子表示为

$$G_1(x_i, y_j) = -\frac{\ln\left(\frac{L_i}{2\pi}\right)}{2\pi} - \frac{1}{2\pi}\left(\ln\left(\frac{k}{2}\right) + \gamma - \frac{\mathrm{i}\pi}{2}\right), \quad r \to 0, \tag{13.70}$$

$$\frac{\partial G_1(x_i, y_i)}{\partial n(x_i)} = \frac{1}{2L_i} - \frac{1}{4\pi\rho_i}, \quad r \to 0. \tag{13.71}$$

由式 (13.68) 和 (13.69) 计算得到未知系数 β 后, 计算域内任一点速度势函数可由下式计算:

$$\phi(x_m) = \sum_{j=1}^{N} \beta_j G_1(x_m, y_j) + \phi_I(x_m), \quad x_m \in \Omega, \tag{13.72}$$

$$\frac{\partial \phi(x_m)}{\partial n} = \sum_{j=1}^{N} \beta_j \frac{\partial G_1(x_m, y_j)}{\partial n(x_m)} + \frac{\partial \phi_I(x_m)}{\partial n}, \quad x_m \in \Omega. \tag{13.73}$$

算例 13.3 考虑如图 13.10 所示的椭圆柱绕流问题，取入射势函数 $\phi_I = e^{ik(x\cos(\theta)+y\sin(\theta))}$，椭圆柱参数设置为 $\xi_0 = 0.5493(Ra=2, Rb=1)$，测试点参数设置为 $\xi' = 1.5$。在边界上布置 100 个节点，将奇异边界法计算结果与精确解进行比较，并列于表 13.1。由表发现，本节所整理各型马丢函数关系精确可靠，且奇异边界法可准确模拟椭圆柱绕流问题。

表 13.1 椭圆柱绕流精确解与数值解相对误差对照表

波数 k	入射角 α			
	0	$\frac{\pi}{6}$	$\frac{\pi}{3}$	$\frac{\pi}{2}$
0.5	2.37×10^{-4}	6.86×10^{-4}	1.38×10^{-4}	6.56×10^{-5}
1	9.04×10^{-5}	1.33×10^{-4}	1.17×10^{-4}	3.19×10^{-4}
1.5	1.05×10^{-3}	3.02×10^{-4}	3.86×10^{-4}	1.34×10^{-3}

13.4 近岸海上风力发电机组与海浪相互作用模拟

为应对日益严重的能源危机，以风力发电为代表的新能源建设正逐渐成为维护国家能源安全的重要发展方向。不同于海上石油平台等海上单一建筑物，海上风力发电机通常以组群的形式建设发电，如图 13.11 所示。当它们距离较近时，波浪作用下的不同风力电机彼此间也存在较强的水动力耦合作用。在特定频率的海浪击打下，机组内侧水面会出现共振现象，即陷阱模态现象 [230]。陷阱模态现象不仅会造成机组周边海浪波高显著增加，同时会导致波浪上涌，甲板上浪等影响机组气隙性能的不良现象。此外，局部海面波浪共振也会使得风机局部所受海浪力显著增大，从而导致整个近岸风电机组的灾难性倾覆。因此，基于桩群结构的近岸海上风电机组的海洋动力环境模拟具有重要意义。

图 13.11 近岸海上风力发电机组

研究此问题,通常仅考虑波浪受风电机组的影响因而假定风电机组是静止的[99]。因此,"海浪与风电机组的相互作用"被简化为"海浪对风电机组的作用"[231]。考虑如图 13.12 所示的 n 个固定在海底的直立桩柱,假设风机直径不随高度变化,因此可进一步将其简化为二维问题求解。

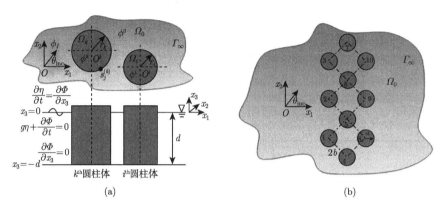

图 13.12　近岸海上风电机组与水波相互作用示意图

进一步假设入射水波简谐,且由于绕射势函数不包含局部振荡项,因此可将速度势表示为

$$\Phi(x_1, x_2, x_3, t) = Re\left[\phi(x_1, x_2) f(x_3) \mathrm{e}^{-\mathrm{i}\omega t}\right], \tag{13.74}$$

其中,

$$f(x_3) = \frac{-\mathrm{i}gA}{\omega}\frac{\cosh k(x_3 + d)}{\cosh kd} = \frac{-\mathrm{i}gH}{2\omega}\frac{\cosh k(x_3 + d)}{\cosh kd}, \tag{13.75}$$

式中,ω 为角频率,g 表示重力加速度,$\mathrm{i} = \sqrt{-1}$,d 为水深,A 为入射水波 $\phi_I(x_1, x_2) = \mathrm{e}^{\mathrm{i}k(x_1\cos\theta_{\mathrm{inc}} + x_2\sin\theta_{\mathrm{inc}})}$ 的振幅,其是波高 H 的一半,波数 k 满足色散关系 $\omega^2 = gk\tanh kd$。

水平分布的绕射速度势满足二维 Helmholtz 方程:

$$\nabla^2\phi_S(x_1, x_2) + k^2\phi_S(x_1, x_2) = 0, \quad (x_1, x_2) \in \Omega. \tag{13.76}$$

其在风机桩柱上满足边界条件:

$$\phi_S(x_1, x_2) = -\phi_I(x_1, x_2), \quad 硬边界, \tag{13.77}$$

$$\frac{\partial\phi_s(x_1, x_2)}{\partial n} = -\frac{\partial\phi_I(x_1, x_2)}{\partial n}, \quad 软边界. \tag{13.78}$$

基于奇异边界法求解二维 Helmholtz 方程的详细步骤可参照 13.3.2 节内容。当计算得到水平分布的速度势 $\phi(x_1, x_2)$ 后，自由表面的海浪爬高可表示为

$$|\eta| = |A\phi(x_1, x_2)| = \left| \frac{H}{2} \phi(x_1, x_2) \right|. \tag{13.79}$$

水域中的水动力压强可表示为

$$p = -\rho \frac{\partial \phi}{\partial t} = -\rho g A \frac{\cosh k(x_3 + d)}{\cosh kd} \phi(x_1, x_2) e^{-i\omega t}. \tag{13.80}$$

第 j 个风机上的一阶水平海浪力 $F^j = \left(F_{x_1}^j, F_{x_2}^j \right) = \left(Re\left[X^j e^{-i\omega t} \right], Re\left[Y^j e^{-i\omega t} \right] \right)$ 可由风机桩柱边界上的水动力压强积分计算

$$X^j = -\frac{\rho g A r_j}{k} \tanh kd \int_0^{2\pi} \phi(x_1, x_2) \cos\theta_j \mathrm{d}\theta_j, \quad (x_1, x_2) \in \partial\Omega_j, \quad j = 1, 2, \cdots, n,$$

$$\tag{13.81}$$

$$Y^j = -\frac{\rho g A r_j}{k} \tanh kd \int_0^{2\pi} \phi(x_1, x_2) \sin\theta_j \mathrm{d}\theta_j, \quad (x_1, x_2) \in \partial\Omega_j, \quad j = 1, 2, \cdots, n,$$

$$\tag{13.82}$$

式中，$\theta_j = \arctan\left(\dfrac{x_2 - x_2^{(j)}}{x_1 - x_1^{(j)}} \right)$，$r_j$ 为风机桩柱的半径长度。

算例 13.4   本算例使用 "奇异工具箱" 中的水波模块模拟在近岸海洋动力环境下风电机组与海浪的相互耦合作用。打开 "奇异工具箱" 水波模块的水波-结构物相互作用界面 A，如图 13.13 所示。软件左侧界面为问题类型参数输入区，包括风机桩柱的半径、相互之间的距离、入射水波角度、波浪振幅、水深、风机桩柱的吸收系数以及布局扰动系数。界面右侧区域为输出界面，包括出图区、重置区。

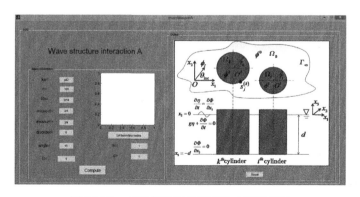

图 13.13   风电机组近岸海洋动力环境模拟

操作步骤：

(1) 设置入射水波无量纲波数：ka。

(2) 设置节点数目：n。

(3) 设置风机桩柱的半径：Ra。

(4) 设置风机桩柱间 x 方向的距离：distance x。

(5) 设置风机桩柱间 y 方向的距离：distance y。

(6) 设置布局扰动系数：disorder。

(7) 设置入射水波角度：angle。

(8) 设置风机桩柱吸收系数：G。

(9) 设置结构高度：H。

(10) 设置水深：d。

(11) 单击按钮：Set boundary nodes，显示奇异边界法的节点布置俯视图。

(12) 单击按钮：Compute，得到在图 13.14 所示参数设置下，风电机组在近岸海洋动力环境中的散射速度势模拟结果图。

(13) 单击按钮：Reset，重置 GUI 界面。

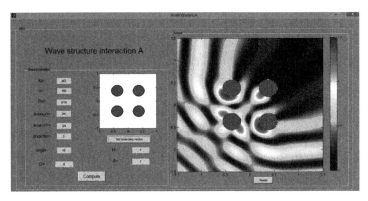

图 13.14　风电机组近岸海洋动力环境模拟计算结果图

参 考 文 献

[1] 汤渭霖, 范军, 马忠成. 水中目标声散射 [M]. 北京: 科学出版社, 2018.

[2] 王乐, 杨智春, 郭宁. 振动与噪声控制基础 [M]. 西安: 西北工业大学出版社, 2020.

[3] 叶昌铮, 孟晗, 辛锋先, 等. 基于传递函数法的水下消声层声学性能研究 [J]. 力学学报, 2016, 48(1): 213-224.

[4] 程建春, 李晓东, 杨军. 声学学科现状以及未来发展趋势 [M]. 北京: 科学出版社, 2021.

[5] 张海澜. 计算声学 [M]. 北京: 科学出版社, 2021.

[6] Patera A T. A spectral element method for fluid dynamaics-Laminar flow in a channel expansion [J]. Journal of Computational Physics, 1984, 54 (3): 468-488.

[7] Hu F Q. An efficient solution of time domain boundary integral equations for acoustic scattering and its acceleration by graphics processing units [C]. 19th AIAA/CEAS Aeroacoustics Conference, AIAA Paper, Berlin, 2013: 2013-2018.

[8] Kouyoumjian R G. Asymptotic high-frequency methods [J]. Proceedings of the IEEE, 1965, 53(8): 864-876.

[9] Deschamps G A. Ray techniques in electromagnetics [J]. Proceedings of the IEEE, 1972, 60(9): 1022-1035.

[10] Wang F J, Zhao Q H, Chen Z T, et al. Localized Chebyshev collocation method for solving elliptic partial differential equations in arbitrary 2D domains [J]. Applied Mathematics and Computation, 2021, 397: 125903.

[11] Wang F J, Gu Y, Qu W Z, et al. Localized boundary knot method and its application to large-scale acoustic problems [J]. Computer Methods in Applied Mechanics and Engineering, 2020, 361: 112729.

[12] Ciarlet P G. The Finite Element Method for Elliptic Problems [M]. Philadelphia: Siam, 2002.

[13] 蒋伟康, 吴海军. 声学边界元方法及其快速算法 [M]. 北京: 科学出版社, 2019.

[14] Qu W Z, Chen W, Zheng C J. Diagonal form fast multipole singular boundary method applied to the solution of high-frequency acoustic radiation and scattering [J]. International Journal for Numerical Methods in Engineering, 2017, 111 (9): 803-815.

[15] 陈文. 奇异边界法: 一个新的、简单、无网格、边界配点数值方法 [J]. 固体力学学报, 2009, 30(6): 592-599.

[16] Qin Q H. The Trefftz Finite and Boundary Element Method [M]. Southampton: WIT Press, 2000.

[17] 宋庆增, 顾军华. 共轭梯度求解器的 FPGA 设计与实现 [J]. 计算机应用, 2011, 31(9): 2571-2573.

[18] Peake M J, Trevelyan J, Coates G. Extended isogeometric boundary element method (XIBEM) for two-dimensional Helmholtz problems [J]. Computer Methods in Applied Mechanics and Engineering, 2013, 259: 93-102.

[19] Tsuji P, Ying L. A fast directional algorithm for high-frequency electromagnetic scattering [J]. Journal of Computational Physics, 2011, 230 (14): 5471-5487.

[20] Chen L, Schweikert D. Sound radiation from an arbitrary body [J]. The Journal of the Acoustical Society of America, 1963, 35(10): 1626-1632.

[21] Burton A J, Miller G F. The application of integral equation methods to the numerical solution of some exterior boundary-value problems [J]. Proceedings of the Royal Society of London, 1971, 323(1553): 201-210.

[22] Liu Y J. Fast Multipole Boundary Element Method: Theory and Applications in Engineering [M]. Cambridge: Cambridge University Press, 2009.

[23] Kupradze V D, Aleksidze M A. The method of functional equations for the approximate solution of certain boundary value problems [J]. USSR Computational Mathematics and Mathematical Physics, 1964, 4(4): 82-126.

[24] Fairweather G, Karageorghis A. The method of fundamental solutions for elliptic boundary value problems [J]. Advances in Computational Mathematics, 1998, 9(1-2): 69-95.

[25] Yue X X, Wang F J, Hua Q S, et al. A novel space-time meshless method for nonhomogeneous convection-diffusion equations with variable coefficients [J]. Applied Mathematics Letters, 2019, 92: 144-150.

[26] Chen C S, Karageorghis A, Smyrlis Y S. The Method of Fundamental Solutions-a Meshless Method [M]. Atlanta: Dynamic Publishers, 2008.

[27] Li J P, Qin Q H, Fu Z J. A dual-level method of fundamental solutions for three-dimensional exterior high frequency acoustic problems [J]. Applied Mathematical Modelling, 2018, 63: 558-576.

[28] 谷岩, 陈文. 改进的奇异边界法模拟三维位势问题 [J]. 力学学报, 2012, 44(2): 351-360.

[29] Gu Y, Chen W, Zhang C Z. Singular boundary method for solving plane strain elastostatic problems [J]. International Journal of Solids and Structures, 2011, 48(18): 2549-2556.

[30] Fu Z J, Chen W, Gu Y. Burton-Miller-type singular boundary method for acoustic radiation and scattering [J]. Journal of Sound and Vibration, 2014, 333(16): 3776-3793.

[31] Li J P, Chen W, Fu Z J, et al. Explicit empirical formula evaluating original intensity factors of singular boundary method for potential and Helmholtz problems [J]. Engineering Analysis with Boundary Elements, 2016, 73: 161-169.

[32] Li J P, Chen W, Gu Y. Error bounds of singular boundary method for potential problems [J]. Numerical Methods for Partial Differential Equations, 2017, 33(6): 1987-2004.

[33] 李珺璞. 高频声波数值模拟的半解析径向基函数方法 [D]. 南京: 河海大学, 2019.

[34] Chen W, Tanaka M. A meshless, integration-free, and boundary-only RBF technique [J]. Computers & Mathematics with Applications, 2002, 43(3-5): 379-391.

[35] 王福章, 林继. 边界节点法及其应用 [M]. 北京: 科学出版社, 2018.

[36] Chen X P, He W X, Jin B T. Symmetric boundary knot method for membrane vibrations under mixed-type boundary conditions [J]. International Journal of Nonlinear Sciences and Numerical Simulation, 2005, 6(4): 421-424.

[37] Greengard L, Rokhlin V. A fast algorithm for particle simulations [J]. Journal of Computational Physics, 1987, 73(2): 325-348.

[38] Rokhlin V. Rapid solution of integral equations of scattering theory in two dimensions [J]. Journal of Computational Physics, 1990, 86(2): 414-439.

[39] Greengard L, Huang J, Rokhlin V, et al. Accelerating fast multipole methods for the Helmholtz equation at low frequencies [J]. Computational Science & Engineering, IEEE, 1998, 5(3): 32-38.

[40] Gumerov N A, Duraiswami R. Fast Multipole Methods for the Helmholtz Equation in Three Dimensions [M]. Holland: Elsevier, 2005.

[41] Sakuma T, Yasuda Y. Fast multipole boundary element method for large-scale steady-state sound field analysis. Part I: setup and validation [J]. Acta Acustica United with Acustica, 2002, 88(4): 513-525.

[42] Yasuda Y, Sakuma T. Fast multipole boundary element method for large-scale steady-state sound field analysis. Part II: examination of numerical items [J]. Acta Acustica united with Acustica, 2003, 89(1): 28-38.

[43] Zhang J, Tanaka M, Endo M. The hybrid boundary node method accelerated by fast multipole expansion technique for 3D potential problems [J]. International Journal for Numerical Methods in Engineering, 2005, 63(5): 660-680.

[44] Liu Y, Nishimura N, Yao Z. A fast multipole accelerated method of fundamental solutions for potential problems [J]. Engineering Analysis with Boundary Elements, 2005, 29(11): 1016-1024.

[45] 屈文镇. 大规模声学问题快速多极奇异边界法的研究 [D]. 南京: 河海大学, 2016.

[46] Qu W Z, Zheng C J, Zhang Y M, et al. A wideband fast multipole accelerated singular boundary method for three-dimensional acoustic problems [J]. Computers & Structures, 2018, 206: 82-89.

[47] Ying L X, Biros G, Zorin D. A kernel-independent adaptive fast multipole algorithm in two and three dimensions [J]. Journal of Computational Physics, 2004, 196(2): 591-626.

[48] Li J P, Fu Z J, Chen W, et al. A dual-level method of fundamental solutions in conjunction with kernel-independent fast multipole method for large-scale isotropic heat conduction problems [J]. Advances in Applied Mathematics and Mechanics, 2019, 11(2): 501-517.

[49] Li J P, Chen W, Fu Z J. A modified dual-level algorithm for large-scale three-dimensional Laplace and Helmholtz equation [J]. Computational Mechanics, 2018, 62(4): 893-907.

[50] 张文生. 科学计算中的偏微分方程有限差分法 [M]. 北京: 高等教育出版社, 2006.

[51] Mitchell A R, Griffiths D F. The Finite Difference Method in Partial Differential Equations [M]. New York: John Wiley, 1980.

[52] 顾尔祚. 流体力学中的有限差分法基础 [M]. 上海: 上海交通大学出版社, 1988.

[53] Alford R, Kelly K, Boore D M. Accuracy of finite-difference modeling of the acoustic wave equation [J]. Geophysics, 1974, 39(6): 834-842.

[54] Dablain M. The application of high-order differencing to the scalar wave equation [J]. Geophysics, 1986, 51(1): 54-66.

[55] 周家纪, 贺振华. 模拟地震波传播的大网格快速差分算法 [J]. 地球物理学报, 1994, 37: 450-454.

[56] 王秀明, 张海澜. 用于具有不规则起伏自由表面的介质中弹性波模拟的有限差分算法 [J]. 中国科学 G 辑, 2004, 34(5): 481-493.

[57] 朱伯芳. 有限单元法原理与应用 [M]. 2 版. 北京: 中国水利水电出版社, 1998.

[58] 王勖成, 邵敏. 有限单元法基本原理和数值方法 [M]. 北京: 清华大学出版社, 1997.

[59] Malek M, Izem N, Mohamed M S, et al. A partition of unity finite element method for three-dimensional transient diffusion problems with sharp gradients [J]. Journal of Computational Physics, 2019, 396: 702-717.

[60] Astley R J. Wave envelope and infinite elements for acoustical radiation [J]. International Journal for Numerical Methods in Fluids, 1983, 3(5): 507-526.

[61] Astley R J, Macaulay G J, Coyette J P. Mapped wave envelope elements for acoustical radiation and scattering [J]. Journal of Sound and Vibration, 1994, 170(1): 97-118.

[62] Kallivokas L F, Bielak J. Time-domain analysis of transient structural acoustics problems based on the finite element method and a novel absorbing boundary element [J]. Journal of Acoustical Society of America, 1993, 94(6): 3480-3492.

[63] Qin Q H, Wang H. Matlab and C programming for Trefftz Finite Element Methods [M]. Boca Raton: CRC Press, 2009.

[64] 李录贤, 刘书静, 张慧华, 等. 广义有限元方法研究进展 [J]. 应用力学学报, 2009, 26(1): 96-108.

[65] Strouboulis T, Copps K, Babuška I. The generalized finite element method [J]. Computer Methods in Applied Mechanics and Engineering, 2001, 190(32-33): 4081-4193.

[66] Wolf J P. The Scaled Boundary Finite Element Method [M]. New York: John Wiley, 2003.

[67] 张勇, 林皋, 胡志强, 等. 基于等几何分析的比例边界有限元方法 [J]. 计算力学学报, 2012, 29(3): 433-438.

[68] Qin Q H. Trefftz finite element method and its applications [J]. Applied Mechanics Reviews, 2005, 58(5): 316-337.

[69] Piltner R. Recent developments in the Trefftz method for finite element and boundary element applications [J]. Advances in Engineering Software, 1995, 24(1-3): 107-115.

[70] 廖振鹏. 近场波动的数值模拟 [J]. 力学进展, 1997, 27(2): 193-212.

[71] 杨子乐, 黄旺, 班游, 等. 无网格介点法求解 Helmholtz 方程 [J]. 计算力学学报, 2019, 36(1): 96-102.

[72] Wu S W, Xiang Y. A coupled interpolating meshfree method for computing sound radiation in infinite domain [J]. International Journal for Numerical Methods in Engineering, 2018, 113(9): 1466-1487.

[73] Garg S, Pant M. Meshfree methods: a comprehensive review of applications [J]. International Journal of Computational Methods, 2018, 15(4): 1830001.

[74] Li S F, Liu W K. Meshfree Particle Methods [M]. Berlin: Springer, 2007.

[75] Huerta A, Belytschko T, Fernández-Méndez S, et al. Meshfree Methods [M]. New York: John Wiley, 2017.

[76] Gingold R A, Monaghan J J. Smoothed particle hydrodynamics: theory and application to non-spherical stars [J]. Monthly Notices of the Royal Astronomical Society, 1977, 181(3): 375-389.

[77] Nayroles B, Touzot G, Villon P. Generalizing the finite element method: diffuse approximation and diffuse elements [J]. Computational Mechanics, 1992, 10(5): 307-318.

[78] Belytschko T, Lu Y Y, Gu L. Element-free Galerkin methods [J]. International Journal for Numerical Methods in Engineering, 1994, 37(2): 229-256.

[79] Perrey-Debain E, Trevelyan J, Bettess P. Wave boundary elements: a theoretical overview presenting applications in scattering of short waves [J]. Engineering Analysis with Boundary Elements, 2004, 28(2): 131-141.

[80] Peirce A P, Spottiswoode S, Napier J A L. The spectral boundary element method: a new window on boundary elements in rock mechanics [J]. International Journal of Rock Mechanics and Mining Sciences & Geomechanics Abstracts, 1992, 29(4): 379-400.

[81] Chen K H, Chen J T, Kao J H. Regularized meshless method for antiplane shear problems with multiple inclusions [J]. International Journal for Numerical Methods in Engineering, 2008, 73(9): 1251-1273.

[82] Chen W, Lin J, Wang F Z. Regularized meshless method for nonhomogeneous problems [J]. Engineering Analysis with Boundary Elements, 2011, 35(2): 253-257.

[83] Chen K H, Lu M C, Hsu H M. Regularized meshless method analysis of the problem of obliquely incident water wave [J]. Engineering Analysis with Boundary Elements, 2011, 35(3): 355-362.

[84] Sun L L, Chen W, Zhang C Z. A new formulation of regularized meshless method applied to interior and exterior anisotropic potential problems [J]. Applied Mathematical Modelling, 2013, 37(12-13): 7452-7464.

[85] Wang Z Y, Gu Y, Chen W. Fast-multipole accelerated regularized meshless method for large-scale isotropic heat conduction problems [J]. International Journal of Heat and Mass Transfer, 2016, 101: 461-469.

[86] Liu Y J. A new boundary meshfree method with distributed sources [J]. Engineering Analysis with Boundary Elements, 2010, 34(11): 914-919.

[87] Chen J T, Chang M H, Chen K H, et al. The boundary collocation method with meshless concept for acoustic eigenanalysis of two dimensional cavities using radial basis function [J]. Journal of Sound and Vibration, 2002, 257(4): 667-711.

[88] Liu Q G, Šarler B. A non-singular method of fundamental solutions for two-dimensional steady-state isotropic thermoelasticity problems [J]. Engineering Analysis with Boundary Elements, 2017, 75: 89-102.

[89]   Qu W Z, Fan C M, Gu Y, et al. Analysis of three-dimensional interior acoustic fields by using the localized method of fundamental solutions [J]. Applied Mathematical Modelling, 2019, 76: 122-132.

[90]   Li J P, Zhang L, Qin Q H, et al. A localized spatiotemporal particle collocation method for long-time transient homogeneous diffusion analysis [J]. International Journal of Heat and Mass Transfer, 2022, 192: 122893.

[91]   Li J P, Fu Z J, Chen W, et al. A regularized approach evaluating origin intensity factor of singular boundary method for Helmholtz equation with high wavenumbers [J]. Engineering Analysis with Boundary Elements, 2019, 101: 165-172.

[92]   Li J P, Chen W, Fu Z J, et al. A regularized approach evaluating the near-boundary and boundary solutions for three-dimensional Helmholtz equation with wideband wavenumbers [J]. Applied Mathematics Letters, 2019, 91: 55-60.

[93]   Li J P, Chen W. A modified singular boundary method for three-dimensional high frequency acoustic wave problems [J]. Applied Mathematical Modelling, 2018, 54: 189-201.

[94]   李珺璞, 陈文. 一种模拟大规模高频声场的双层奇异边界法 [J]. 力学学报, 2018, 50(4): 961-969.

[95]   Li J P, Chen W, Qin Q H, et al. A modified dual-level fast multipole boundary element method for large-scale three-dimensional potential problems [J]. Computer Physics Communications, 2018, 233: 51-61.

[96]   Li J P, Chen W, Qin Q H. A modified dual-level fast multipole boundary element method based on the Burton-Miller formulation for large-scale three-dimensional sound field analysis [J]. Computer Methods in Applied Mechanics and Engineering, 2018, 340: 121-146.

[97]   Li J P, Chen W, Qin Q H, et al. A modified multilevel algorithm for large-scale scientific and engineering computing [J]. Computers & Mathematics with Applications, 2019, 77(8): 2061-2076.

[98]   Chen W, Fu Z J. A novel numerical method for infinite domain potential problems [J]. Chinese Science Bulletin, 2010, 55(16): 1598-1603.

[99]   傅卓佳. 波传播问题的半解析无网格边界配点法 [D]. 南京: 河海大学, 2013.

[100]   Chen W, Gu Y. Recent advances on singular boundary method [C]. Proceedings of the Joint International Workshop on Trefftz Method VI and Method of Fundamental Solution II, Taiwan, 2011.

[101]   Gu Y, Chen W, He X Q. Domain-decomposition singular boundary method for stress analysis in multi-layered elastic materials [J]. CMC: Computers Materials & Continua, 2012, 29(2): 129-154.

[102]   陈文, 傅卓佳, 魏星. 科学与工程计算中的径向基函数方法 [M]. 北京: 科学出版社, 2014.

[103]   Lin J, Chen W, Chen C S. Numerical treatment of acoustic problems with boundary singularities by the singular boundary method [J]. Journal of Sound & Vibration, 2014, 333(14): 3177-3188.

[104] Vittoria C. Magnetics, Dielectrics, and Wave Propagation with MATLAB Codes [M]. Florida: CRC Press, 2010.

[105] Li J P, Fu Z J, Chen W. Numerical investigation on the obliquely incident water wave passing through the submerged breakwater by singular boundary method [J]. Computers & Mathematics with Applications, 2016, 71: 381-390.

[106] Fu Z J, Chen W, Chen J T, et al. Singular boundary method: three regularization approaches and exterior wave applications [J]. Computer Modeling in Engineering & Sciences, 2014, 99(5): 417-443.

[107] Li W W. A fast singular boundary method for 3D Helmholtz equation [J]. Computers & Mathematics with Applications, 2019, 77(2): 525-535.

[108] 姚振汉, 王海涛. 边界元法 [M]. 北京: 高等教育出版社, 2010.

[109] 张雄, 刘岩. 无网格法 [M]. 北京: 清华大学出版社, 2004.

[110] Gu Y, Chen W, Zhang J Y. Investigation on near-boundary solutions by singular boundary method [J]. Engineering Analysis with Boundary Elements, 2012, 36: 1173-1182.

[111] Fan C M, Huang Y K, Chen C S, et al. Localized method of fundamental solutions for solving two-dimensional Laplace and biharmonic equations [J]. Engineering Analysis with Boundary Elements, 2019, 101: 188-197.

[112] Li J P, Chen W, Fu Z J. Numerical investigation on convergence rate of singular boundary method [J]. Mathematical Problems in Engineering, 2016, 2016: 3564632.

[113] Schenck H A. Improved integral formulation for acoustic radiation problems [J]. Journal of the Acoustical Society of America, 1968, 44(1): 41-58.

[114] Wei X, Chen W, Sun L L, et al. A simple accurate formula evaluating origin intensity factor in singular boundary method for two-dimensional potential problems with Dirichlet boundary [J]. Engineering Analysis with Boundary Elements, 2015, 58: 151-165.

[115] Sun L L, Chen W, Cheng A H D. Evaluating the origin intensity factor in the singular boundary method for three-dimensional dirichlet problems [J]. Advances in Applied Mathematics and Mechanics, 2017, 9(6): 1289-1311.

[116] Chen W, Zhang J Y, Fu Z J. Singular boundary method for modified Helmholtz equations [J]. Engineering Analysis with Boundary Elements, 2014, 44: 112-119.

[117] Chen W, Li J P, Fu Z J. Singular boundary method using time-dependent fundamental solution for scalar wave equations [J]. Computational Mechanics, 2016, 58 (5): 717-730.

[118] 陈文, 李珺璞, 傅卓佳. 基于时间依赖基本解的奇异边界法模拟二维狄利克雷边界标量波方程 [J]. 计算力学学报, 2017, 34(2): 231-237.

[119] 李珺璞, 傅卓佳, 陈文. 奇异边界法分析含水下障碍物水域中的水波传播问题 [J]. 应用数学和力学, 2015, 36(10): 1035-1044.

[120] 冉勃, 葛剑敏. 轻轨车辆噪声特性分析及降噪优化 [J]. 噪声与振动控制, 2018, 38(S1): 259-263.

[121] 张洁, 林建辉, 高品贤. 高速铁路振动及噪声测试技术 [M]. 成都: 西南交通大学出版社, 2010.

[122] Babuska I M, Sauter S A. Is the pollution effect of the FEM avoidable for the Helmholtz equation considering high wave numbers? [J]. Siam Review, 2000, 42(3): 451-484.

[123] Ihlenburg F, Babuska I. Finite element solution of the Helmholtz equation with high wave number part i: the h-version of the fem [J]. Computers & Mathematics with Applications, 1995, 30(9): 9-37.

[124] Brebbia C A. The birth of the boundary element method from conception to application [J]. Engineering Analysis with Boundary Elements, 2017, 77: iii-x.

[125] Giladi E. Asymptotically derived boundary elements for the Helmholtz equation in high frequencies [J]. Journal of Computational and Applied Mathematics, 2007, 198(1): 52-74.

[123] Kim S, Shin C S, Keller J B. High-frequency asymptotics for the numerical solution of the Helmholtz equation [J]. Applied Mathematics Letters, 2005, 18(7): 797-804.

[127] Sun L L, Wei X. A frequency domain formulation of the singular boundary method for dynamic analysis of thin elastic plate [J]. Engineering Analysis with Boundary Elements, 2019, 98: 77-87.

[128] Saad Y, Schultz M H. GMRES: a generalized minimal residual algorithm for solving nonsymmetric linear systems [J]. SIAM Journal on Scientific and Statistical Computing, 1986, 7(3): 856-869.

[129] Hansen P C. Regularization tools version 4.0 for matlab 7.3 [J]. Numerical Algorithms, 2007, 46(2): 189-194.

[130] Calvetti D, Lewis B, Reichel L. GMRES-type methods for inconsistent systems [J]. Linear Algebra and its Applications, 2000, 316 (1-3): 157-169.

[131] Bellalij M, Reichel L, Sadok H. Some properties of range restricted GMRES methods [J]. Journal of Computational and Applied Mathematics, 2015, 290: 310-318.

[132] Neuman A, Reichel L, Sadok H. Implementations of range restricted iterative methods for linear discrete ill-posed problems [J]. Linear Algebra and Its Applications, 2012, 436(10): 3974-3990.

[133] Chen C S, Cho H A, Golberg M A. Some comments on the ill-conditioning of the method of fundamental solutions [J]. Engineering Analysis with Boundary Elements, 2006, 30(5): 405-410.

[134] Smyrlis Y S, Karageorghis A. A linear least-squares MFS for certain elliptic problems [J]. Numerical Algorithms, 2004, 35(1): 29-44.

[135] Golberg M A, Chen C S. The Method of Fundamental Solutions for Potential, Helmholtz and Diffusion Problems [M]// Golberg M A. Boundary Integral Methods-Numerical and Mathematical Aspects. Boston: Computational Mechanics Publications, 1998: 103-176.

[136] Sun L L, Chen W, Cheng A H D. One-step boundary knot method for discontinuous coefficient elliptic equations with interface jump conditions [J]. Numerical Methods for Partial Differential Equations, 2016, 32 (6): 1509-1534.

[137] Sun H G, Liu X T, Zhang Y, et al. A fast semi-discrete Kansa method to solve the two-dimensional spatiotemporal fractional diffusion equation [J]. Journal of Computational

Physics, 2017, 345: 74-90.

[138] Kansa E J, Holoborodko P. On the ill-conditioned nature of C $^\infty$, RBF strong collocation [J]. Engineering Analysis with Boundary Elements, 2017, 78: 26-30.

[139] Chen J S, Hillman M, Chi S W. Meshfree methods: progress made after 20 years [J]. Journal of Engineering Mechanics, 2017, 143: 04017001.

[140] Hong Y X, Lin J, Chen W. A typical backward substitution method for the simulation of Helmholtz problems in arbitrary 2D domains [J]. Engineering Analysis with Boundary Elements, 2018, 93: 167-176.

[141] Hansen P C. The truncated SVD as a method for regularization [J]. BIT Numerical Mathematics, 1987, 27(4): 534-553.

[142] Hansen P. REGULARIZATION TOOLS: a matlab package for analysis and solution of discrete ill-posed problems [J]. Numerical Algorithms, 1994, 6(1): 1-35.

[143] Young D L, Chen K H, Liu T Y, et al. Hypersingular meshless method for solving 3D potential problems with arbitrary domain [J]. Computer Modeling in Engineering & Sciences, 2009, 40(3): 225-269.

[144] Liu L, Zhang H. Single layer regularized meshless method for three dimensional Laplace problem [J]. Engineering Analysis with Boundary Elements, 2016, 71: 164-168.

[145] Liu L. Single layer regularized meshless method for three dimensional exterior acoustic problem [J]. Engineering Analysis with Boundary Elements, 2017, 77: 138-144.

[146] Fu Z J, Chen W, Wen P H, et al. Singular boundary method for wave propagation analysis in periodic structures [J]. Journal of Sound and Vibration, 2018, 425: 170-188.

[147] Li W W, Chen W, Fu Z J. Precorrected-FFT accelerated singular boundary method for large-scale three-dimensional potential problems [J]. Communications in Computational Physics, 2017, 22(2): 460-472.

[148] Gu Y, Gao H W, Chen W, et al. Fast-multipole accelerated singular boundary method for large-scale three-dimensional potential problems [J]. International Journal of Heat and Mass Transfer, 2015, 90: 291-301.

[149] Cui T J, Weng C C, Chen G, et al. Efficient MLFMA, RPFMA, and FAFFA algorithms for EM scattering by very large structures [J]. IEEE Transactions on Antennas & Propagation, 2004, 52(3): 759-770.

[150] 布赖姆. 快速傅里叶变换 [M]. 上海: 上海科学技术出版社, 1979.

[151] Yan Z Y, Gao X W. Application of the pFFT algorithm to the hybrid-domain boundary element method for acoustic problems [J]. Australian Journal of Mechanical Engineering, 2013, 11(1): 31-36.

[152] 曹宁, 虞湘滨. 基于 FFT 的快速小波变换算法研究 [J]. 河海大学常州分校学报, 2001, 15(3): 1-5.

[153] Arndt J. Fast Wavelet Transforms [M]// Arndt J. Matters Computational. Heidelberg: Springer, 2011: 543-548.

[154] Liu X J, Wu H J, Jiang W K. A boundary element method based on the hierarchical matrices and multipole expansion theory for acoustic problems [J]. International Journal

of Computational Methods, 2018, 15(3):1850009.

[155] 吴君辉, 曹祥玉, 袁浩波, 等. 自适应交叉近似算法在矩量法中的应用 [J]. 空军工程大学学报 (自然科学版), 2013, 14(5): 76-79.

[156] Grasedyck L, Hackbusch W. Construction and arithmetics of H-matrices [J]. Computing, 2003, 70(4): 295-334.

[157] Li W W. A fast singular boundary method for 3D Helmholtz equation [J]. Computers & Mathematics with Applications, 2019, 77(2): 525-535.

[158] Gu Y, Wang L, Chen W, et al. Application of the meshless generalized finite difference method to inverse heat source problems [J]. International Journal of Heat and Mass Transfer, 2017, 108: 721-729.

[159] Kita E, Kamiya N. Trefftz method: an overview [J]. Advances in Engineering Software, 1995, 24(1-3): 3-12.

[160] Herrera I. Trefftz Method [M]// Brebbia C A. Topics in Boundary Element Research, vol 1. Heidelberg: Springer, 1984: 225-253.

[161] 哈克布思 W. 多重网格方法 [M]. 北京: 科学出版社, 1988.

[162] 李晓梅, 莫则尧. 多重网格算法综述 [J]. 中国科学基金, 1996, 10(1): 4-11.

[163] McCowen A. Efficient 3-D moment-method analysis for reflector antennas using a far-field approximation technique [J]. IEE Proceedings - Microwaves, Antennas and Propagation, 1999, 146(1): 7-12.

[164] Martinsson P G, Rokhlin V. An accelerated kernel-independent fast multipole method in one dimension [J]. SIAM Journal on Scientific Computing, 2007, 29(3): 1160-1178.

[165] Qu W Z, Chen W, Gu Y. Fast multipole accelerated singular boundary method for the 3D Helmholtz equation in low frequency regime [J]. Computers & Mathematics with Applications, 2015, 70(4): 679-690.

[166] 杨振东, 谷正气, 董光平, 等. 汽车天窗风振噪声分析与优化控制 [J]. 振动与冲击, 2014, 33(21): 193-201.

[167] 田晓东, 刘忠. 水下成像声呐探测系统建模与仿真 [J]. 计算机仿真, 2006, 23(11): 176-179.

[168] 赵扬, 虞和济. 评述主动噪声控制技术 [J]. 噪声与振动控制, 1997, 8(4): 6-9.

[169] Zienkiewicz O C, Taylor R L. The Finite Element Method, The basis (Volume 1)[M]. 5th ed. Oxford: Butterworth-Heinemann, 2000.

[170] Deraemaeker A, Babuška I, Bouillard P. Dispersion and pollution of the FEM solution for the Helmholtz equation in one, two and three dimensions [J]. International Journal for Numerical Methods in Engineering, 1999, 46(4): 471-499.

[171] Ihlenburg F, Babuška I. Finite element solution of the Helmholtz equation with high wave number Part I: The h-version of the FEM [J]. Computers & Mathematics with Applications, 1995, 30(9): 9-37.

[172] 徐世浙. 地球物理中的边界单元法 [M]. 北京: 科学出版社, 1995.

[173] Sladek V, Sladek J. Singular Integrals in Boundary Element Methods [M]. Southampton: WIT Press, 1998.

[174] Gray L J, Soucie C S. A Hermite interpolation algorithm for hypersingular boundary

integrals [J]. International Journal for Numerical Methods in Engineering, 1993, 36(14): 2357-2367.

[175] Chen W, Wang F Z. A method of fundamental solutions without fictitious boundary [J]. Engineering Analysis with Boundary Elements, 2010, 34(5): 530-532.

[176] 潘小敏, 盛新庆. 一种高性能并行多层快速多极子算法 [J]. 电子学报, 2010, 38(3): 580-584.

[177] Greengard L, Rokhlin V. On the numerical solution of two-point boundary value problems [J]. Communications on Pure & Applied Mathematics, 1991, 44(4) : 419-452.

[178] Lee J Y, Greengard L. A fast adaptive numerical method for stiff two point boundary value problems [J]. Siam Journal on Scientific Computing, 1997, 18(2): 403-429.

[179] Starr P, Rokhlin V. On the numerical solution of two-point boundary value problems II [J]. Communications on Pure & Applied Mathematics, 1994, 47(8): 1117-1159.

[180] Marburg S, Wu T W. Treating the Phenomenon of Irregular Frequencies [M]// Marburg S, Nolte B. Computational Acoustics of Noise Propagation in Fluids. Heidelberg: Springer, 2008: 411-434.

[181] Liu Y J, Mukherjee S, Nishimura N, et al. Recent advances and emerging applications of the boundary element method [J]. Applied Mechanics Reviews, 2012, 64 (3): 030802.

[182] Shen L, Liu Y J. An adaptive fast multipole boundary element method for three-dimensional acoustic wave problems based on the Burton-Miller formulation [J]. Computational Mechanics, 2007, 40(3): 461-472.

[183] Wu H J, Liu Y J, Jiang W K. A low-frequency fast multipole boundary element method based on analytical integration of the hypersingular integral for 3D acoustic problems [J]. Engineering Analysis with Boundary Elements, 2013, 37(2): 309-318.

[184] Nishimura N. Fast multipole accelerated boundary integral equation methods [J]. Applied Mechanics Reviews, 2002, 55(4): 299-324.

[185] Greengard L. The Rapid Evaluation of Potential Fields in Particle Systems [M]. Cambridge: MIT Press, 1988.

[186] Brebbia C A, Dominguez J. Boundary Elements: An Introductory Course [M]. London: McGraw-Hill Book Co, 1992.

[187] Rudolphi T J. The use of simple solutions in the regularization of hypersingular boundary integral equations [J]. Mathematical and Computer Modelling, 1991, 15(3-5): 269-278.

[188] Gao X W. An effective method for numerical evaluation of general 2D and 3D high order singular boundary integrals [J]. Computer Methods in Applied Mechanics and Engineering, 2010, 199(45-48): 2856-2864.

[189] 钱向东. 基于紧支径向基函数的配点型无网格法 [J]. 河海大学学报 (自然科学版), 2001, 29(1): 96-98.

[190] 赵敏, 陈文. 基于径向基函数的加权最小二乘无网格法 [J]. 计算力学学报, 2011, 28(1): 66-71.

[191] Goldstein C I. A finite element method for solving Helmholtz type equations in waveg-

uides and other unbounded domains [J]. Mathematics of Computation, 1982, 39(160): 309-324.

[192] 王有成. 工程中的边界元方法 [M]. 北京: 中国水利水电出版社, 1996.

[193] Brebbia C A. Progress in Boundary Element Methods, Volume 2 [M]. New York: Springer, 1983.

[194] Li J P, Fu Z J, Gu Y, et al. Recent advances and emerging applications of the singular boundary method for large-scale and high-frequency computational acoustics [J]. Advances in Applied Mathematics and Mechanics, 2022, 14(2): 315-343.

[195] Li J P, Qin Q H. Radial Basis Function Methods for Large-Scale Wave Propagation [M]. Sharjah: Bentham Science Publishers, 2021.

[196] Wang F J, Hua Q S, Liu C S. Boundary function method for inverse geometry problem in two-dimensional anisotropic heat conduction equation [J]. Applied Mathematics Letters, 2018, 84: 130-136.

[197] Skeel R D. Scaling for numerical stability in Gaussian elimination [J]. Journal of the Association for Computing Machinery, 1979, 26(3): 494-526.

[198] 胡哲光. 在 C++ 中实现带主元选择的高斯消去法求解线性方程 [J]. 大众科技, 2006, (8): 44-45.

[199] Vorst H A V D, Vuik C. GMRESR: a family of nested GMRES methods [J]. Numerical Linear Algebra with Applications, 1994, 1(4): 369-386.

[200] 王雪仁, 季振林. 快速多极子声学边界元法及其研究应用 [J]. 哈尔滨工程大学学报, 2007, 28(7): 752-757.

[201] Lingg M P, Hughey S M, Aktulga H M. Optimization of the spherical harmonics transform based tree traversals in the helmholtz FMM algorithm [C]. ICPP 2018 Proceedings of the 47th International Conference on Parallel Processing, ACM Press, New York, 2018: 1-11.

[202] Li W W, Chen W, Pang G F. Singular boundary method for acoustic eigenanalysis [J]. Computers & Mathematics with Applications, 2016, 72(3): 663-674.

[203] Li J P, Zhang L, Qin Q H, et al. A localized spatiotemporal particle collocation method for long-time transient homogeneous diffusion analysis [J]. International Journal of Heat and Mass Transfer, 2022, 192: 122893.

[204] Rao S, Wilton D, Glisson A. Electromagnetic scattering by surfaces of arbitrary shape [J]. IEEE Transactions on Antennas and Propagation, 1982, 30(3): 409-418.

[205] Li J P, Zhang L, Qin Q H. A regularized method of moments for three-dimensional time-harmonic electromagnetic scattering [J]. Applied Mathematics Letters, 2021, 112: 106746.

[206] Li J P, Zhang L. High-precision calculation of electromagnetic scattering by the Burton-Miller type regularized method of moments [J]. Engineering Analysis with Boundary Elements, 2021, 133: 177-184.

[207] 张玉, 赵勋旺, 等. 计算电磁学中的超大规模并行矩量法 [M]. 西安: 西安电子科技大学出版社, 2016.

[208] Li J P, Gu Y, Qin Q H, et al. The rapid assessment for three-dimensional potential model of large-scale particle system by a modified multilevel fast multipole algorithm [J]. Computers & Mathematics with Applications, 2021, 89: 127-138.

[209] Rui P L, Chen R S. An efficient sparse approximate inverse preconditioning for FMM implementation [J]. Microwave and Optical Technology Letters, 2007, 49(7): 1746-1750.

[210] Medgyesi-Mitschang L, Wang D S. Hybrid solutions at internal resonances [J]. IEEE Transactions on Antennas & Propagation, 1985, 33(6): 671-674.

[211] Woo A C, Wang H T, Schuh M J, et al. Benchmark radar targets for the validation of computational electromagnetics programs [J]. IEEE Antennas & Propagation Magazine, 1993, 35(1): 84-89.

[212] Ganesh M, Hawkins S C. A spectrally accurate algorithm for electromagnetic scattering in three dimensions [J]. Numerical Algorithms, 2006, 43(1): 25-60.

[213] Gibson W C. The Method of Moments in Electromagnetics [M]. New York: Chapman and Hall/CRC, 2007.

[214] Huckle T. Approximate sparsity patterns for the inverse of a matrix and preconditioning [J]. Applied Numerical Mathematics, 1999, 30: 291-303.

[215] Benzi M, Tuma M. A comparative study of sparse approximate inverse preconditioners [J]. Applied Numerical Mathematics, 1999, 30: 305-340.

[216] Harrington R F. Field Computation by Moment Methods [M]. New York: Macmillan, 1968.

[217] 陈如山. 电磁分析中的预条件方法 [M]. 北京: 科学出版社, 2018.

[218] 胡俊, 聂在平, 雷霖, 等. 三维局部多层快速多极子算法 [J]. 系统工程与电子技术, 2006, 28(3): 329-330,335.

[219] Li J P, Zhang L, Qin Q H. A regularized fast multipole method of moments for rapid calculation of three-dimensional time-harmonic electromagnetic scattering from complex targets [J]. Engineering Analysis with Boundary Elements, 2022, 142: 28-38.

[220] Antilla G E, Alexopoulos N G. Scattering from complex three-dimensional geometries by a curvilinear hybrid finite-element-integral equation approach [J]. Journal of the Optical Society of America A, 1994, 11(4): 1445-1457.

[221] Fu Z J, Xi Q, Gu Y, et al. Singular boundary method: a review and computer implementation aspects [J]. Engineering Analysis with Boundary Elements, 2023, 147: 231-266.

[222] Li J P, Fu Z J, Gu Y, et al. Rapid calculation of large-scale acoustic scattering from complex targets by a dual-level fast direct solver [J]. Computers & Mathematics with Applications, 2023, 130: 1-9.

[223] 陶建华. 水波的数值模拟 [M]. 天津: 天津大学出版社, 2021.

[224] 王永学, 任冰. 海洋动力环境模拟数值算法及应用 [M]. 北京: 科学出版社, 2019.

[225] Abul-Azm A G. Diffraction through wide submerged breakwaters under oblique waves [J]. Ocean Engineering, 1994, 21(7): 683-706.

[226] Goda Y, Yoshimura T. Wave force computation for structures of large diameter isolated

in the offshore [C]. Report of the Port and Harbor Research Institute, Ministry of Transportation, Japan, 1971, 10(4): 3-52.

[227] Goda Y, Yoshimura T, Ito M. Reflection and diffraction of water waves by an insular breakwater [C]. Report of the Port and Harbor Research Institute, Ministry of Transportation, Japan, 1971, 10(2): 3-52.

[228] Chen H S, Mei C C. Wave forces on a stationary platform of elliptical shape [J]. Journal of Ship Research, 1973, 17(2): 61-71.

[229] Williams A N. Wave forces on an elliptic cylinder [J]. Journal of Waterway Port Coastal and Ocean Engineering, 1985, 111(2): 433-449.

[230] Evans D V, Porter R. Near-trapping of waves by circular arrays of vertical cylinders [J]. Applied Ocean Research, 1997, 19(2): 83-99.

[231] 李玉成, 滕斌. 波浪对海上建筑物的作用 [M]. 3 版. 北京: 海洋出版社, 2015.

附　　录

附录 A　2.2 节三维 Helmholtz 方程的源点强度因子 MATLAB 代码

```
function [ff]=G_xiyi(x,y,z,nx,ny,nz,S,kappa)
%此函数程序求解源点强度因子G(xi,yi)
%(x,y,z):边界点坐标信息
%(nx,ny,nz): (x,y,z)处单位外法向量
%S:影响域面积
%kappa:波数
len=length(x);
for ii=1:len
temp_x=x(ii)-x;
temp_y=y(ii)-y;
temp_z=z(ii)-z;
R_X=nx.*temp_x;
R_Y=ny.*temp_y;
R_Z=nz.*temp_z;
P_sjxi=(R_X+R_Y+R_Z);
clear R_X R_Y R_Z
R_R=sqrt(temp_x.^2+temp_y.^2+temp_z.^2);
C_sjxi_nsj=P_sjxi./R_R;
C_sjxi_nsj(ii)=1;
clear temp_x temp_y temp_z
G0=sin(kappa.*(x-x(ii)))*nx(ii)+sin(kappa.*(y-y(ii)))*ny(ii)+sin(
    kappa.*(z-z(ii)))*nz(ii);
Q=-(-exp(R_R.*kappa.*1i)./R_R.\ 2+(kappa.*exp(R_R.*kappa.*1i).*1i)./
    R_R).*C_sjxi_nsj;
P2=G0.*Q.*S;
P2(ii)=0;
G=exp(1i.*kappa.*R_R)./R_R;
Q0=kappa.*(cos(kappa.*(x-x(ii))).*nx.*nx(ii)+cos(kappa.*(y-y(ii)))...
.*ny.*ny(ii)+cos(kappa.*(z-z(ii))).*nz.*nz(ii));
P1=G.*Q0.*S;
```

```
P1(ii)=0;
P_P=(P2-P1);
ff(ii)=sum(P_P)./S(ii)./kappa./4./pi;
end
end


function [ff]=F_xiyi(x,y,z,nx,ny,nz,S,kappa)
%此函数程序求解源点强度因子F(xi,yi)
%(x,y,z):边界点坐标信息
%(nx,ny,nz): (x,y,z)处单位外法向量
%S:影响域面积
%kappa:波数
len=length(x);
for ii=1:len
temp_x=x(ii)-x;
temp_y=y(ii)-y;
temp_z=z(ii)-z;
R_X=nx.*temp_x;
R_Y=ny.*temp_y;
R_Z=nz.*temp_z;
P_sjxi=(R_X+R_Y+R_Z);
clear R_X R_Y R_Z
R_R=sqrt(temp_x.^2+temp_y.^2+temp_z.^2);
clear temp_x temp_y temp_z
C_sjxi_nsj=P_sjxi./R_R;
C_sjxi_nsj(ii)=1;
G0=sin(kappa.*R_R)./R_R;
Q=-(-exp(R_R.*kappa.*1i)./R_R.^2+(kappa.*exp(R_R.*kappa.*1i).*1i)./
    R_R).*C_sjxi_nsj;
P2=G0.*Q.*S;
P2(ii)=0;
C_xisj_nsj=-C_sjxi_nsj;
G=exp(1i.*kappa.*R_R)./R_R;
Q0=((kappa.*cos(R_R.*kappa))./R_R-sin(R_R.*kappa)./R_R.^2).
    *C_xisj_nsj;
P1=G.*Q0.*S;
P1(ii)=0;
P_P=(P1-P2);
ff(ii)=sum(P_P)./kappa./S(ii)./4./pi;
```

```
end
end


function [ff]=H_xiyi(x,y,z,nx,ny,nz,S,kappa)
%此函数程序求解源点强度因子H(xi,yi)
%(x,y,z):边界点坐标信息
%(nx,ny,nz): (x,y,z)处单位外法向量
%S:影响域面积
%kappa:波数
len=length(x);
for ii=1:len
temp_x=x(ii)-x;
temp_y=y(ii)-y;
temp_z=z(ii)-z;
R_X=nx.*temp_x;
R_Y=ny.*temp_y;
R_Z=nz.*temp_z;
P_sjxi=(R_X+R_Y+R_Z);
R_R=sqrt(temp_x.^2+temp_y.^2+temp_z.^2);
C_sjxi_nsj=P_sjxi./R_R;
C_sjxi_nsj(ii)=1;
R_X1=nx(ii).*temp_x;
R_Y1=ny(ii).*temp_y;
R_Z1=nz(ii).*temp_z;
P1_sjxi=(R_X1+R_Y1+R_Z1);
C_sjxi_nxi=P1_sjxi./R_R;
C_sjxi_nxi(ii)=1;
clear R_X R_Y R_Z R_X1 R_Y1 R_Z1 temp_x temp_y temp_z
C_xisj=nx(ii).*nx+ny(ii).*ny+nz(ii).*nz;
G0=sin(kappa.*R_R)./R_R;
Q=(exp(kappa.*R_R.*1i)./R_R.^3.*((1-kappa.*R_R.*1i).*C_xisj+...
(3*(1i*kappa.*R_R-1)+kappa^2.*R_R.^2).*C_sjxi_nxi.*C_sjxi_nsj));
P2=G0.*Q.*S;
P2(ii)=0;
C_xisj_nsj=-C_sjxi_nsj;
G=(-exp(R_R.*kappa.*1i)./R_R.^2+(kappa.*exp(R_R.*kappa.*1i).*1i)./R_R
).*C_sjxi_nxi;
Q0=((kappa.*cos(R_R.*kappa))./R_R-sin(R_R.*kappa)./R_R.^2).
*C_xisj_nsj;
```

```
P1=G.*Q0.*S;
P1(ii)=0;
P_P=(P1-P2);
ff(ii)=sum(P_P)./kappa./S(ii)./4./pi;
end
end
```

附录 B　2.3 节三维 Helmholtz 方程的近奇异因子
MATLAB 代码

```
function [ff]=NSF_Hem_G_xy(x,y,z,nx,ny,nz,S,kappa,X,Y,Z,ii)
%此函数程序求解近奇异因子G(xi,yi)
%(x,y,z):边界点坐标信息
%(nx,ny,nz): (x,y,z)处单位外法向量
%S:影响域面积
%kappa:波数
%(X,Y,Z):待求近边界点或边界上点坐标
%ii:距离待求近边界点或边界上点最近的边界点编号
len=length(x);
nx=nx./sqrt(nx.^2+ny.^2+nz.^2);
ny=ny./sqrt(nx.^2+ny.^2+nz.^2);
nz=nz./sqrt(nx.^2+ny.^2+nz.^2);
temp_x=X-x;
temp_y=Y-y;
temp_z=Z-z;
R_X=nx.*temp_x;
R_Y=ny.*temp_y;
R_Z=nz.*temp_z;
fai_x=sin(kappa.*(X-x(ii)))*nx(ii)+sin(kappa.*(Y-y(ii)))*ny(ii)+sin(
    kappa.*(Z-z(ii)))*nz(ii);%当(X,Y,Z)在计算域内
%fai_x=0; %当(X,Y,Z)在边界上
P_sjxi=(R_X+R_Y+R_Z);
clear R_X R_Y R_Z
R_R=sqrt(temp_x.^2+temp_y.^2+temp_z.^2);
C_sjxi_nsj=P_sjxi./R_R;
clear temp_x temp_y temp_z
G0=sin(kappa.*(x-x(ii)))*nx(ii)+sin(kappa.*(y-y(ii)))*ny(ii)+sin(
    kappa.*(z-z(ii)))*nz(ii);
```

```
Qy=-(-exp(R_R.*kappa.*1i)./R_R.^ 2+(kappa.*exp(R_R.*kappa.*1i).*1i)./
    R_R).*C_sjxi_nsj;
P2=G0.*Qy.*S;
P2(ii)=0;
G=exp(1i.*kappa.*R_R)./R_R;
Q0=kappa.*(cos(kappa.*(x-x(ii))).*nx.*nx(ii)+cos(kappa.*(y-y(ii))).
    *ny.*ny(ii)+cos(kappa.*(z-z(ii))).*nz.*nz(ii));
P1=G.*Q0.*S;
P1(ii)=0;
P_P=(P2-P1);
ff=(sum(P_P)+fai_x*4*pi)./S(ii)./kappa./4./pi;
end



function[ff]=NSF_Hem_K_xy(x,y,z,nx,ny,nz,S,kappa,X,Y,Z,NX,NY,NZ,ii)
%此函数程序求解近奇异因子K(xi,yi)
%(x,y,z):边界点坐标信息
%(nx,ny,nz): (x,y,z)处单位外法向量
%S:影响域面积
%kappa:波数
%(X,Y,Z):待求近边界点或边界上点坐标
%(NX,NY,NZ):距离待求近边界点或边界上点最近的边界点单位外法向量
%ii:距离待求近边界点或边界上点最近的边界点编号
len=length(x);
nx=nx./sqrt(nx.^2+ny.^2+nz.^2);
ny=ny./sqrt(nx.^2+ny.^2+nz.^2);
nz=nz./sqrt(nx.^2+ny.^2+nz.^2);
temp_x=X-x;
temp_y=Y-y;
temp_z=Z-z;
R_X=nx.*temp_x;
R_Y=ny.*temp_y;
R_Z=nz.*temp_z;
Q_x=kappa.*(cos(kappa.*(X-x(ii))).*NX.*nx(ii)+cos(kappa.*(Y-y(ii))).
    *NY.*ny(ii)+cos(kappa.*(Z-z(ii))).*NZ.*nz(ii));%当(X,Y,Z)在计算域
    内
%Q_x=0; %当(X,Y,Z)在边界上
P_sjxi=(R_X+R_Y+R_Z);
R_R=sqrt(temp_x.^2+temp_y.^2+temp_z.^2);
C_sjxi_nsj=P_sjxi./R_R;
```

```
R_X1=NX.*temp_x;
R_Y1=NY.*temp_y;
R_Z1=NZ.*temp_z;
P1_sjxi=(R_X1+R_Y1+R_Z1);
C_sjxi_nxi=P1_sjxi./R_R;
clear R_X R_Y R_Z R_X1 R_Y1 R_Z1 temp_x temp_y temp_z
C_xisj=NX.*nx+NY.*ny+NZ.*nz;
G0=sin(kappa.*(x-x(ii)))*nx(ii)+sin(kappa.*(y-y(ii)))*ny(ii)+sin(
    kappa.*(z-z(ii)))*nz(ii);
Qy=(exp(kappa.*R_R.*1i)./R_R.^ 3.*((1-kappa.*R_R.*1i).*C_xisj+(3*(1i
    *kappa.*R_R-1)+kappa^ 2.*R_R.^2).*C_sjxi_nxi.*C_sjxi_nsj));
P2=G0.*Qy.*S;
P2(ii)=0;
G=(-exp(R_R.*kappa.*1i)./R_R.^ 2+(kappa.*exp(R_R.*kappa.*1i).*1i)./
    R_R).*C_sjxi_nxi;
Q0=kappa.*(cos(kappa.*(x-x(ii))).*nx.*nx(ii)+cos(kappa.*(y-y(ii))).
    *ny.*ny(ii)+cos(kappa.*(z-z(ii))).*nz.*nz(ii));
P1=G.*Q0.*S;
P1(ii)=0;
P_P=(P2-P1);
ff=(sum(P_P)+Q_x*4*pi)./kappa./S(ii)./4./pi;
end


function[ff]=NSF_Hem_F_xy(x,y,z,nx,ny,nz,S,kappa,X,Y,Z,ii)
%此函数程序求解近奇异因子F(xi,yi)
%(x,y,z):边界点坐标信息
%(nx,ny,nz): (x,y,z)处单位外法向量
%S:影响域面积
%kappa:波数
%(X,Y,Z):待求近边界点或边界上点坐标
%ii:距离待求近边界点或边界上点最近的边界点编号
len=length(x);
nx=nx./sqrt(nx.^2+ny.^2+nz.^2);
ny=ny./sqrt(nx.^2+ny.^2+nz.^2);
nz=nz./sqrt(nx.^2+ny.^2+nz.^2);
temp_x=X-x;
temp_y=Y-y;
temp_z=Z-z;
R_X=nx.*temp_x;
```

```
R_Y=ny.*temp_y;
R_Z=nz.*temp_z;
fai_x=(cos(kappa.*(X-x(ii)))+cos(kappa.*(Y-y(ii)))+cos(kappa.*(Z-z(
    ii))))/3;%当(X,Y,Z)在计算域内
%fai_x=0; %当(X,Y,Z)在边界上
P_sjxi=(R_X+R_Y+R_Z);
clear R_X R_Y R_Z
R_R=sqrt(temp_x.^2+temp_y.^2+temp_z.^2);
C_sjxi_nsj=P_sjxi./R_R;
clear temp_x temp_y temp_z
G0=(cos(kappa.*(x-x(ii)))+cos(kappa.*(y-y(ii)))+cos(kappa.*(z-z(ii))
    ))/3;
Qy=-(-exp(R_R.*kappa.*1i)./R_R.^ 2+(kappa.*exp(R_R.*kappa.*1i).*1i)./
    R_R).*C_sjxi_nsj;
P2=G0.*Qy.*S;
P2(ii)=0;
G=exp(1i.*kappa.*R_R)./R_R;
Q0=-kappa.*(sin(kappa.*(x-x(ii))).*nx+sin(kappa.*(y-y(ii))).*ny+sin(
    kappa.*(z-z(ii))).*nz)/3;
P1=G.*Q0.*S;
P1(ii)=0;
P_P=(P1-P2);
ff=(sum(P_P)-fai_x*4*pi)./S(ii)./4./pi;
end


function[ff]=NSF_Hem_H_xy(x,y,z,nx,ny,nz,S,kappa,X,Y,Z,NX,NY,NZ,ii)
%此函数程序求解近奇异因子H(xi,yi)
%(x,y,z):边界点坐标信息
%(nx,ny,nz): (x,y,z)处单位外法向量
%S:影响域面积
%kappa:波数
%(X,Y,Z):待求近边界点或边界上点坐标
%(NX,NY,NZ):距离待求近边界点或边界上点最近的边界点单位外法向量
%ii:距离待求近边界点或边界上点最近的边界点编号
len=length(x);
nx=nx./sqrt(nx.^2+ny.^2+nz.^2);
ny=ny./sqrt(nx.^2+ny.^2+nz.^2);
nz=nz./sqrt(nx.^2+ny.^2+nz.^2);
temp_x=X-x;
```

```
temp_y=Y-y;
temp_z=Z-z;
R_X=nx.*temp_x;
R_Y=ny.*temp_y;
R_Z=nz.*temp_z;
Q_x=-kappa.*(sin(kappa.*(X-x(ii))).*NX+sin(kappa.*(Y-y(ii))).*NY+sin(
    kappa.*(Z-z(ii))).*NZ)/3;%当(X,Y,Z)在计算域内
%Q_x=0; %当(X,Y,Z)在边界上
P_sjxi=(R_X+R_Y+R_Z);
R_R=sqrt(temp_x.^2+temp_y.^2+temp_z.^2);
C_sjxi_nsj=P_sjxi./R_R;
R_X1=NX.*temp_x;
R_Y1=NY.*temp_y;
R_Z1=NZ.*temp_z;
P1_sjxi=(R_X1+R_Y1+R_Z1);
C_sjxi_nxi=P1_sjxi./R_R;
clear R_X R_Y R_Z R_X1 R_Y1 R_Z1 temp_x temp_y
temp_z
C_xisj=NX.*nx+NY.*ny+NZ.*nz;
G0=(cos(kappa.*(x-x(ii)))+cos(kappa.*(y-y(ii)))+cos(kappa.*(z-z(ii))
    ))/3;
Qy=(exp(kappa.*R_R.*1i)./R_R.^ 3.*((1-kappa.*R_R.*1i).*C_xisj+(3*(1i
    *kappa.*R_R-1)+kappa^ 2.*R_R.^2).*C_sjxi_nxi.*C_sjxi_nsj));
P2=G0.*Qy.*S;
P2(ii)=0;
G=(-exp(R_R.*kappa.*1i)./R_R.^ 2+(kappa.*exp(R_R.*kappa.*1i).*1i)./
    R_R).*C_sjxi_nxi;
Q0=-kappa.*(sin(kappa.*(x-x(ii))).*nx+sin(kappa.*(y-y(ii))).*ny+sin(
    kappa.*(z-z(ii))).*nz)/3;
P1=G.*Q0.*S;
P1(ii)=0;
P_P=(P1-P2);
ff=(sum(P_P)-Q_x*4*pi)./S(ii)./4./pi;
end
```

附录 C　正则化矩量法编程中的寻边算法

　　基于一般的面剖分软件如 Hypemesh 和 ANSA 等将三维模型剖分为三角形网格，可得到三维模型的节点坐标文件和面元编号文件。表 C.1 和表 C.2 分别展示了

一个由 9 个节点组成的方形板的各节点坐标和组成 8 个三角形面元的各节点编号。

表 C.1　9 个节点坐标

节点	节点坐标
1	$(-1, 1, 0)$
2	$(0, 1, 0)$
3	$(1, 1, 0)$
4	$(-1, 0, 0)$
5	$(0, 0, 0)$
6	$(1, 0, 0)$
7	$(-1, -1, 0)$
8	$(0, -1, 0)$
9	$(1, -1, 0)$

表 C.2　9 个节点组成的 8 个三角形面元编号

三角形面元	组成各三角形面元的节点编号
1	4 2 1
2	4 5 2
3	5 3 2
4	5 6 3
5	7 5 4
6	7 8 5
7	8 6 5
8	8 9 6

当获得了相应模型文件的节点坐标文件和面元编号文件后，就需要一种算法来识别和标记所有的三角形面元的边。使用如图 C.1 和图 C.2 所示的定义在 xy

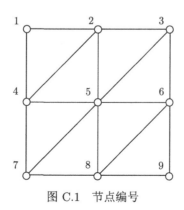

图 C.1　节点编号

平面上的矩形板来说明寻边算法，其中，图 C.1 给出了矩形板的节点编号，图 C.2 给出了矩形板的面元编号。

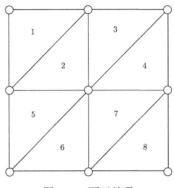

图 C.2　面元编号

第一个任务是确定每个节点的关联节点编号和该节点所属的面元编号。这将允许识别每一个边并确定共享该边的三角形面元的编号。为此，为每个节点创建两个表，一个节点连接列表和一个面元连接列表。节点连接列表包含节点与其相邻节点之间的所有唯一连接，面元连接列表包含由该节点所参与构建的所有面元编号。接下来，遍历每个三角形面元，并识别构成三角形面元的三个节点，按升序对它们进行排序。然后，将当前三角形面元的编号添加到每个节点的面元连接列表中。对于面元中具有最低编号的节点，如果它们不在节点列表中，将面元中两个具有较高节点编号的节点添加进具有最低节点编号的节点连接列表。对于面元中节点编号排序第二的节点，如果它不在节点列表中，将具有最高节点编号的节点添加进其节点连接列表。对于最高编号节点，不做任何操作。经过一次完整面元遍历后，可得到如表 C.3 所示的节点和面元连接列表。可以发现，节点连接列表不包含冗余连接信息，因为节点 9 已经在节点 6 和节点 8 的列表中被引用，故节点 9 的节点连接列表为空。

表 C.3　节点连接列表和面元连接列表

节点	连接节点	连接面元
1	2 4	1
2	4 5 3	1 2 3
3	5 6	3 4
4	5 7	1 2 5
5	6 7 8	2 3 4 5 6 7
6	8 9	4 7 8
7	8	5 6
8	9	6 7 8
9	—	8

经过上步操作，节点和面元连接列表中包含了模型中所有边的信息。接下来，遍历每个节点的连接列表，为每个条目创造一个边。对比构成边的两个节点的面元连接列表，重复的面元编号即为共有面元，记录每个边的共有面元编号。如果边仅属于一个三角形面元，那么它是边缘边，并且未分配基函数。同时属于两个三角形面元的边是内边，它将被分配基函数。具体编程时，程序员可在此步骤中存储关于每条边的附加信息，如其长度、接触的面元、所连接的端点等。也可以存储每个三角形面元上与该边相对应的面元顶点，以方便其后快速构建矢量基函数。

附录 D 基于 MATLAB 的稀疏近似逆矩阵代码 [214,215]

```
%本代码构造预调节矩阵P的稀疏近似逆矩阵P̃⁻¹，P̃⁻¹在本代码中以M表示
%A表示原矩阵，即第10章中预调节矩阵P，式(10.21)
%Apriori表示稀疏近似逆矩阵所采用的稀疏模式，在第10章中，同预调节矩阵P
function M=sappinv(A,Apriori)
n=length(A);
I=speye(n);
M=sparse(n,n);
parfor j=1:n
    j; %如不想看到程序进程，可注释该行
    sj=I(:,j);
    % 寻找给定非零模式的非零行
    col_el=find(Apriori(j,:));
    A1=A(:,col_el);
    [rows_el,~]=find(A1);
    rows_el=unique(rows_el);
    A1=A1(rows_el,:);
    sj=sj(rows_el,:);
    % 执行QR分解
    bj=A1\sj;
    % 测试行
    % bj=inv(A1'*A1)*A1'*sj;
    mj=sparse(n,1);
    mj(col_el)=bj;
    M(:,j)=mj;
end
end
```

附录 E　二维 Laplace 方程、Helmholtz 方程和 修正 Helmholtz 方程源点强度因子

表 E.1 中，$H_0^{(1)}$ 表示零阶第一类汉克尔方程，K_0 表示零阶第二类修正贝塞尔方程，$\gamma = 0.5772156649\cdots$，$L_i = \dfrac{\widehat{s_{j-1}s_{j+1}}}{2}$ 表示源点 y_j 的影响域长度，ρ_i 表示源点 y_i 处的曲率半径。

表 E.1　二维 Laplace 方程、Helmholtz 方程和修正 Helmholtz 方程源点强度因子

项目	控制方程	基本解	Dirichlet 边界源点 强度因子	Neumann 边界 源点强度因子
Laplace 方程	$\nabla^2\phi(x,y)=0$	$G_0(x_i,y_j)$ $=-\dfrac{1}{2\pi}\ln\left(\|x_i-y_j\|_2\right)$	$G_0(x_i,y_i)$ $=-\dfrac{\ln\left(\frac{L_i}{2\pi}\right)}{2\pi}$	$\dfrac{\partial G_0(x_i,y_i)}{\partial n(x_i)}$ $=\dfrac{1}{2L_i}-\dfrac{1}{4\pi\rho_i}$
Helmholtz 方程	$\nabla^2\phi(x,y)$ $+k^2\phi(x,y)=0$	$G_1(x_i,y_j)$ $=\dfrac{\mathrm{i}}{4}H_0^{(1)}\left(k\,\|x_i-y_j\|_2\right)$	$G_1(x_i,y_i)=-\dfrac{\ln\left(\frac{L_i}{2\pi}\right)}{2\pi}$ $-\dfrac{1}{2\pi}\left(\ln\left(\frac{k}{2}\right)+\gamma-\dfrac{\mathrm{i}\pi}{2}\right)$	$\dfrac{\partial G_1(x_i,y_i)}{\partial n(x_i)}$ $=\dfrac{1}{2L_i}-\dfrac{1}{4\pi\rho_i}$
修正 Helmholtz 方程	$\nabla^2\phi(x,y)$ $-k^2\phi(x,y)=0$	$G(x_i,y_j)$ $=\dfrac{1}{2\pi}K_0\left(k\,\|x_i-y_j\|_2\right)$	$G(x_i,y_i)=-\dfrac{\ln(L_i/(2\pi))}{2\pi}$ $-\dfrac{1}{2\pi}\left(\ln\left(\frac{k}{2}\right)+\gamma\right)$	$\dfrac{\partial G(x_i,y_i)}{\partial n(x_i)}$ $=\dfrac{1}{2L_i}-\dfrac{1}{4\pi\rho_i}$

附录 F　外域和内域问题源点强度因子相互关系

$$G^I(x_i,y_i)=G^E(x_i,y_i),\quad r\to 0, \tag{F.1}$$

$$\frac{\partial G^I(x_i,y_i)}{\partial n(x_i)}=-\frac{\partial G^E(x_i,y_i)}{\partial n(x_i)},\quad r\to 0, \tag{F.2}$$

$$\frac{\partial G^I(x_i,y_i)}{\partial n(x_i)}=-\frac{\partial G^I(x_i,y_i)}{\partial n(y_i)},\quad r\to 0, \tag{F.3}$$

$$\frac{\partial G^E(x_i,y_i)}{\partial n(x_i)}=-\frac{\partial G^E(x_i,y_i)}{\partial n(y_i)},\quad r\to 0, \tag{F.4}$$

$$\frac{\partial G^I(x_i,y_i)}{\partial n(y_i)}=-\frac{\partial G^E(x_i,y_i)}{\partial n(y_i)},\quad r\to 0, \tag{F.5}$$

其中，上角标 I 表示内域，上角标 E 表示外域。

附录 G　大规模复杂声场仿真相关文献列表

奇异边界法计算中低频声场相关文献

[1] Li J P, Chen W, Fu Z J, et al. A regularized approach evaluating the near-boundary and boundary solutions for three-dimensional Helmholtz equation with wideband wavenumbers[J]. Applied Mathematics Letters, 2019, 91: 55-60.

[2] Li J P, Fu Z J, Chen W, et al. A regularized approach evaluating origin intensity factor of singular boundary method for Helmholtz equation with high wavenumbers[J]. Engineering Analysis with Boundary Elements, 2019, 101: 165-172.

[3] Li J P, Chen W, Fu Z J, et al. Explicit empirical formula evaluating original intensity factors of singular boundary method for potential and Helmholtz problems[J]. Engineering Analysis with Boundary Elements, 2016, 73: 161-169.

[4] Li J P, Chen W, Fu Z J. Numerical investigation on convergence rate of singular boundary method[J]. Mathematical Problems in Engineering, 2016, 2016: 3564632.

修正奇异边界法计算高频声场相关文献

[5] Li J P, Chen W. A modified singular boundary method for three-dimensional high frequency acoustic wave problems[J]. Applied Mathematical Modelling, 2018, 54: 189-201.

双层基本解法计算高频声场相关文献

[6] Li J P, Qin Q H, Fu Z J. A dual-level method of fundamental solutions for three-dimensional exterior high frequency acoustic problems[J]. Applied Mathematical Modelling, 2018, 63: 558-576.

修正双层算法计算大规模声场相关文献

[7] Li J P, Chen W, Fu Z J. A modified dual-level algorithm for large-scale three-dimensional Laplace and Helmholtz equation[J]. Computational Mechanics. 2018, 62(4): 893-907.

[8] 李珺璞, 陈文. 一种模拟大规模高频声场的双层奇异边界法 [J]. 力学学报, 2018, 50 (4): 961-969.

双层快速多极边界元方法计算大规模声场相关文献

[9] Li J P, Chen W, Qin Q H. A modified dual-level fast multipole boundary element method based on Burton-Miller formulation for large-scale three-dimensional sound field analysis[J]. Computer Methods in Applied Mechanics and Engineering, 2018, 340: 121-146.

修正多层算法计算大规模声场相关文献

[10] Li J P, Chen W, Qin Q H. et al. A modified multilevel algorithm for large-scale scientific and engineering computing[J]. Computers & Mathematics with Applications, 2019, 77(8): 2061-2076.

时间依赖奇异边界法计算标量波方程相关文献及专利

[11] Li J P, Chen W. Singular boundary method based on time-dependent fundamental solutions for active noise control[J]. Numerical Methods for Partial Differential Equations,

2018, 34(4): 1401-1421.

[12] Chen W, Li J P, Fu Z J. Singular boundary method using time-dependent fundamental solution for scalar wave equations[J]. Computational Mechanics, 2016, 58(5): 717-730.

[13] 陈文, 李珺璞, 傅卓佳. 基于时间依赖基本解的奇异边界法模拟二维狄利克雷边界标量波方程 [J]. 计算力学学报, 2017, 34(2): 231-237.

[14] 陈文, 李珺璞. 一种基于奇异边界法的波动类型动态数据重构方法: 中国, CN106168942A[P]. 2018-8-27.

奇异边界法计算声场问题综述文献

[15] Li J P, Fu Z J, Gu Y, et al. Recent advances and emerging applications of the singular boundary method for large-scale and high-frequency computational acoustics[J]. Advances in Applied Mathematics and Mechanics, 2022, 14(2): 315-343.

奇异边界法计算声场问题专著

[16] Li Z P, Qin Q H. Radial Basis Function Methods for Large-Scale Wave Propagation[M]. Sharjah: Bentham Science Publishers, 2021. (ISBN: 978-1-68108-899-0)

[17] 奇异工具箱下载地址：https://doi.org/10.13140/RG.2.2.13247.00162.

附录 H　工程实例部分相关文献列表

正则化矩量法计算复杂目标电磁散射相关文献

[1] Li Z P, Zhang L, Qin Q H. A regularized method of moments for three-dimensional time-harmonic electromagnetic scattering[J]. Applied Mathematics Letters, 2021, 112: 106746.

[2] Li J P, Zhang L. High-precision calculation of electromagnetic scattering by the Burton-Miller type regularized method of moments[J]. Engineering Analysis with Boundary Elements, 2021, 133: 177-184.

正则化快速多极矩量法计算复杂目标大规模电磁散射相关文献

[3] Li J P, Zhang L, Qin Q H. A regularized fast multipole method of moments for rapid calculation of three-dimensional time-harmonic electromagnetic scattering from complex targets[J]. Engineering Analysis with Boundary Elements, 2022, 142: 28-38.

双层快速直接求解器计算复杂目标大规模声散射相关文献

[4] Li J P, Fu Z J, Gu Y, et al. Rapid calculation of large-scale acoustic scattering from complex targets by a dual-level fast direct solver[J]. Computers & Mathematics with Applications, 2023, 130: 1-9.

奇异边界法模拟近岸海洋动力环境相关文献

[5] 李珺璞, 傅卓佳, 陈文. 奇异边界法分析含水下障碍物水域中的水波传播问题 [J]. 应用数学和力学, 2015, 36(10): 1035-1044.

[6] Li J P, Fu Z J, Chen W. Numerical investigation on the obliquely incident water wave passing through the submerged breakwater by singular boundary method[J]. Computers & Mathematics with Applications, 2016, 71: 381-390.

[7] Li J P, Zhang L, Cai S Y, et al. Regularized singular boundary method for calculating wave forces on three-dimensional large offshore structure [J]. Applied Mathematics Letters, 2024, 149: 108931.

[8] 傅卓佳, 李珺璞, 陈文. 2015SR111496. 奇异边界法模拟水波问题计算软件 V1.0[软件]. 2015-1-10. 国家版权局.

[9] "奇异工具箱" 中水波仿真模块下载地址: https://doi.org/10.13140/RG.2.2.13247.00162.

附录 I　变量命名表

符号	含义	符号	含义
A	插值矩阵	b	已知右端项
c	波速	C	稀疏矩阵
g	重力加速度	k	波数
n	外法向量	f	频率
S	计算边界	y	源点
x	配点	Ω	计算域
R	反射系数	T	传递系数
r_0	近场影响域特征半径	d	水深
σ	表面电荷密度	β	未知系数
ω	圆频率	Nl	三角形面元边的总数
δ	狄拉克函数	$q(x)$	$\phi(x)$ 的法向梯度分量
Tol	预设收敛残差	$\phi(x)$	物理变量
$H(x)$	Heaviside 阶跃函数	j_n	第一类 n 阶球贝塞尔方程
A_j	第 j 个节点的影响域面积	$h_n^{(1)}$	第一类 n 阶球汉克尔方程
Φ	标量势	U	总声压
U_I	入射声压	U_S	散射声压
Ω_n	第 n 层网格角标	Y_n^m	球谐函数
y_c	多级扩展中心	λ^k	第 k 次近似解
$P_n(x)$	n 阶勒让德多项式	P_n^m	缔合勒让德函数
$\bar{E}^I$	入射电场	$\bar{E}^S$	散射电场
∇^2	拉普拉斯算符	$\bar{J}$	表面等效电流
χ^k	第 k 次精确残差	α^k	第 k 次残差解
I^+	正投影算子	I^-	逆投影算子
V^k	第 k 次近似残差	γ^k	第 k 次精确解
$\bar{f}_n$	RWG 矢量基函数	$M_{n,m}$ 和 $\tilde{M}_{n,m}$	多极矩
$()_{\mathrm{tan}}$	切向分量	G_1 和 G_2	水下障碍物前侧和后侧的吸收系数
$()^{c\pm}$	三角形面元的中心	$\eta = \sqrt{\mu/\varepsilon}$	波阻抗
$\rho^{\pm}$	三角形面元中的局部坐标	$\mu = 4\pi \times 10^{-7}$	真空中的磁导率
$H_n^{(1)}$	n 阶第一类汉克尔函数	$\begin{pmatrix} * & * & * \\ * & * & * \end{pmatrix}$	Wigner $3j$ 符号
H_{inc}	入射磁场	$A_n^{(m)}$ 和 $B_n^{(m)}$	马丢函数展开式系数
l	三角形面元的边长	$ce_n(\eta,q), se_n(\eta,q)$	马丢函数正型
ϕ_I	入射势	$Ce_n(\xi,q), Se_n(\xi,q)$	变形马丢函数第一种类型
ϕ_S	绕射势	$Fey_n(\xi,q), Gey_n(\xi,q)$	变形马丢函数第二种类型
Rerr^k	第 k 次边界平均相对误差	$Me_n^1(\xi,q), Ne_n^1(\xi,q)$	变形马丢函数第三种类型
$\varepsilon = 8.854187817 \times 10^{-12}$	介电常量		

编 后 记

　　“博士后文库”是汇集自然科学领域博士后研究人员优秀学术成果的系列丛书。“博士后文库”致力于打造专属于博士后学术创新的旗舰品牌，营造博士后百花齐放的学术氛围，提升博士后优秀成果的学术影响力和社会影响力。

　　“博士后文库”出版资助工作开展以来，得到了全国博士后管委会办公室、中国博士后科学基金会、中国科学院、科学出版社等有关单位领导的大力支持，众多热心博士后事业的专家学者给予积极的建议，工作人员做了大量艰苦细致的工作。在此，我们一并表示感谢！

“博士后文库”编委会